JN209962

応用のための
積分幾何学

図形の測度：道路網・市街地・施設配置

腰塚武志 著

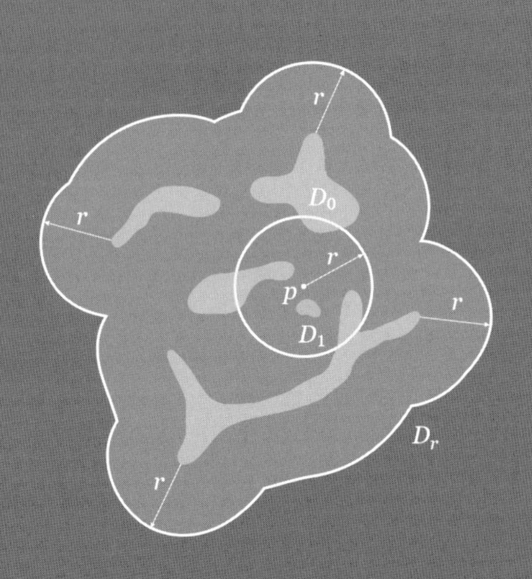

近代科学社

◆ 読者の皆さまへ ◆

平素より，小社の出版物をご愛読くださいまして，まことに有り難うございます．

㈱近代科学社は1959年の創立以来，微力ながら出版の立場から科学・工学の発展に寄与すべく尽力してきております．それも，ひとえに皆さまの温かいご支援があってのものと存じ，ここに衷心より御礼申し上げます．

なお，小社では，全出版物に対してHCD（人間中心設計）のコンセプトに基づき，そのユーザビリティを追求しております．本書を通じまして何かお気づきの事柄がございましたら，ぜひ以下の「お問合せ先」までご一報くださいますよう，お願いいたします．

お問合せ先：reader@kindaikagaku.co.jp

なお，本書の制作には，以下が各プロセスに関与いたしました：

- 企画：小山 透
- 編集：安原悦子
- 組版：大日本法令印刷（LaTeX）
- 印刷：大日本法令印刷
- 製本：大日本法令印刷
- 資材管理：大日本法令印刷
- カバー・表紙デザイン：安原悦子
- 広報宣伝・営業：山口幸治，東條風太

まえがき

著者は長い間，都市計画や都市工学の中で「都市解析」といわれている分野で研究を続けてきた．その中で，本書の表題にある積分幾何学に基礎を置く論文を多く発表してきている．そこで本書を大きく2つに分け，1つは積分幾何学の理論を系統立てて理論編として述べ，他の1つは著者の行ってきた研究の一部を応用編としてまとめ，出版することにした．

本書の構成は理論編を先に，続いて応用編となっているが，読み方としてはどちらを先に読んでもかまわない．応用編は理論編と違い各章の順序に意味はないので拾い読みをして差しつかえない．特に都市解析の分野を志している学生諸君には応用編のいくつかについて先に目を通したほうが，積分幾何学に意欲が湧くかもしれないとも思っている．

理論編は2つの公式を中心に論じられている．1つは一様な直線に関するCroftonの公式をもとに展開されるもので，もう1つはBlaschkeによる積分幾何学の主公式である．Croftonに関してはかなり段階を踏んで説明したつもりなので，理論編に沿って読んでいけば直感的理解に至るようになっている．複雑な積分が幾何学的に長さを測るだけで求められるところを，ぜひ味わっていただきたい．Blaschkeの主公式についてはPoincaréの公式，Santalóの定理と順を追って主公式にたどり着くのであるが，積分の対象が面積や長さではなく全曲率なので初学者には取り掛かりづらいかもしれない．そこで，応用編の「第10章 市街地の分析」をある意味でBlaschkeによる積分幾何学の主公式のイントロダクションにもなるように書いた．この「市街地の分析」を理論編の「第6章 Blaschkeによる積分幾何学の主公式」の前に読むのも良いのではないだろうか．

さて，ここで著者が本書を書いた動機を記しておこう．いまから50年近く前の1972年に文献[1]を教えられ，その中でSantalóの文献[2]が言及されており，この本から積分幾何学を学んだのだった．これを機に都市解析の研究に手応えを感じて，今日まで過ごしてきた．その過程で，積分幾何学や幾何確率に興味をもっている確率論や数理統計学の専門家の人々と議論する機会を持ってきた．議論を重ねるうち，しかし彼らの興味と著者の興味がずれていることに気がついたのである．本書の応用編「第8章 道路網と交差点」における具体的な例で話をしよう．この章の内容を発表した論文で数理統計学の専門家の勉強会に招かれたのだが，本書の中にも書いたが，著者は道路網を“普通に”増やしていくと交差点の数が道路網の長さの 2 乗に比例して増えてしまうという，いわば両者の関係（都市構造）に興味があるのに，数理統計学者は交差点から道路網の長さを推定する，つまり交差点数がサンプルで道路網の長さが推定されるものという関係しか考えない．そして，その推定法が不偏であるか，モデルの前提である一様にランダムな分布であることが保証されているか，などに主眼点があって，私の興味にはほとんど関心がないようであった．

また応用編にある「第 10 章 市街地の分析」に例を取ると，半径 r の円内に棟数がいくつあるかというのはある住環境を示している．したがって棟数の期待値は平均的環境を提示するものと考えられ，我々はこれを計算することが目的である．ところが数理統計学者は，半径 r の円内の棟数がサンプルであり，これをもとに期待値の理論式から全棟数や建物に覆われた面積などを推定するのが目的で，これ以外のことには興味がないのである．そこで，GIS などが発達して全棟数や建物に覆われた面積が分かれば，彼らにとって理論的期待値には意味がないことになってしまう．森林の野外調査でも森林の木材がどのくらいあるかを推定するのが目的で，衛星等の写真があればある種の目的は達せられたことになり，それゆえ「積分幾何学の応用は過去のものとなった」と思われているのかもしれない．積分幾何学の邦書は長らく文献 [3] しかなかったが，近年 60 年ぶりに文献 [4] が出版された．しかし上記のような事情があるのかこれは数学者向けの本であって，応用的な話題はない．

以上のことから，かなり以前ではあるが OR 学会誌に積分幾何学を連載したこともあり（文献 [5]），応用例もいれた本書を出版することにした．これまで数学をあまり得意としていない学生にも教えてきた経験があり，初学者はどこでつまずくか分かっているつもりである．そこで理論編は初歩的部分，すなわち 2 次元で表示できる問題で合同変換による不変な測度を基礎にした部分，を省略することなく，順を追って懇切丁寧に書いたつもりである．したがって理論編は，分野を都市に限るわけではなく，図形に深く関わる分野の人にも読んでいただきたいと思っている．

2019 年 6 月

腰塚武志

目 次

第11章　都市領域の距離分布　129

第12章　開放性の尺度・Croftonの定理1の拡張　151

第13章　Croftonの定理2の応用　165

第14章　2つの円領域と交わる一様な直線の集合の測度　179

第15章　公園等の面的施設配置　187

第 I 部

理論編

第1章 積分幾何学の基礎概念

1.1 はじめに

「積分幾何学」という名称は耳慣れないものであろう．前述のように，この名称を冠した邦書はこれまでにたった2冊しか刊行されていない．著者も当初この名称から何もイメージできないで，とまどったものである．名称でなにやらむずかしい分野と想像される方も多いかもしれない．しかし初歩的かつ基本的部分では積分が少しばかり煩雑である点を除くとわかりやすく，初等幾何と同じように直観的把握が可能である．しかも基本的部分の結果は簡潔で記憶しやすい．

一例を挙げよう．図1.1のように凸領域があってその面積をS，境界線の長さ（周長）をLとする．いま，この領域を一様にランダムな直線（正確には後述）が通るとき，この直線の領域内での長さをℓとすると，ℓの期待値(expected value) $E(\ell)$は

$$E(\ell) = \frac{\pi S}{L} \tag{1.1}$$

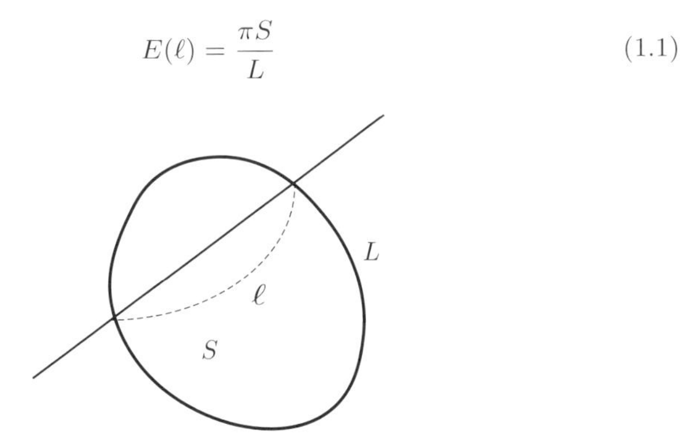

図1.1　弦の長さの期待値

となる．平面上のちょっとした問題に見当をつけるといった場合，この結果は大変便利なものではないだろうか．この式(1.1)はなんと130年ほど前の『ブリタニカ百科事典 第9版』（文献[6]）に載っている．余談になるが，この版のProbability の項目は全部で21頁におよび，そのうちで幾何確率をあつかっているLocal Probabilityという細目には5頁が割かれている．つまり確率という項目のうちで

幾何確率が 1/4 ほど場所を占めていたのである．

現代の『ブリタニカ百科事典』では，この幾何確率に関するものは跡形もなく消滅している．また表題に「確率」とついている本は数えきれないほど出版されているが，幾何確率について本格的にふれているものはきわめて少ない．せいぜい「Buffon の針」や「Bertrand の逆説」までである．ところで積分幾何学を基礎に議論を展開すると，この逆説には逆説としての意味はないということが明確に判明する．これはもう少し流布されてもよいと思うので，本書で述べることにしたい．

積分幾何学 (integral geometry) という名称をはじめて使用したのは文献 [7] の著者 Blaschke で，彼による公式は「積分幾何学の主公式」（後述）とよばれている．この公式を主として面積調査に応用したいくつかの例が前述の文献 [1] に紹介されていたのである．いろいろやってみると図 1.1 で述べたように，Blaschke より前の人で文献 [6], [8] の著者である Crofton の業績が興味深いので，これから論を進めてみたいと思う．なお，この 2 人に前述の文献 [2] とその後に出た文献 [9] の著者 Santaló を加えれば，積分幾何学の基礎に貢献した人をあげるのに十分だと思われる．

1.2　点の集合の測度

まず積分幾何学の基礎概念を一様にランダムな点 (uniformly random points) の場合について説明する．これは感覚的にも分かりやすいものである．図 1.2 のように領域 (domain) C_0 があって，内部に領域 C があるものとする．

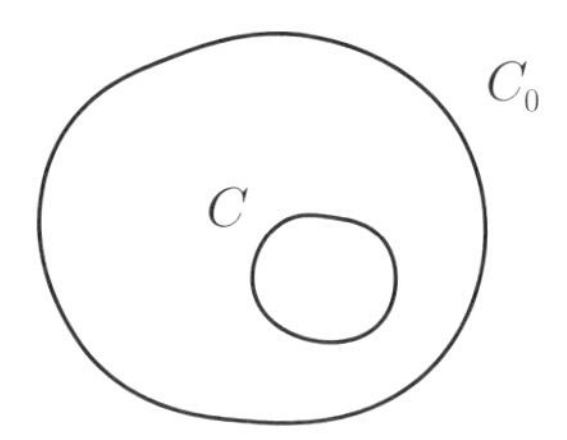

図 1.2　一様な点の確率

領域 C_0 で一様にランダムに分布する点が C に含まれる確率 P は，C_0 と C の面積をそれぞれ S_0，S とすると

$$P = \frac{S}{S_0} \tag{1.2}$$

のように面積比で表される．これは直観でもうなずけるし，自明なこととされている．しかし「なぜ面積によるのか？」という問が発せられたとき，「自明である」

または「それが定義である」という居直り以外に，なにか説明が可能なのであろうか．実は，この自明と思われるものの中から本質的なものを抽出したのが積分幾何学の基礎概念なのである．

前述の確率 P を得るための基礎として，点の集合 X の測度（measure, 点のあつまりの量）を

$$m(X) = \int_X f(x, y)\,\mathrm{d}x\mathrm{d}y \tag{1.3}$$

とおいて考えてみよう．ただし $f(x, y)$ は連続で $f(x, y) \geq 0$ であるものとする．

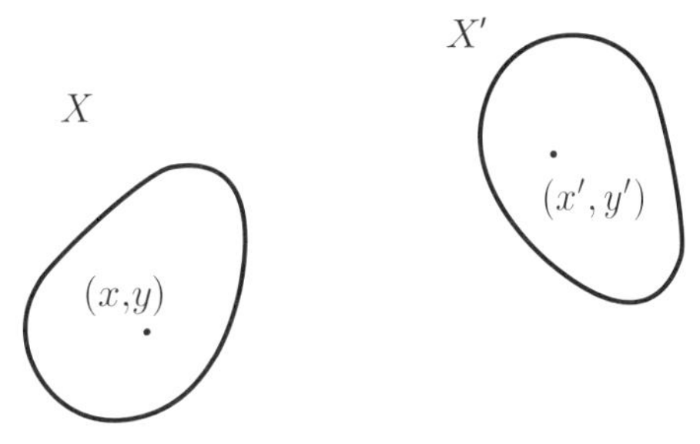

図 1.3　合同変換

ここで，点 (x, y) を合同変換 (congruent transformation)

$$\begin{aligned} x' &= x\cos\alpha - y\sin\alpha + a \\ y' &= x\sin\alpha + y\cos\alpha + b \end{aligned} \tag{1.4}$$

で点 (x', y') に移すことを考える．すなわち図 1.3 のように X を X' に変換するわけである．すると X' の測度は式 (1.3) と同じように

$$m(X') = \int_{X'} f(x', y')\,\mathrm{d}x'\mathrm{d}y' \tag{1.5}$$

と表すことができる．そして一様の前提から合同な X と X' の測度は等しくなければならない．そうでないと合同な X と X' で確率が異なってしまうからである．そこで $m(X) = m(X')$ とおいて

$$\int_X f(x, y)\,\mathrm{d}x\mathrm{d}y = \int_{X'} f(x', y')\,\mathrm{d}x'\mathrm{d}y' \tag{1.6}$$

が得られる．ところで積分の変数変換で式 (1.4) からヤコビアン (Jacobian) は

$$\frac{\partial(x', y')}{\partial(x, y)} = 1 \tag{1.7}$$

であることから

$$\int_{X'} f(x', y')\mathrm{d}x'\mathrm{d}y' = \int_X f(x', y')\,\mathrm{d}x\mathrm{d}y \tag{1.8}$$

となる．ここが，まず初学者が戸惑うところで，通常の変数変換では，右辺の被積分関数はたとえば $g(x, y)$ と表されるが，関数形 $f(x, y)$ が分からない（求めたい）のでこのような書き方となる．要するに積分変数が x', y' から x, y に変わるが，被積分関数は式 (1.4) を介した $f(x', y')$ だということである．以上の式 (1.6), (1.8) より

$$\int_X f(x, y)\,\mathrm{d}x\mathrm{d}y = \int_X f(x', y')\,\mathrm{d}x\mathrm{d}y \tag{1.9}$$

が得られる．上式はどのような X でも成り立つから，X をどんどん縮小していくと

$$f(x, y) = f(x', y') \tag{1.10}$$

でなければならない．そして (x, y) と (x', y') の対応は式 (1.4) の α, a, b によって任意につけられるから $f(x, y)$ はあらゆるところで等しい，すなわち

$$f(x, y) = c \qquad （定数） \tag{1.11}$$

が得られる．これを用いて式 (1.2) の確率を再度表現するなら，C_0 に含まれる点の集合を X_0 で表して

$$P = \frac{m(X)}{m(X_0)} = \frac{c\int_X\,\mathrm{d}x\mathrm{d}y}{c\int_{X_0}\,\mathrm{d}x\mathrm{d}y} = \frac{S}{S_0} \tag{1.12}$$

となる．そこで結局 $c = 1$ とおいても一般性を失うことはないから，求めたい式 (1.3) の点の集合の測度は

$$m(X) = \int_X \mathrm{d}x\mathrm{d}y \tag{1.13}$$

となることが分かった．そこで

$$\mathrm{d}P = [\mathrm{d}x, \mathrm{d}y]$$

とおき，これを**点の集合の密度** (density for sets of points) とよぶことにする．そして積分幾何学の基礎とは，この「変換による不変な測度を求める」ことにつきるわけである．式 (1.4) の変換はユークリッド幾何学の意味で合同だが，これを一般の変換に拡張してもよい．この方向で議論の展開は可能であるが，ここでは触れないことにする．この本の理論編を十分理解してから文献 [2] や [9] の然るべき部分に進んでほしい．

以上の議論は，あたりまえのことを冗漫に述べているような印象を与えるかもしれない．これは点の場合が直観的に把握しやすいからで，次章の直線の場合には，この議論の筋道が有効なものとなるであろう．

なお積分記号について，本来式 (1.3) は 2 変数の積分なので

$$\int_X f(x,y)\,\mathrm{d}x\mathrm{d}y \;\to\; \iint_X f(x,y)\,\mathrm{d}x\mathrm{d}y$$

と書かないといけない，と思われるかもしれない．しかしこれを忠実にやると，積分幾何学では積分記号が多すぎてうるさくなる．そこで 1 変数の積分範囲をきちんと書く場合は省略しないが，あとは極力省略することになっている．

第 2 章

直線の集合の測度

2.1 いわゆる Bertrand の逆説

直線の場合については有名な，いわゆる Bertrand の逆説 (paradox) からはじめよう（わざわざ“いわゆる”を入れた理由は「あとがき」を参照されたい）．図 2.1 のように円とこれを通る直線があり，この直線の円内での長さ（弦の長さ）がこの円の内接正三角形（図の破線で表示）の 1 辺の長さよりも大きい確率 P を求めたい．これに対しては，よく知られているように，つぎの相異なる解答がある．ただし円の半径を r とすると，内接正三角形の 1 辺の長さは $\sqrt{3}r$ となる．

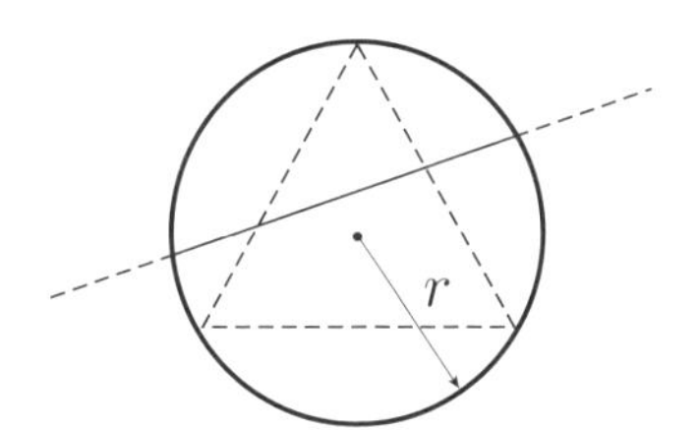

図 2.1 円と内接する正 3 角形

(a) 弦の端点が円周上で一様に分布するものと考える．円の対称性から一方の端点を円周上に固定しても一般性は失われない．図 2.2(a) で明らかなように，固定されないほうの端点は弦の長さに応じて 3 分された弧に対応し，これらの弧の長さは等しいから，簡単に

$$P = \frac{1}{3}$$

が得られる．

(b) 弦の中点がこの円の中で一様に分布するものと考えると，この点が円の中心から半径 $r/2$ 以内にあれば弦の長さは $\sqrt{3}r$ 以上になる．そこで図 2.2(b) で明らかなように，求めたい確率 P は

$$P = \frac{\pi(\frac{r}{2})^2}{\pi r^2} = \frac{1}{4}$$

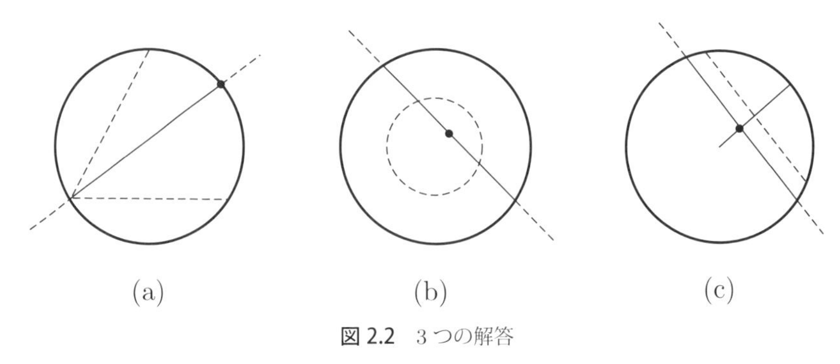

図 2.2　3つの解答

となる．

(c) 弦の中点が弦と直交する半径上で一様に分布するものと考える．半径の角度は $(0, 2\pi)$ で一様だとすれば，半径をある角度に固定してさしつかえない．すると図から明らかなように，P は

$$P = \frac{\left(\frac{r}{2}\right)}{r} = \frac{1}{2}$$

となる．

以上の3つの場合は直線（または弦）の定義がそれぞれ異なるため，異なる結果が生じたわけである．そこで「幾何確率を扱うときは注意を要する」と述べて終わりにしてしまう本が多い．ところで，点の場合に領域 C_0 内では一様でない分布に従うときは，C 内に含まれる確率は一様のときと異なるのがふつうである．それでも“逆説”などと大袈裟な表現はしない．では直線の場合の“逆説”は逆説としての意味はないと，一般に受けとめられているのだろうか．これまでの著者の経験では，どうもそうではないようである．おそらく，定義の異なるランダムな直線に関して，どのように異なるかという点まで踏み込んでいない場合が多いからであろう．

これを理論的に扱うのは次節として，ここでは前記 (a)，(b)，(c) について乱数を基に 200 本の直線を描いてみると図 2.3 のようになる．これをみると (b) の場合は，明らかに中心付近を通る直線が少ないことが分かる．また (a) と (c) は一見同じように見えるかもしれないが，よく見ると (a) のほうが (c) より空白部分が多く本数が少ないように見える．これは (a) の場合円周に近い弦が多いためで，直線の本数を増やしていくと，これが明らかとなる．この3つの場合では，(c) が一様に近いことが分かるだろう．

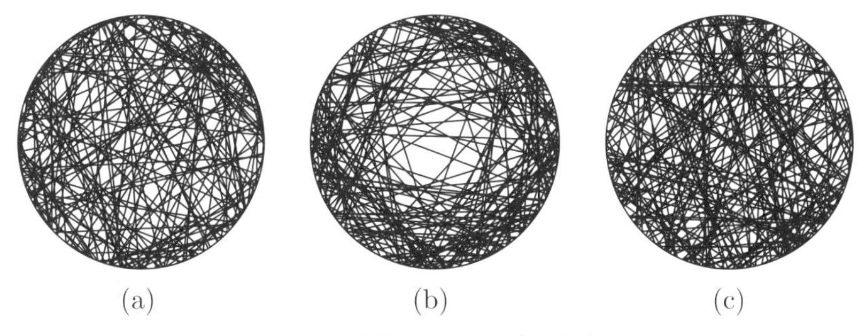

図 2.3　乱数による 200 本の直線

2.2　直線の集合の測度

図 2.4 のように平面に直線があるとき，原点からこの直線におろした垂線の長さを p，垂線と x 軸とのなす角度を θ とする．

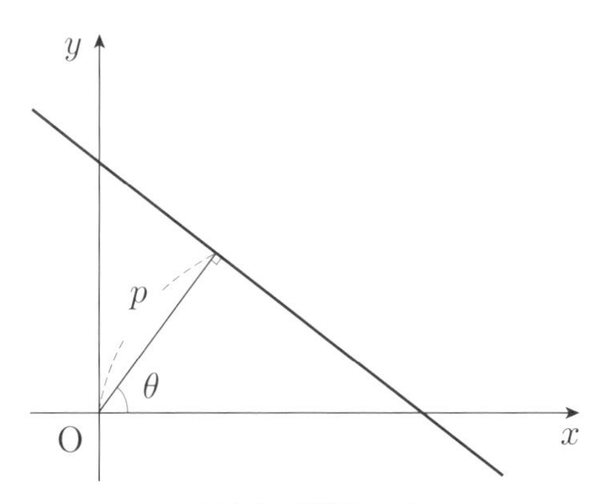

図 2.4　直線と p, θ

すると，この垂線方向の単位ベクトルが $(\cos\theta\,, \sin\theta)$ となり，直線上の座標ベクトル (x, y) との内積 (inner product) が p となるので

$$(\cos\theta\,, \sin\theta)\begin{pmatrix} x \\ y \end{pmatrix} = \ p$$

となり，この直線は

$$x\cos\theta + y\sin\theta = p \tag{2.1}$$

と表される．そこでこの p と θ で点集合のときと同じように直線の集合 X の測度を

$$m(X) = \int_X f(p, \theta)\,\mathrm{d}p\,\mathrm{d}\theta \tag{2.2}$$

とおき，合同変換で不変の条件を考える．

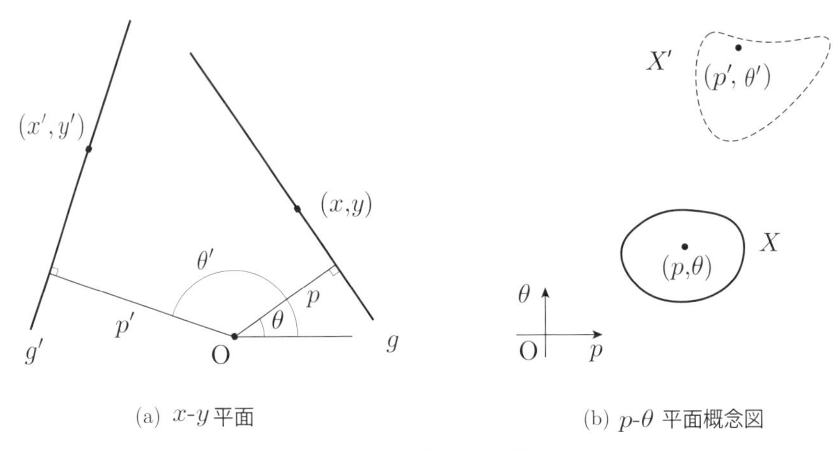

(a) x-y 平面　　(b) p-θ 平面概念図

図 2.5　直線の合同変換

ここで少し解説すると，直線 (line) というのは x-y 平面では無限に伸びていて，前に議論した点集合のようには単純に集合を考えることができない．そこで垂線の長さ p と角度 θ で，図 2.5 の (b) のように p-θ 平面を考えれば，図 2.5 の (a) に描かれている式 (2.1) で表される直線は図 2.5 の (b) における点に対応する．そこで，この中の領域 X で直線の集合を規定することができる．

まず，図 2.5 の (a) で示されている直線 g すなわち式 (2.1) が合同変換 (1.4) によって

$$x' \cos\theta' + y' \sin\theta' = p' \tag{2.3}$$

のような直線 g' に移ったものとする．この変換された直線の集合を図 2.5 の (b) の X' とすると，この測度は

$$m(X') = \int_{X'} f(p', \theta')\,\mathrm{d}p'\mathrm{d}\theta' \tag{2.4}$$

と表すことができる．元の直線 (2.1) とこの直線 (2.3) との関係をみるために，式 (1.4) を式 (2.3) に代入すると

$$\begin{aligned} &x(\cos\alpha\cos\theta' + \sin\alpha\sin\theta') + y(\cos\alpha\sin\theta' - \sin\alpha\cos\theta') \\ &= p' - a\cos\theta' - b\sin\theta' \end{aligned}$$

となり，これは

$$x\cos(\theta'-\alpha)+y\sin(\theta'-\alpha)=p'-a\cos\theta'-b\sin\theta$$

となるので，これと式 (2.1) を見比べると

$$\begin{aligned} p &= p'-a\cos\theta'-b\sin\theta' \\ \theta &= \theta'-\alpha \end{aligned} \tag{2.5}$$

が得られる．これは図 2.5 の (a) の x-y 平面における合同変換が結果として図 2.5 の (b) における X から X' への変換をもたらしたものである．言うまでもないが，p-θ 平面上の X から X' への変換は合同変換ではなく，式 (2.5) による変換である．ただし図 2.5 の (b) は概念的な説明に用いただけであり，領域 X' については式 (2.5) を反映させてはいないので，図では破線で示すことにした．

ところで不変の条件 $m(X)=m(X')$ から

$$\int_X f(p,\theta)\,\mathrm{d}p\mathrm{d}\theta=\int_{X'} f(p',\theta')\,\mathrm{d}p'\mathrm{d}\theta' \tag{2.6}$$

でなければならない．また式 (2.5) から変数変換のヤコビアン $\partial(p',\theta')/\partial(p,\theta)$ を計算するには分母と分子を入れ換えたほうが計算しやすいので

$$\frac{\partial(p,\theta)}{\partial(p',\theta')}=\begin{vmatrix} 1 & a\sin\theta'-b\cos\theta' \\ 0 & 1 \end{vmatrix}=1$$

となり，求めたいヤコビアンは上式の逆数なので 1 となることが分かった．これより

$$\int_{X'} f(p',\theta')\,\mathrm{d}p'\mathrm{d}\theta'=\int_X f(p',\theta')\,\mathrm{d}p\mathrm{d}\theta$$

となり，これと式 (2.6) から

$$\int_X f(p,\theta)\,\mathrm{d}p\mathrm{d}\theta=\int_X f(p',\theta')\,\mathrm{d}p\mathrm{d}\theta$$

が導かれる．後はまったく点集合の場合と同じで，X の範囲を狭めていって

$$f(p,\theta)=f(p',\theta')$$

となり，(p,θ) と (p',θ') の対応は式 (2.5) によってどこでもつけられるから

$$f(p,\theta)=1$$

が得られる．したがって合同変換によって不変な直線の集合の測度は式 (2.2) より

$$m(X)=\int_X \mathrm{d}p\mathrm{d}\theta \tag{2.7}$$

となる．これはある点から直線におろした垂線の長さ p と垂線の角度 θ で何の重みもつけず測ればよいということである．このことから，前節のいわゆる Bertrand の逆説では (c) の場合が一様にランダムな直線の分布であることが分かった．そこで

$$\mathrm{d}G = [\mathrm{d}p, \mathrm{d}\theta]$$

とおき，これを**直線の集合の密度** (density for sets of lines) とよぶことにする．なお直線に記号 G や g を用いるのは，積分幾何学の創始者とされる Blaschke がドイツ人でドイツ語では直線を Gerade というので，その頭文字を用いたものと思われる．

以上の議論は，最初から変数として p と θ をとったので簡単になった．導出の過程で不変の測度は式 (2.7) およびその定数倍にかぎるということは分かるが，理解を深めるために回り道とはなるが，異なる変数をとった場合について述べてみよう．図 2.6 のように，直線が x 軸，y 軸とそれぞれ座標 $1/u$，$1/v$ で交わっているものとする．このとき

$$u = \cos\theta/p, \quad v = \sin\theta/p \tag{2.8}$$

となるので，式 (2.1) の両辺を p で割ると直線の方程式は

$$ux + vy = 1 \tag{2.9}$$

で表され，この u，v で直線の集合 X の測度を

$$m(X) = \int_X f(u, v)\,\mathrm{d}u\mathrm{d}v$$

のように定義して同様の議論を展開する．ただし座標の逆数を変数としたのは計算が簡単なためで，逆数としなくても同じような議論が可能である．ここで，直線が合同変換 (1.4) で

$$u'x' + v'y' = 1 \tag{2.10}$$

に変換されたとすると，変換された直線の集合 X' の測度は

$$m(X') = \int_{X'} f(u', v')\,\mathrm{d}u'\mathrm{d}v'$$

と表すことができる．また式 (2.10) に合同変換 (1.4) を代入して，元の直線 (2.9) と比べると u, v は

$$u = \frac{u'\cos\alpha + v'\sin\alpha}{1 - au' - bv'}, \quad v = \frac{v'\cos\alpha - u'\sin\alpha}{1 - au' - bv'} \tag{2.11}$$

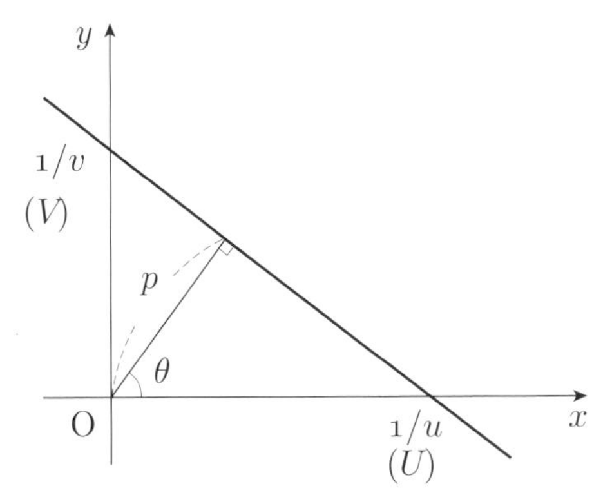

図 2.6　直線と p, θ, u, v

と表されることが分かった．まず不変の条件 $m(X) = m(X')$ から

$$\int_X f(u,v)\,\mathrm{d}u\mathrm{d}v = \int_{X'} f(u',v')\,\mathrm{d}u'\mathrm{d}v' \tag{2.12}$$

でなければならない．つぎに上式の右辺の積分変数を変換するために変換のヤコビアンを計算しなくてはならないが，この場合も，式 (2.11) をみると逆数のほうが計算しやすい．そこで，これを求めると，そう簡単ではないが

$$\frac{\partial(u,v)}{\partial(u',v')} = \frac{1}{(1-au'-bv')^3} \tag{2.13}$$

と計算できる．また式 (2.11) の各々を 2 乗すると

$$(1-au'-bv')^2 = \frac{(u'^2+v'^2)}{(u^2+v^2)}$$

となるので，求めたいヤコビアンは式 (2.13) の逆数で

$$\frac{\partial(u',v')}{\partial(u,v)} = (1-au'-bv')^3 = \left(\frac{u'^2+v'^2}{u^2+v^2}\right)^{\frac{3}{2}}$$

であり，

$$\int_{X'} f(u',v')\,\mathrm{d}u'\mathrm{d}v' = \int_X f(u',v')\left|\frac{\partial(u',v')}{\partial(u,v)}\right|\mathrm{d}u\mathrm{d}v$$

なので，これと不変の条件である式 (2.12) より

$$\int_X f(u,v)\,\mathrm{d}u\mathrm{d}v = \int_X f(u',v')\left(\frac{u'^2+v'^2}{u^2+v^2}\right)^{\frac{3}{2}}\mathrm{d}u\mathrm{d}v$$

が得られる．これより，前の議論と同じように

$$f(u,v) = f(u',v')\left(\frac{u'^2+v'^2}{u^2+v^2}\right)^{\frac{3}{2}}$$

すなわち

$$f(u,v)(u^2+v^2)^{\frac{3}{2}} = f(u',v')(u'^2+v'^2)^{\frac{3}{2}}$$

が導かれ，これが (u,v) と (u',v') に任意に対応づけられるから，これを1とおいて

$$f(u,v) = \frac{1}{(u^2+v^2)^{\frac{3}{2}}}$$

が導かれる．以上により，不変な測度は

$$m(X) = \int_X \frac{1}{(u^2+v^2)^{\frac{3}{2}}}\,\mathrm{d}u\mathrm{d}v \tag{2.14}$$

となる．ここで，これを変数変換で (p,θ) に変えることを考えよう．式(2.8)からヤコビアンなどを計算すると

$$\left|\frac{\partial(u,v)}{\partial(p,\theta)}\right| = \frac{1}{p^3}, \quad \frac{1}{(u^2+v^2)^{\frac{3}{2}}} = p^3$$

だから，式(2.14)は

$$\int_X \frac{1}{(u^2+v^2)^{\frac{3}{2}}}\,\mathrm{d}u\mathrm{d}v = \int_X \frac{1}{(u^2+v^2)^{\frac{3}{2}}}\left|\frac{\partial(u,v)}{\partial(p,\theta)}\right|\mathrm{d}p\mathrm{d}\theta = \int_X \mathrm{d}p\mathrm{d}\theta$$

となって式(2.7)と一致する．

さて，以上の計算では x 軸と y 軸の切片の逆数を用いた．そこで，つぎに x 軸と y 軸の切片をそれぞれ図2.6のように U と V とし，これを用いる不変な測度を求めよう．まず

$$u = \frac{1}{U}, \quad v = \frac{1}{V} \tag{2.15}$$

なので，これより (u,v) から (U,V) への変換のヤコビアンなどは

$$\left|\frac{\partial(u,v)}{\partial(U,V)}\right| = \frac{1}{U^2V^2}, \quad \frac{1}{(u^2+v^2)^{\frac{3}{2}}} = \frac{U^3V^3}{(U^2+V^2)^{\frac{3}{2}}}$$

となる．そこで式(2.14)は

$$m(X) = \int_X \frac{UV}{(U^2+V^2)^{\frac{3}{2}}}\,\mathrm{d}U\mathrm{d}V \tag{2.16}$$

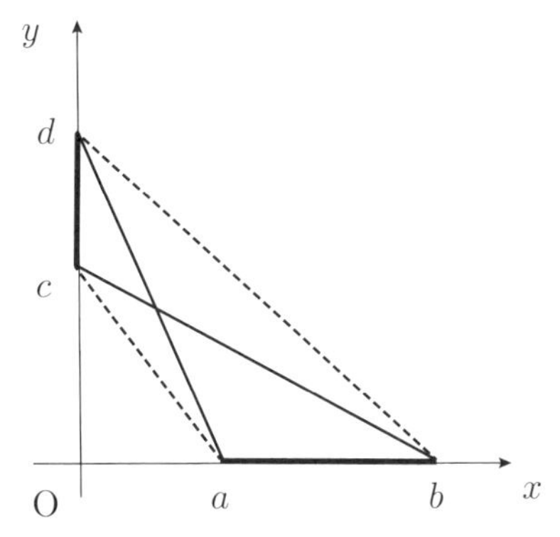

図 2.7　2 つの線分を通る直線の集合の測度

と変換され，切片を用いた不変な測度が得られたことになる．

これを用いると図 2.7 のように，x 軸に区間 $[\ a, b\ ]$，y 軸上に区間 $[\ c, d\ ]$ をとり，この両区間に共に交わる直線の集合 X の測度は，式 (2.16) より

$$
\begin{aligned}
m(X) &= \int_c^d \int_a^b \frac{UV}{(U^2+V^2)^{\frac{3}{2}}} \mathrm{d}U\mathrm{d}V \\
&= \int_c^d \left(\frac{V}{\sqrt{V^2+a^2}} - \frac{V}{\sqrt{V^2+b^2}} \right) \mathrm{d}V \\
&= \sqrt{a^2+d^2} + \sqrt{b^2+c^2} - \sqrt{a^2+c^2} - \sqrt{b^2+d^2} \qquad (2.17)
\end{aligned}
$$

となる．得られた結果はきれいで図 2.7 に実線（プラス）と破線（マイナス）で示してあるが，後ほどもっと包括的な定理から積分することなく求められることが分かるであろう．

この節のはじめで，合同変換で不変な測度は式 (2.7) であることが導かれた．ただ，この式からただちに様々な測度が計算できるわけではない．もっとも簡単なのは半径 r の円の場合で，図 2.8 の x-y 平面のように中心に原点を置いて，そこから円と交わる直線に垂線をおろせば，この円と交わる直線は $0 < p < r$, $0 < \theta < 2\pi$ なので，この円を通る直線の集合の測度は図 2.8 の p-θ 平面の長方形の面積 $2\pi r$，すなわち円周であることが分かる．

ここで測度 (2.7) を図のみによって感覚的に説明する．分かりやすくするために“ランダム”な面を排除し，“一様性”に重点を置き，規則的な点と直線で理論的不備をおかしつつ直感に訴える．まず図 2.9 の (b) は円の中心を原点として直線におろした垂線の足を点で示したものである．垂線の長さを 4 等分し，角度も $\pi/2$ ごとに分割して Δp, $\Delta\theta$ を破線のように考え，破線に囲まれた領域に 1 個ずつ規則的に点を配する．これは図 2.9 の (a) で示すように p-θ 平面での格子状の点に対応

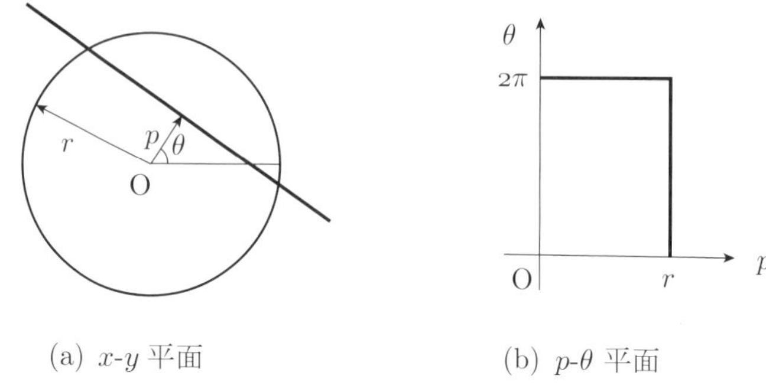

図 2.8　円における測度の計算

する．そして (b) の垂線の足をもとに直線を描くと (c) のようになり，これは“一様”な直線といえるだろう．したがって (b) で垂線の足を円内で一様に分布させると（いわゆる Bertrand の逆説での (b) の場合），(c) で円の周辺の直線の量が“多く”なってしまうことが，この2つの図からも理解できる．

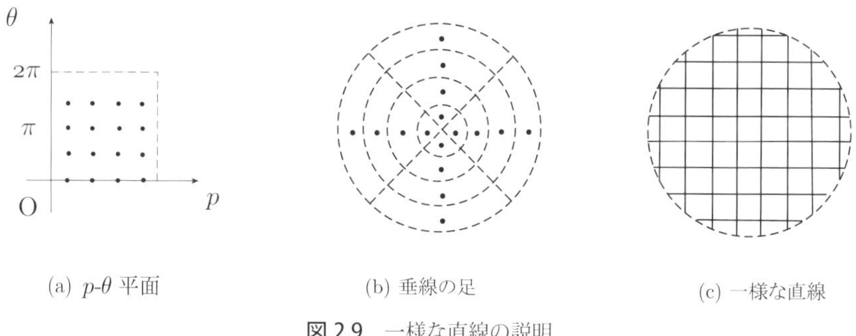

図 2.9　一様な直線の説明

さて，これまで“一様”とか“ランダム”という用語を使ってきた．しかし前述のように積分幾何学の対象は「変換による不変な測度」であり，これを用いて幾何確率を考えるとき，変換が合同変換なら“一様”と考えてよいだろうということで使われている．“ランダム”という用語も確率を考えたときのもので，直接には積分幾何学に関係しない．しかし例として Bertrand の逆説等を最初の説明としてとりあげたので，このようなことになった．以降は応用例として「一様にランダム」という語が出てくるかもしれないが，理論の解説などでは「不変な測度」を用いることにする．

第3章 Croftonの公式

3.1 外積の計算法

前章までに出てきたヤコビアンの計算は比較的簡単であった．しかし，これからは変数変換が複雑になる．たとえば2つの点を同時に考える場合には4つの変数が必要になり，ヤコビアンは4次の行列式となって計算に手数がかかる．そこで積分幾何学では以下に述べる外積の計算法が通常用いられる．ところで「外積」という用語は理工系の学生にとって最初に「ベクトルの外積」（ベクトル積という場合もある）で知ることになる．ここでの外積は，この「ベクトルの外積」の計算法をもっと一般化したものと考えてよい．例えばベクトル $\boldsymbol{a}, \boldsymbol{b}$ があってその外積を $\boldsymbol{a} \times \boldsymbol{b}$ で表すと

$$\boldsymbol{a} \times \boldsymbol{b} = -\, \boldsymbol{b} \times \boldsymbol{a}, \quad \text{したがって}\ \boldsymbol{a} \times \boldsymbol{a} = \boldsymbol{0}$$

となっており，これは後述の計算法則 (i) に引き継がれる．あとは普通の計算をすればよく，もう1つのベクトルを $\boldsymbol{c}$，スカラー量を λ とすると

$$(\lambda\, \boldsymbol{a}) \times \boldsymbol{b} = \boldsymbol{a} \times (\lambda\, \boldsymbol{b}) = \lambda\, \boldsymbol{a} \times \boldsymbol{b}$$
$$\boldsymbol{a} \times (\boldsymbol{b} + \boldsymbol{c}) = \boldsymbol{a} \times \boldsymbol{b} + \boldsymbol{a} \times \boldsymbol{c}$$

等が成り立つ．これは以下に示す計算法則 (ii),(iii) に関係する．そして，これら計算法則は行列式と深くかかわるが，ここでは計算法の形式的側面について述べ，理論的側面については最小限に止めたい．

さて ω_i を以下のように変数 $x_1, x_2, \ldots, x_n$ の微分についての1次式

$$\omega_i = a_{i1}\mathrm{d}x_1 + a_{i2}\mathrm{d}x_2 + \cdots + a_{in}\mathrm{d}x_n \tag{3.1}$$

であるとする．このとき，$\omega_1, \omega_2, \ldots, \omega_h$ について**外積** (outer product) というものを考えて $[\omega_1, \omega_2, \ldots, \omega_h]$ で表示し，その計算法則をつぎのように与えることにする．

(i) 2つの項を入れかえると符号が変わる．すなわち

$$[\omega_1,\omega_2,\ldots\omega_i,\ldots,\omega_j,\ldots,\omega_h]=-[\omega_1,\omega_2,\ldots,\omega_j,\ldots,\omega_i,\ldots,\omega_h]$$

となる．したがって上式から $\omega_i=\omega_j$，すなわち $\omega_1,\omega_2,\ldots,\omega_h$ の中で2つの項が等しければ

$$[\omega_1,\omega_2,\ldots,\omega_i,\ldots,\omega_i,\ldots,\omega_h]=0$$

が成り立つ.
(ii) c を定数とすると

$$[\omega_1,\omega_2,\ldots,c\omega_i,\ldots,\omega_h]=c[\omega_1,\omega_2,\ldots,\omega_i,\ldots,\omega_h]$$

となる.
　(iii) またある ω が $\omega_i+\omega_i'$ と表されるときは

$$\begin{aligned}[\omega_1,\omega_2,\ldots,\omega_i+\omega_i',\ldots,\omega_h]&=[\omega_1,\omega_2,\ldots,\omega_i,\ldots,\omega_h]\\&\quad+[\omega_1,\omega_2,\ldots,\omega_i',\ldots,\omega_h]\end{aligned}$$

となる.
　以上の計算法則にもとづいた例を以下に示す．まず

$$x=x(x',y'),\quad y=y(x',y')$$

のとき

$$\begin{aligned}\mathrm{d}x&=\frac{\partial x}{\partial x'}\mathrm{d}x'+\frac{\partial x}{\partial y'}\mathrm{d}y'\\\mathrm{d}y&=\frac{\partial y}{\partial x'}\mathrm{d}x'+\frac{\partial y}{\partial y'}\mathrm{d}y'\end{aligned}$$

となる．これから $\mathrm{d}x$ と $\mathrm{d}y$ の外積を計算してみよう．$\mathrm{d}x'$，$\mathrm{d}y'$ も ω の1つであることに注意して，まず (ii) と (iii) から

$$\begin{aligned}[\mathrm{d}x,\mathrm{d}y]=&\frac{\partial x}{\partial x'}\frac{\partial y}{\partial x'}[\mathrm{d}x',\mathrm{d}x']+\frac{\partial x}{\partial x'}\frac{\partial y}{\partial y'}[\mathrm{d}x',\mathrm{d}y']+\frac{\partial x}{\partial y'}\frac{\partial y}{\partial x'}[\mathrm{d}y',\mathrm{d}x']\\&+\frac{\partial x}{\partial y'}\frac{\partial y}{\partial y'}[\mathrm{d}y',\mathrm{d}y']\end{aligned}$$

となる．ところが (i) から

$$[\mathrm{d}x',\mathrm{d}x']=0,\quad[\mathrm{d}y',\mathrm{d}y']=0,\quad[\mathrm{d}y',\mathrm{d}x']=-[\mathrm{d}x',\mathrm{d}y']$$

となり，外積は

$$[\mathrm{d}x, \mathrm{d}y] = \left(\frac{\partial x}{\partial x'}\frac{\partial y}{\partial y'} - \frac{\partial x}{\partial y'}\frac{\partial y}{\partial x'}\right)[\mathrm{d}x', \mathrm{d}y'] \tag{3.2}$$

となる．一方，変数変換のヤコビアンは

$$\frac{\partial(x,y)}{\partial(x',y')} = \begin{vmatrix} \dfrac{\partial x}{\partial x'} & \dfrac{\partial x}{\partial y'} \\ \dfrac{\partial y}{\partial x'} & \dfrac{\partial y}{\partial y'} \end{vmatrix} = \frac{\partial x}{\partial x'}\frac{\partial y}{\partial y'} - \frac{\partial x}{\partial y'}\frac{\partial y}{\partial x'}$$

となるから，外積の計算法則によって計算すればヤコビアンの計算が形式的にできる．ここで具体的な例として，式 (2.5) から計算してみよう．すなわち

$$\theta = \theta' - \alpha, \quad p = p' - a\cos\theta' - b\sin\theta'$$

から

$$\mathrm{d}\theta = \mathrm{d}\theta'$$
$$\mathrm{d}p = \mathrm{d}p' + (a\sin\theta' - b\cos\theta')\mathrm{d}\theta'$$

したがって

$$[\mathrm{d}p, \mathrm{d}\theta] = [\mathrm{d}p', \mathrm{d}\theta'] \tag{3.3}$$

となる．ここで $[\mathrm{d}\theta', \mathrm{d}\theta'] = 0$ だから実際には

$$\frac{\partial p}{\partial \theta'} = a\sin\theta' - b\cos\theta' \tag{3.4}$$

は計算しなくてもよいことが分かるであろう．

さて，以下で一般的な説明をしておこう．まず $u_1, u_2, \ldots, u_n$ が変数 x_1, $x_2, \ldots, x_n$ で

$$u_1 = u_1(x_1, x_2, \ldots, x_n)$$
$$u_2 = u_2(x_1, x_2, \ldots, x_n)$$
$$\vdots$$
$$u_n = u_n(x_1, x_2, \ldots, x_n)$$

と表されるとき，$u_1, u_2, \ldots, u_n$ の全微分は

$$\begin{aligned}
\mathrm{d}u_1 &= \frac{\partial u_1}{\partial x_1}\,\mathrm{d}x_1 + \frac{\partial u_1}{\partial x_2}\,\mathrm{d}x_2 + \cdots + \frac{\partial u_1}{\partial x_n}\,\mathrm{d}x_n \\
\mathrm{d}u_2 &= \frac{\partial u_2}{\partial x_1}\,\mathrm{d}x_1 + \frac{\partial u_2}{\partial x_2}\,\mathrm{d}x_2 + \cdots + \frac{\partial u_2}{\partial x_n}\,\mathrm{d}x_n \\
&\ \vdots \\
\mathrm{d}u_n &= \frac{\partial u_n}{\partial x_1}\,\mathrm{d}x_1 + \frac{\partial u_n}{\partial x_2}\,\mathrm{d}x_2 + \cdots + \frac{\partial u_n}{\partial x_n}\,\mathrm{d}x_n
\end{aligned}$$

となる．ここで外積 $[\mathrm{d}u_1, \mathrm{d}u_2, \ldots, \mathrm{d}u_n]$ を計算するわけだが，上の式をみると，右辺にはいくつもの外積 $[\mathrm{d}x_{i_1}, \mathrm{d}x_{i_2}, \ldots, \mathrm{d}x_{i_n}]$ が出てくるが，計算手順 (i) より $[\ldots, \mathrm{d}x_i, \ldots, \mathrm{d}x_i, \ldots] = 0$．また計算手順の (iii) にしたがって計算していくと，どの項も偏導関数の分子の部分の順序は $\partial u_1, \partial u_2, \ldots, \partial u_n$ となるので，外積 $[\mathrm{d}u_1, \mathrm{d}u_2, \ldots, \mathrm{d}u_n]$ の右辺の 0 ではない一般項は

$$\frac{\partial u_1}{\partial x_{i_1}} \frac{\partial u_2}{\partial x_{i_2}} \cdots \frac{\partial u_n}{\partial x_{i_n}} [\mathrm{d}x_{i_1}, \mathrm{d}x_{i_2}, \ldots, \mathrm{d}x_{i_n}]$$

で，$(i_1, i_2, \ldots, i_n)$ は $(1, 2 \ldots, n)$ の順列である．そして計算手順 (i) より順列 $(i_1, i_2, \ldots, i_n)$ が偶置換で $(1, 2 \ldots, n)$ に戻れば $\sigma(i_1, i_2, \ldots, i_n) = 1$，奇置換の場合は $\sigma(i_1, i_2, \ldots, i_n) = -1$ で表すと

$$[\mathrm{d}x_{i_1}, \mathrm{d}x_{i_2}, \ldots, \mathrm{d}x_{i_n}] = \sigma(i_1, i_2, \ldots, i_n)\,[\mathrm{d}x_1, \mathrm{d}x_2, \ldots, \mathrm{d}x_n]$$

となる．そして $\sum_{(1,2,\ldots,n)}$ ですべての順列にわたって加えることにすれば

$$\begin{aligned}
&[\mathrm{d}u_1, \mathrm{d}u_2, \ldots, \mathrm{d}u_n] \\
&= \sum_{(1,2,\ldots,n)} \sigma(i_1, i_2, \ldots, i_n) \frac{\partial u_1}{\partial x_{i_1}} \frac{\partial u_2}{\partial x_{i_2}} \cdots \frac{\partial u_n}{\partial x_{i_n}} [\mathrm{d}x_1, \mathrm{d}x_2, \ldots, \mathrm{d}x_n]
\end{aligned}$$

となり，行列式の定義より

$$[\mathrm{d}u_1, \mathrm{d}u_2, \ldots, \mathrm{d}u_n] = \begin{vmatrix} \frac{\partial u_1}{\partial x_1} & \frac{\partial u_1}{\partial x_2} & \cdots & \frac{\partial u_1}{\partial x_n} \\ \frac{\partial u_2}{\partial x_1} & \frac{\partial u_2}{\partial x_2} & \cdots & \frac{\partial u_2}{\partial x_n} \\ \vdots & \vdots & & \vdots \\ \frac{\partial u_n}{\partial x_1} & \frac{\partial u_n}{\partial x_2} & \cdots & \frac{\partial u_n}{\partial x_n} \end{vmatrix} [\mathrm{d}x_1, \mathrm{d}x_2, \ldots, \mathrm{d}x_n]$$

となる，以上により，外積の計算法によって変数変換のヤコビアンが

$$[\mathrm{d}u_1, \mathrm{d}u_2, \ldots, \mathrm{d}u_n] = \frac{\partial(u_1, u_2, \ldots, u_n)}{\partial(x_1, x_2, \ldots, x_n)} [\mathrm{d}x_1, \mathrm{d}x_2, \ldots, \mathrm{d}x_n] \tag{3.5}$$

と簡単に計算できることが分かる．

3.2　Crofton の公式

いよいよ，ここから前述の直線の場合の不変な測度 (2.7) をもとに論議を進めていく．いま図 3.1 のように曲線弧 AB を考えその長さを L とする．弧 AB 上の点 P の座標 (x, y) は A から P までの弧の長さ s によって

$$x = x(s), \quad y = y(s) \tag{3.6}$$

と表されるものとする．ここで点 P で弧 AB と交わる直線を g とし，図のように点 P における弧の接線と g とのなす角度を φ，接線と x 軸とのなす角度を λ とする．前にも述べたように，図の垂線の長さ p と角度 θ で曲線弧 AB と交わる直線の集合の測度を測るのは難しいので，AB に沿った測り方，つまり $[\mathrm{d}p, \mathrm{d}\theta]$ から $[\mathrm{d}s, \mathrm{d}\varphi]$ への変換を考えるわけである．まず，P のところの角度をみると

$$\theta = \lambda + \varphi - \pi/2 \tag{3.7}$$

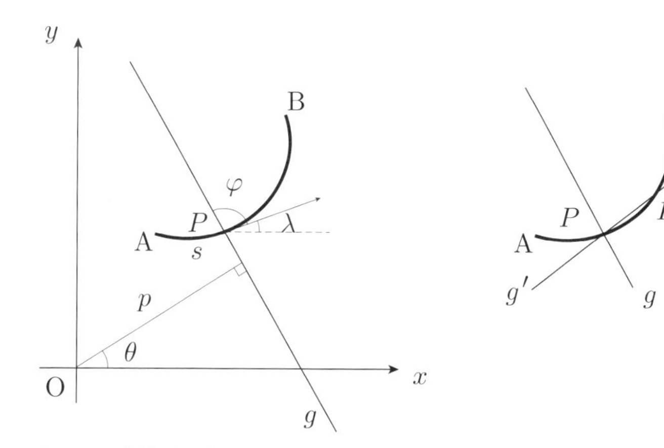

図 3.1　曲線弧と交わる直線の集合の測度　　**図 3.2**　二重の計算

となっている．また P は直線 g 上の点でもあるから式 (2.1) から

$$p = x\cos\theta + y\sin\theta$$

となり，p は x, y, θ の関数だから

$$\mathrm{d}p = \cos\theta\,\mathrm{d}x + \sin\theta\,\mathrm{d}y + (-x\sin\theta + y\cos\theta)\mathrm{d}\theta \tag{3.8}$$

となる．ところで式 (3.6) と λ の定義から

$$\mathrm{d}x = \cos\lambda\,\mathrm{d}s, \quad \mathrm{d}y = \sin\lambda\,\mathrm{d}s$$

なので

$$\cos\theta\,\mathrm{d}x + \sin\theta\,\mathrm{d}y = (\cos\theta\cos\lambda + \sin\theta\sin\lambda)\,\mathrm{d}s = \cos(\theta - \lambda)\,\mathrm{d}s$$

となるから，これと式 (3.8) より

$$\mathrm{d}p = \cos(\theta - \lambda)\mathrm{d}s + (-x\sin\theta + y\cos\theta)\mathrm{d}\theta$$

が得られる．したがって，前節の外積の計算法から

$$[\mathrm{d}p, \mathrm{d}\theta] = \cos(\theta - \lambda)[\mathrm{d}s, \mathrm{d}\theta]$$

となる．さらに式 (3.7) から

$$\cos(\theta - \lambda) = \cos(\varphi - \pi/2) = \sin\varphi$$

であり，同じく式 (3.7) より

$$\mathrm{d}\theta = \mathrm{d}\lambda + \mathrm{d}\varphi$$

となる．ところが，λ は s のみにより，$\mathrm{d}\lambda/\mathrm{d}s$ は曲率を表すから，これを λ' とおいて

$$\mathrm{d}\theta = \lambda'\mathrm{d}s + \mathrm{d}\varphi$$

と書け，これによって

$$[\mathrm{d}p, \mathrm{d}\theta] = \sin\varphi[\mathrm{d}s, d\varphi] \tag{3.9}$$

が得られる．この式には大変重要な意味が込められているので，追々述べていくつもりである．

まず図 3.1 から明らかなように，この弧 AB に交わるすべての直線について考えると，式 (3.9) の右辺は $0 \leq s \leq L$，$0 \leq \varphi \leq \pi$ の範囲で積分すればよいので

$$\int \sin\varphi \mathrm{d}s\mathrm{d}\varphi = \int_0^L \left(\int_0^\pi \sin\varphi\mathrm{d}\varphi\right)\mathrm{d}s = 2L$$

が得られる．ところが，この積分は曲線弧に沿って行われたもので，式 (3.9) の左辺の単純な積分，すなわちこの曲線弧と交わる直線の集合の測度とは通常一致しない．図 3.2 をみれば明らかだが，弧 AB と点 P でのみ交わる直線 g のようなものばかりであれば問題ない．ところが g' のように弧と 2 つ以上の点で交わる直線があり，曲線弧に沿った積分では，たとえば図の g' は P と P' でそれぞれ計算され

ているから重複している．そこで p, θ を変数として，1 以上の整数値をとる関数 $n(p,\theta)$ で上述の重複を表現すれば，式 (3.9) と前式から

$$\int n(p,\theta)\,\mathrm{d}p\,\mathrm{d}\theta = 2L$$

が得られる．以上では，直線と交わる曲線弧を滑らかなものとして議論してきた．ところが図 3.3 のように曲線弧を有限個つなぎ合せた曲線であっても，ほとんどいたるところ接線が存在するから，上式が成り立つことは明らかであろう．また上式において $n(p,\theta)=0$ となる場合には直線が曲線と交わらない場合と考えられるから，積分の範囲をすべての直線にまで拡張することができる．もともと $n(p,\theta)$ は形式的なもので実際には分からない場合が多いが，積分幾何学では伝統的にこれを単に n で表示し，$\mathrm{d}p$, $\mathrm{d}\theta$ の外積を $\mathrm{d}G=[\mathrm{d}p,\mathrm{d}\theta]$ と記して，上式を

$$\int n\,\mathrm{d}G = 2L \tag{3.10}$$

と表し，これを **Crofton の公式** (Crofton's formula) とよんでいる．これは直線を考えるうえで基礎的なものである．

図 3.3　有限個のつなぎ合わせ

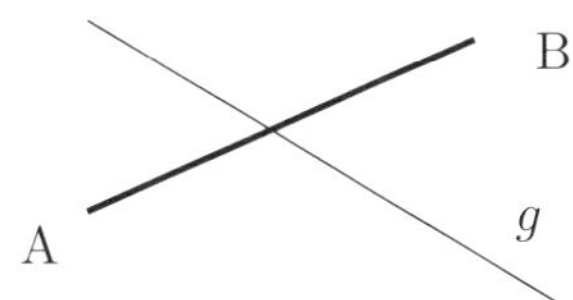

図 3.4　直線分と交わる測度

さて，ここでこの Crofton の公式から算出できる測度について述べよう．まず図 3.4 のように曲線弧 AB が直線分のとき，これと交わる直線はすべて直線分 AB と 1 点で交わる．ただし 2 点 A,B を共に通る直線のみ例外だが，この直線は p-θ 平面の 1 点と考えられるからこの測度は 0 である．したがって直線分 AB と交わる直線の集合 X についてほとんどいたるところ $n=1$ が成り立つから，X の測度は公式 (3.10) から

$$m(X) = \int \mathrm{d}G = 2L \tag{3.11}$$

のようになる．つまり「直線分と交わる直線の集合の測度はこの直線分の長さの 2 倍に等しい」わけである．

ここで，1 点 A を通る直線の集合 X について考えてみよう．この場合は図 3.4 で B が A に近づいていって一致した場合とみなせるから $L=0$ で，測度は上式か

ら

$$m(X) = 0$$

となり，X は測度が 0 の零集合であることが分かる．つまり，ある特定の点を通る直線は無数にあるが，その測度は 0 である．

つぎに曲線弧の両端が一致し，しかもこれが図 3.5 のように凸閉曲線をなす場合について考えよう．この凸閉曲線と交わる直線 g は接線を除くと，すべて 2 つの交点を持つ．接線の集合は p-θ 平面において g の集合の境界線をなすから測度は 0 である．そこでこの凸閉曲線と交わる直線の集合 X について，ほとんどいたるところ $n = 2$ が成り立つから，X の測度は公式 (3.10) より

$$m(X) = \int \mathrm{d}G = L \tag{3.12}$$

のようになる．つまり「凸閉曲線に交わる直線の集合の測度はこの凸閉曲線の長さに等しい」ことになる．

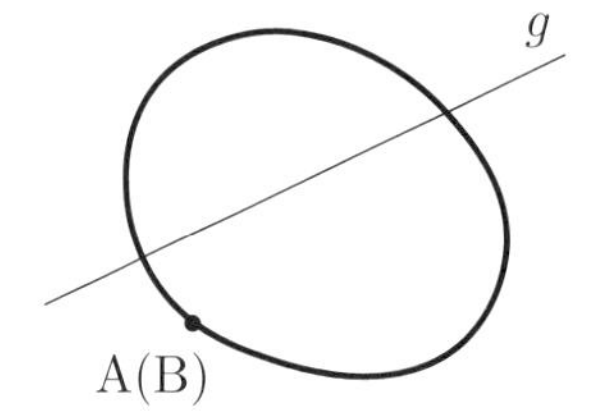

図 3.5 凸閉曲線と交わる測度

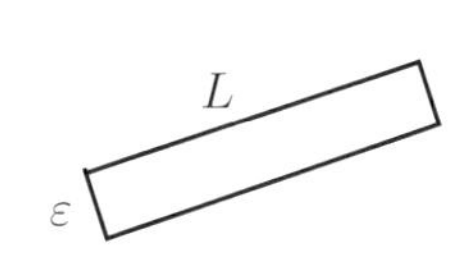

図 3.6 凸閉曲線から直線へ

ここで，凸閉曲線として図 3.6 のように細長い矩形を考え，長辺の長さを L，短辺の長さを ε とする．すると式 (3.12) から，この矩形と交わる直線の測度は

$$m(X) = 2(L + \varepsilon)$$

のようになり，$\varepsilon \to 0$ として式 (3.11) が得られる．すなわち式 (3.11) は (3.12) の特別な場合である，ということもできる．

これまでの議論では連続な曲線のみを対象としてきた．しかし不連続であっても Crofton の公式は成立する．簡単な例として図 3.7 について考えてみよう．曲線 C_1, C_2 があって，その長さをそれぞれ L_1, L_2 とする．C_1 に着目して C_2 を無視したときと，その逆のときとで公式 (3.10) から，つぎの 2 つの式

$$\int n_1 \, \mathrm{d}G = 2L_1, \quad \int n_2 \, \mathrm{d}G = 2L_2$$

が得られる．そこで C_1 の交点と C_2 の交点を一緒にして考え，各直線ごとに $n_1 +$

$n_2 = n$として新たにnを導入し，$L_1 + L_2 = L$として長さの総計をLとすれば上記の2つの式を各辺ごとに加え合わせて

$$\int (n_1 + n_2)\mathrm{d}G = \int n\mathrm{d}G = 2L$$

となり公式(3.10)が成立する．これは一般的に曲線が$C_1, C_2, \ldots, C_k$とk個あっても成り立つことは明らかである．

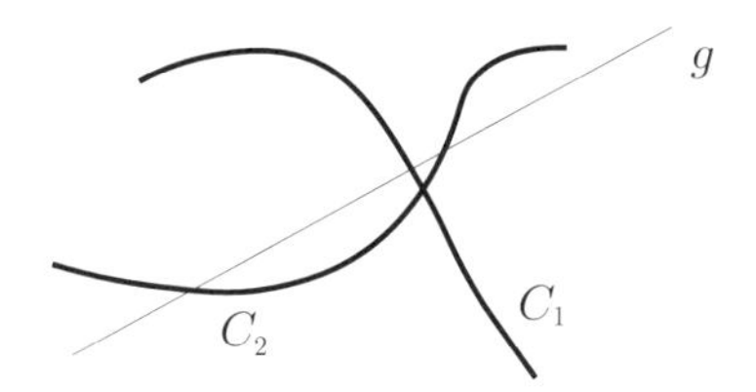

図3.7 複数の曲線と交わる測度

さてCroftonの公式では左辺にnが入っているため測度の計算が難しいと受け取られるかもしれない．しかしそうではなくて，すぐ前の例でも明らかなようにnが入っているからこそ右辺が簡潔な結果になっているのである．

3.3 Croftonの公式の応用

前節までの結果から，いくつかの幾何確率に関する簡単な問題を解くことができる．いま図3.8のように凸閉曲線C_0，Cがあり，その長さをそれぞれL_0，Lとする．C_0の内部にCがあるものとして，C_0に交わる一様にランダムな直線がCにも交わる確率P(probability)を求めよう．曲線C_0，Cに交わる直線の集合をそれぞれX_0，Xとすれば前節の式(3.12)からPは

$$P = \frac{m(X)}{m(X_0)} = \frac{L}{L_0} \tag{3.13}$$

と求められる．つまりPは長さの比で表される．長さのみによるため，CがC_0内のどの位置にあってもPの値は変化しない．

つぎに図3.9のように凸閉曲線C_0があってそのなかに曲線Cがあるものとし，C_0，Cの長さをそれぞれL_0，Lとする．曲線Cと交わる曲線は必ずC_0と交わるから，C_0と交わる直線の集合XをCとの交点数に応じて直和に分解する．つまりX_iでCとの交点数がちょうどiの直線の集合を表して

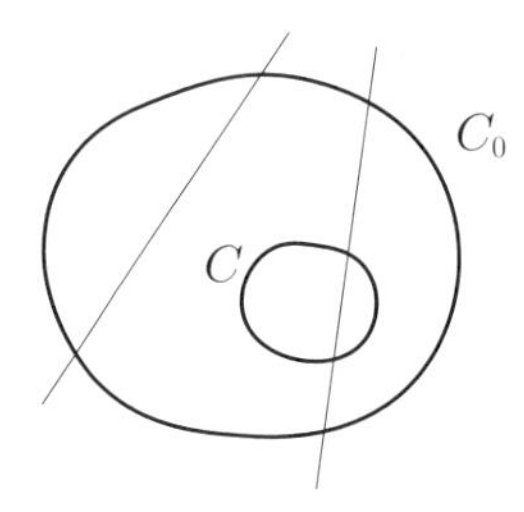

図 3.8　C に交わる確率

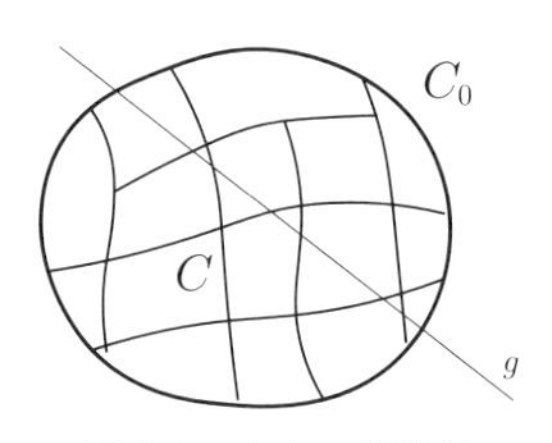

図 3.9　交点の期待値

$$X = X_0 + X_1 + X_2 + \cdots$$

$$m(X) = m(X_0) + m(X_1) + m(X_2) + \cdots$$

とする．ここで，C に関して公式 (3.10) を X の範囲で適用すると

$$\int n\,\mathrm{d}G = 0 \cdot m(X_0) + 1 \cdot m(X_1) + 2 \cdot m(X_2) + \cdots = 2L \tag{3.14}$$

となる．ところが C_0 に関しては式 (3.12) から

$$m(X) = \int \mathrm{d}G = L_0$$

となり，これで式 (3.14) を割ると，$m(X_i)/m(X)$ は交点数がちょうど i の場合の確率 $P(i)$ を意味し，

$$\frac{\int n\mathrm{d}G}{\int \mathrm{d}G} = 0 \cdot P(0) + 1 \cdot P(1) + 2 \cdot P(2) + \cdots$$

となる．そこで，上式の右辺は交点数の期待値 $E(n)$ となるから

$$E(n) = \frac{\int n\mathrm{d}G}{\int \mathrm{d}G} = \frac{2L}{L_0} \tag{3.15}$$

が導かれる．

以上の議論では個々の $m(X_i)$ があたかも算出できたかのように述べられているが，これは式 (3.15) の導出を分かりやすくするために用いたので，通常は算出できないことが多い．つまり個々の $P(i)$ すなわち確率分布は判明しないが，期待値だけが分かるといった場合が圧倒的に多いのである．さて上式を用いると，長さを測るのが面倒な場合，総延長に当たりをつけることができる．いま凸閉曲線 C_0 に一様にランダムに直線を何本か分布させ，曲線 C との交点数の平均値を $\bar{n}$ とすると，曲線 C の長さの推定値 $\hat{L}$ は式 (3.15) より

$$\hat{L} = \frac{\bar{n}L_0}{2} \tag{3.16}$$

となる．

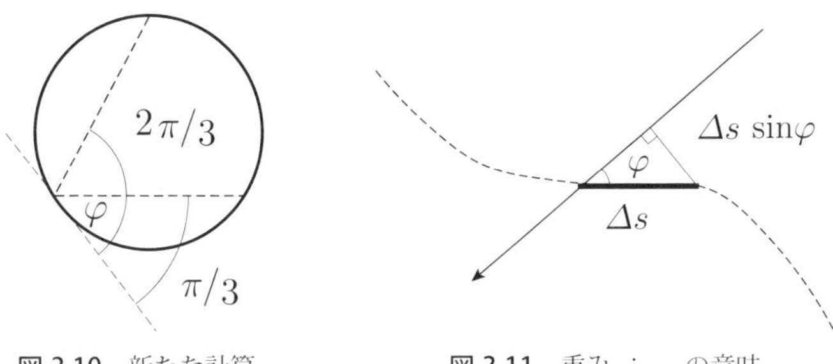

図 3.10　新たな計算　　**図 3.11**　重み $\sin\varphi$ の意味

先に外積の計算式 (3.9) が重要であると述べた．これをもう一度記すと

$$[\mathrm{d}p, \mathrm{d}\theta] = \sin\varphi[\mathrm{d}s, d\varphi]$$

となっている．これの意味するところは，原点から直線におろした垂線の角度 θ は一様でも，線分に沿って直線を考える場合には線分と直線との角度 φ に $\sin\varphi$ の重み（すなわち $\pi/2$ が一番高い）をつけなければならない，ということである．例えば，これで Bertrand の逆説 (a) の場合を計算すると，図 3.10 をみると分かるように，求めたい確率 P は

$$P = \int_{\pi/3}^{2\pi/3} \sin\varphi\,\mathrm{d}\varphi \Big/ \int_0^{\pi} \sin\varphi\,\mathrm{d}\varphi = \frac{1}{2} \tag{3.17}$$

となり，一様な直線の場合 (c) と一致する．線分に沿って考えた場合，角度 φ に $\sin\varphi$ の重みがつくのは，計算上納得いくかもしれないが，以下のようなことを考えてみれば直感でもうなずけよう．いま図 3.11 のように曲線のある点で長さ Δs の直線分を考え，この線分と角度 φ で飛んでくる弾丸のようなものを想像して，この弾丸が四方から万遍なく放たれたとすれば（一様な直線），角度 φ で飛んでくる弾丸の当たりやすさは図の長さ $\Delta s \sin\varphi$ に比例するであろうことは容易に納得できるだろう．

つまりグローバルな角度 θ は一様**にもかかわらず**ローカルには重み $\sin\varphi$ を**つけなければならない**のではなく，グローバルな角度 θ が一様**だからこそ**ローカルには重み $\sin\varphi$ が**つく**のである．不用意に幾何学的モデルを考え，一様という意味では角度について間違っている事例が多々見受けられる．これは，方向性のあるローカルな場面で角度に重みをつけないで一様にしてしまうのである．前の議論から，グローバルな角度の一様性を損なうことになる点を分かっていただきたいと思う．

一様にランダムな直線を生成させようとすると，いまのところ Bertrand の逆説の (c) の場合のようにやればよいことしか分からない．しかし例えば，直線分に沿って生成する場合，p, θ を変数としてとると，この線分を通らない直線も対象に入ってくる．いま図 3.12 のように端点を A,B とし，長さ L の直線分を考えると，Crofton の公式を用いた式 (3.11) と s と φ を変数にとれば

$$\int \mathrm{d}G = \int\int \sin\varphi \, \mathrm{d}s\mathrm{d}\varphi = 2L$$

となるが，これは

$$\int\int \frac{\sin\varphi}{2L} \, \mathrm{d}s \, \mathrm{d}\varphi = 1$$

と書き直すことができ，s と φ は独立でその確率密度関数は

$$f(s) = \frac{1}{L}, \quad f(\varphi) = \frac{1}{2}\sin\varphi \tag{3.18}$$

であると解釈できる．ただし $0 \leq s \leq L$, $0 \leq \varphi \leq \pi$ である．そこで図 3.12 のように線分を通る一様にランダムな直線について，交点 P は線分上で一様にランダムであり，交角 φ は式 (3.18) の分布にしたがっている，と考えられる．上式 (3.18) の角度に関する関数を用いると，前述の図 3.10 における計算も

$$P = \frac{1}{2}\int_{\pi/3}^{2\pi/3} \sin\varphi \, \mathrm{d}\varphi = \frac{1}{2}$$

と同じ結果を得ることができる．

前述の式 (3.15) のところで曲線との交点数がちょうど i の直線の集合を X_i としたとき，この測度 $m(X_i)$ は算出できないことが多いと述べた．しかし，ある種の曲線であれば算出できないわけではない．そこで，複雑な場合はほかにゆずり，ここでは簡単な例について述べてみよう．図 3.13 のように長さ L の曲線弧 AB があって AB を直線で結んでできる閉曲線が凸であるものとする．線分 AB の長さを L' とし，弧 AB と交わる直線の集合を X とすると

$$X = X_1 + X_2, \quad m(X) = m(X_1) + m(X_2)$$

で，この凸閉曲線と交わる直線の集合と X は等しいから，測度は

$$m(X) = L + L'$$

となる．一方 Crofton の公式を弧 AB に適用すると

$$\int n\mathrm{d}G = m(X_1) + 2m(X_2) = 2L$$

となり

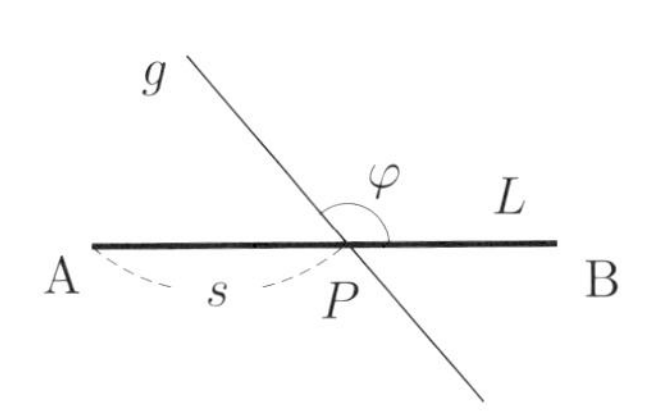

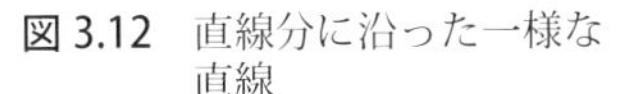
図 3.12　直線分に沿った一様な直線

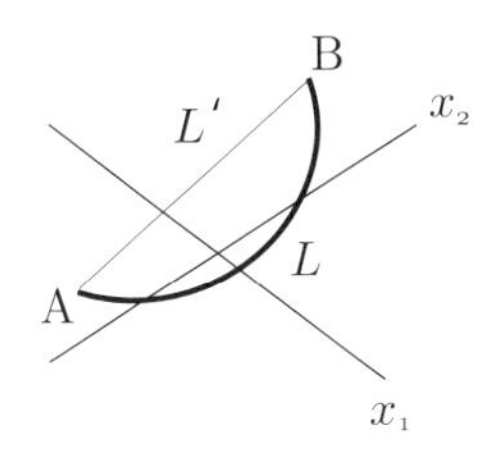

図 3.13　交点数に応じた測度

$$m(X_1) + \ m(X_2) = L + L'$$
$$m(X_1) + 2m(X_2) = 2L$$

という連立方程式が得られる．これを解いて

$$m(X_2) = L - L', \quad m(X_1) = 2L' \tag{3.19}$$

が得られる．ここで注目したいのは測度が長さのみに関係している点である．弧 AB と線分 AB のなす曲線が凸であり，しかも L, L' が等しければ，形の異なる弧でもこの交点数の測度については差違を認めることができない．

第4章 Croftonの定理

これから Crofton によって導出された定理をいくつか述べていくが，定理につけた番号はこの本の中で便宜的につけたもので一般的なものではないことを断っておく．これまで式 (3.12) の導出の際「凸閉曲線と交わる直線」という表現を用いた．ここでは凸閉曲線に囲まれた開領域を単に**凸領域** (convex domain) とよぶことにして，「凸領域と交わる直線」という表現を用いる．このとき凸閉曲線を凸領域の**境界** (boundary) とよぶ．そこで「凸閉曲線と交わる直線」の集合を X，「凸領域と交わる直線」の集合を X' とすると，$X \supset X'$ で，$X - X'$ は凸閉曲線と接する直線の集合となり，これは p-θ 平面での線分なのでこの測度は 0 である．そこで X と X' の測度は等しいので，以上の 2 つの表現を問題によって適宜使い分けていくつもりである．

なお議論が凸領域や凸閉曲線に限っているように見えるかもしれないが，凸でないとき，もとの図形の最小凸被覆（凸包 (convex hull)）を考えれば図 4.1 から明らかなように，直線が交わる測度については，もとの図形とその凸包は等しいので，凸を仮定しても一般性は失われない．

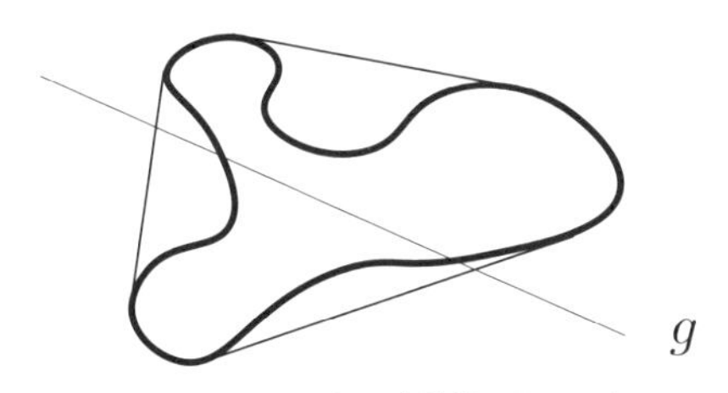

図 4.1　凸ではない領域とその凸包

4.1 Croftonの定理 1

さて定理 1 は 2 つの凸領域と共に交わる直線の集合の測度に関するものである．いま図 4.2 のように 2 つの凸領域 C_1, C_2 があって，C_1, C_2 の境界に共に接する接線が接点 A, B, C, D, E, F, G, H を用いてそれぞれ AB, CD, EF, GH と表されるものとする．そして EF, GH の交点を O とし，凸閉曲線 OEACGO, OHBDFO

に囲まれた凸領域をそれぞれ Γ_1，Γ_2 とする．また C_1, C_2 を共に含む最小凸領域（最小凸被覆，凸包）を C_{12} とすると，これは図において凸閉曲線 ABDCA に囲まれた凸領域を表す．すると C_{12} と交わる直線はかならず Γ_1 と Γ_2 のどちらか一方か，または両方と交わる．ただし O を通って線分 AB, CD に交わる直線は例外だが，測度が 0 なので無視してよい．

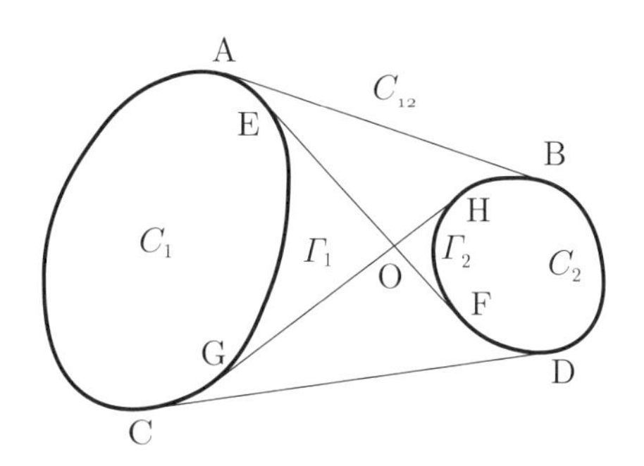

図 4.2　2 つの凸領域と共に交わる直線の集合の測度

ここで，凸領域 $\Gamma_i (i = 1, 2)$ の境界の長さ（周長）を $L(\Gamma_i)$ で表すものとすれば，式 (3.12) から Γ_i と交わる直線の集合の測度は $L(\Gamma_i)$ となる．よって $L(\Gamma_1)$ は Γ_1 のみと交わる測度と Γ_1, Γ_2 と共に交わる測度を加えたものであるし，$L(\Gamma_2)$ も Γ_1 と Γ_2 を入れ換えて同様に述べることができる．そこで Γ_1, Γ_2 と共に交わる直線の集合を G_{12} とすれば，その測度は包除関係から

$$m(G_{12}) = L(\Gamma_1) + L(\Gamma_2) - L(C_{12}) \tag{4.1}$$

と求めることができる．ところで図 4.2 から明らかなように，Γ_1 と Γ_2 と共に交わる直線は必ず C_1, C_2 と共に交わる．逆に C_1, C_2 と共に交わる直線はかならず Γ_1，Γ_2 と共に交わる．したがって G_{12} は C_1, C_2 と共に交わる直線の集合でもある．そこで $L(\Gamma_1) + L(\Gamma_2)$ を $L(C_1, C_2)$ とおいて，これと $L(C_{12})$ を図 4.2 における長さで表してみよう．ただし線分 AB の長さを $\overline{\mathrm{AB}}$ で，孤 BC の長さを $\overset{\frown}{\mathrm{BC}}$ で表示すると

$$L(C_1, C_2) = \overset{\frown}{\mathrm{AE}} + \overline{\mathrm{EF}} + \overset{\frown}{\mathrm{FD}} + \overset{\frown}{\mathrm{DB}} + \overset{\frown}{\mathrm{BH}} + \overline{\mathrm{HG}} + \overset{\frown}{\mathrm{GC}} + \overset{\frown}{\mathrm{CA}}$$

$$L(C_{12}) = \overline{\mathrm{AB}} + \overset{\frown}{\mathrm{BD}} + \overline{\mathrm{DC}} + \overset{\frown}{\mathrm{CA}}$$

となる．Crofton の表現では（文献 [8]）この $L(C_1, C_2)$ を C_1 と C_2 のまわりを通るエンドレスバンド (endless band) の内で C_1 と C_2 の間で交差するほうの長さとし，$L(C_{12})$ は交差しないほうの長さとしている．L を使う表記法は違うが，この表現は直観に訴え，記憶するにも大変便利なものである．つまり C_1 と C_2 と

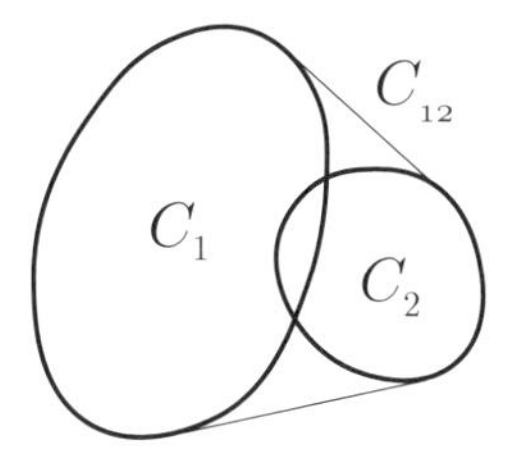

図 4.3　2 つの凸領域が交わっているとき

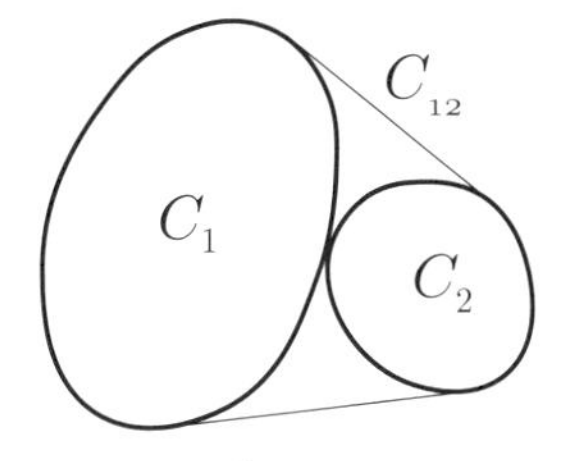

図 4.4　接しているとき

共に交わる直線の集合 G_{12} の測度は前述の 2 つのエンドレスバンドの長さの差として

$$m(G_{12}) = L(C_1, C_2) - L(C_{12}) \tag{4.2}$$

と表される．以上の議論で出てくる領域はみな凸図形であればよいので，はじめに図 4.2 において接点とした A，...,H は接点ではなく，多角形の角のような点でもよいことが分かるであろう．

ところで，もし C_1 と C_2 が交わっているとすると，交差するエンドレスバンドを通すことができない．ところが C_{12} を前と同じ C_1, C_2 を共に含む最小凸領域（最小凸被覆，凸包）と考えると，C_{12} と交わる直線は図 4.3 から明らかなように C_1 か C_2 のどちらか一方かまたは両方と交わる．図 4.2 において Γ_1 と Γ_2 が考えられたのは C_{12} と交わる直線のうちで C_1 と C_2 の両方とも交わらない直線が存在したからである．そこで式 (4.1) において Γ_1，Γ_2 をそれぞれ C_1, C_2 と置き換えれば C_1 と C_2 が交わっているときの測度が

$$m(G_{12}) = L(C_1) + L(C_2) - L(C_{12}) \tag{4.3}$$

と求められる．図 4.4 を見れば明らかなように，2 つの領域が接しているときは，式 (4.2) と (4.3) は一致する．そこで **Crofton の定理 1** とは，以上の式 (4.2) と (4.3) を併せて指すものとする．

4.1.1　Crofton の定理 1 の解説

この定理の素晴らしいところは，凸図形 Γ_1, Γ_2 を導入したことにある．そこで，これが際立つ解説をしたいと思う．この定理の証明には，凸領域を通る直線の集合の測度はその周長である，ということだけを用いればよい．まず凸領域 C_1 と C_2 が交わっているとき，C_{12} と交わる直線は図 4.5 で表したように領域 C_1 とだけ交わる g_1 のような直線と，領域 C_2 とだけ交わる g_2 のような直線と，領域 C_1 と領域 C_2 と 2 つの領域に同時に交わる g_{12} のような直線に分かれる．そこで図 4.6 の

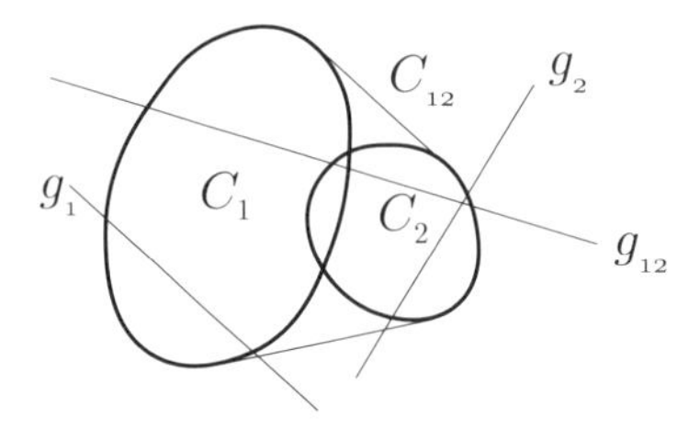

図 4.5　3種類の直線

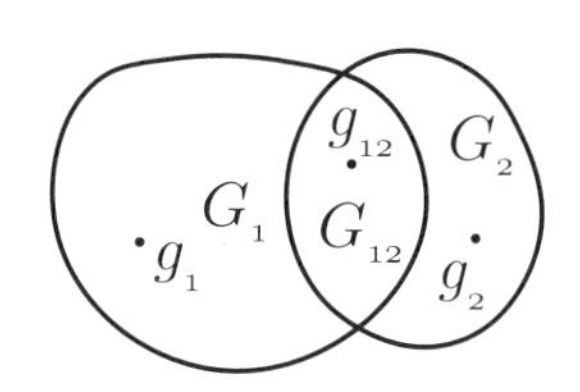

図 4.6　3種類の直線の概念図

ように g_1 のような直線の集合を G_1，g_2 のような直線の集合を G_2，直線 g_{12} のような直線の集合を前と同じように G_{12} とすれば，領域 C_1 と交わる直線の集合全体の測度は C_1 の周長 $L(C_1)$ で表されるので

$$L(C_1) = m(G_1) + m(G_{12})$$

となる．領域 C_2 についても同様に

$$L(C_2) = m(G_2) + m(G_{12})$$

となり，直線全体の測度 $L(C_{12})$ は

$$L(C_{12}) = m(G_1) + m(G_2) + m(G_{12})$$

なので，以上から

$$m(G_{12}) = L(C_1) + L(C_2) - L(C_{12})$$

と式 (4.3) と同じものが得られる．

次に凸領域 C_1 と C_2 が交わっていないときを考えよう．この場合は図 4.7 のように全体の領域 C_{12} の中に C_1 にも C_2 にも交わらない g_ϕ のような直線が存在する．そこで，全体は図 4.8 のようになり，先のようにすぐには G_{12} の測度を計算することが難しい．しかし，ここで図 4.9 のように凸図形 Γ_1, Γ_2 の直線部分を構成する補助線を引き，C_1 を Γ_1 に C_2 を Γ_2 に拡張すると図 4.7 における g_ϕ は Γ_1 か Γ_2 のどちらかと交わることになる．そして，この図から明らかなように C_1 と C_2 にともに交わる直線と Γ_1 と Γ_2 にともに交わる直線は同じものなので，Γ_1, Γ_2 を導入することにより，図 4.8 は図 4.10 に変化する．前と同じように C_1 を Γ_1 に C_2 を Γ_2 に置き換えれば，C_1 と C_2 にともに交わる直線の測度は

$$m(G_{12}) = L(\Gamma_1) + L(\Gamma_2) - L(C_{12})$$

と式 (4.1) と同じものが得られるので，式 (4.2) が導かれる．

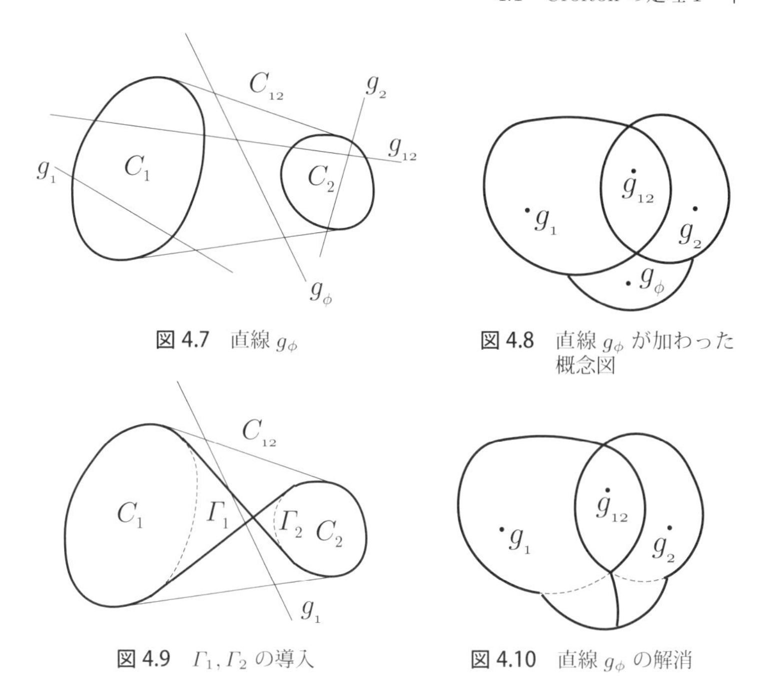

図 4.7　直線 g_ϕ

図 4.8　直線 g_ϕ が加わった概念図

図 4.9　Γ_1, Γ_2 の導入

図 4.10　直線 g_ϕ の解消

そこで，補助線を消した元の図 4.7 に戻り，図 4.8 における直線 g_1, g_2, g_ϕ の集合をそれぞれ G_1, G_2, G_ϕ とすると，これらの測度は $m(G_{12})$ が求められたので

$$\begin{aligned} m(G_1) &= L(C_1) - \{L(C_1, C_2) - L(C_{12})\} \\ m(G_2) &= L(C_2) - \{L(C_1, C_2) - L(C_{12})\} \qquad (4.4) \\ m(G_\phi) &= L(C_1, C_2) - L(C_1) - L(C_2) \end{aligned}$$

となる．なお図 4.5 のように領域 C_1 と C_2 が交わっているときは

$$L(C_1, C_2) = L(C_1) + L(C_2) \qquad (4.5)$$

とおけば，式 (4.4) は成立し，このとき $m(G_\phi) = 0$ となる．

4.1.2　Crofton の定理 1 の簡単な応用例

Crofton の定理 1 は応用範囲が広いものである．前の「第 2 章 直線の集合の測度」で計算して見せた p.17 の図 2.7 と式 (2.17) の結果は，上記定理 1 の式 (4.2) を用いれば積分することなしに簡単に求めることができる．あとでもう少し込み入った例が出てくるが，p, θ による積分を長さを計算することによって求めることができるのである．この場合 2 つの直線分は直交していたが，直交する必要もない．まず図 4.11 のような 2 つの直線分があるとき，これらと交わる直線の集合の

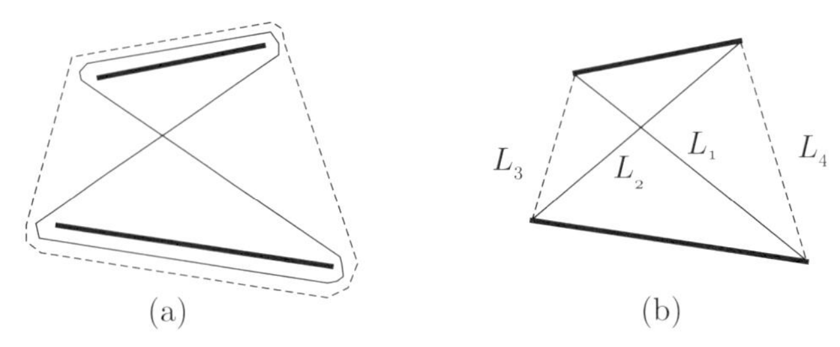

図 4.11　2つの直線分と共に交わる直線の集合の測度1

測度は，式 (4.2) の Crofton の定理1より2つのエンドレスバンドの長さの差で表されるので，2つのエンドレスバンドの交差する（プラスの）ほうを実線，しない（マイナスの）ほうを破線で表し，表現としては少し大回りした曲線で表し，実際の測度の計算ではこれらの線をギュッと絞って計算することとする．つまり，きちんと書くと重なってしまって，Crofton の定理1をどうあてはめたかを表すのが難しいので，こういう方法を以下では採ることにする．このとき定理1のあてはめを表すものは図の (a) のようになり，2つの直線分を通る長さが相殺されて，(b) で長さを表すと2つの直線分とともに交わる直線の集合 G_{12} の測度は

$$m(G_{12}) = (L_1 + L_2) - (L_3 + L_4) \tag{4.6}$$

となる．

次に2つの直線分が図 4.12 のように端点で交わっているとき，これは式 (4.3) を用いると，定理へのあてはめは図の (a) のようになり，線分を通る部分でプラスマイナスの一組は相殺されるが，プラスだけが1つ残る．それゆえ2つの直線分とともに交わる直線の集合 G_{12} の測度は図の (b) で長さを表すと

図 4.12　端点で交わる2つの直線分と共に交わる直線の集合の測度

$$m(G_{12}) = L_1 + L_2 - L_3 \tag{4.7}$$

となる．

さらに2つの直線分が図 4.13 のような角度で対峙しているとき，これは式 (4.2) にあてはめてエンドレスバンドを図の (a) のようにかけると，相殺は底のほうの直

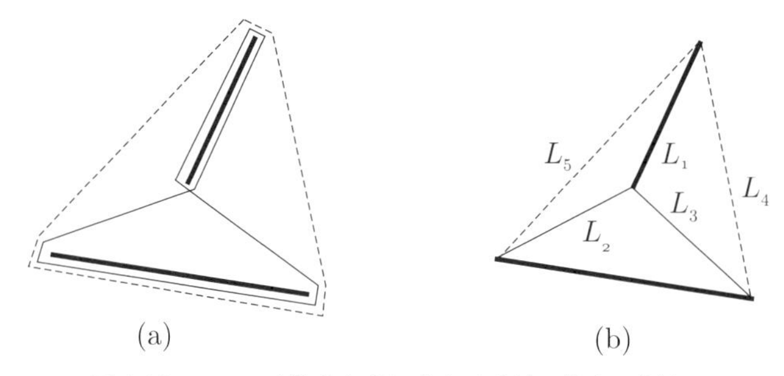

図 4.13 2 つの直線分と共に交わる直線の集合の測度 2

線分のみで起こるので，求めたい測度は長さを (b) のように表すと

$$m(G_{12}) = 2L_1 + L_2 + L_3 - L_4 - L_5 \tag{4.8}$$

となる．

最後に図 4.14 のように交わる 2 つの直線分と共に交わる直線の測度は，図の (a) のように式 (4.3) をあてはめると，相殺はどこでも起こらないので，長さを図の (b) のようにすれば，求めたい測度は

$$m(G_{12}) = 2(L_1 + L_2) - (L_3 + L_4 + L_5 + L_6) \tag{4.9}$$

となる．これは前述の図 4.12 の場合を 4 つの三角形に当てはめれば，式 (4.7) から同じ結果を導くことができる．

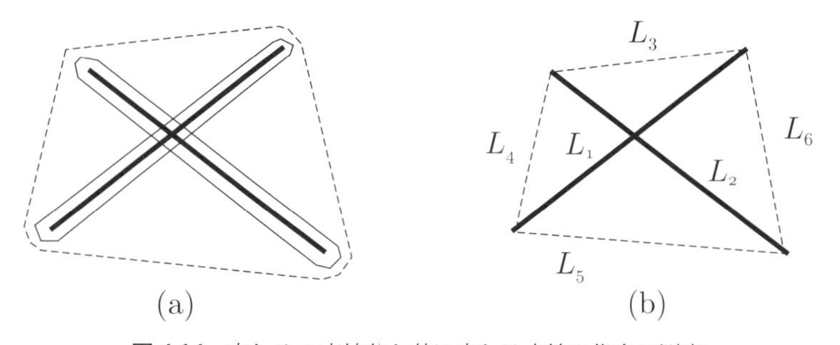

図 4.14 交わる 2 直線分と共に交わる直線の集合の測度

4.2 Crofton の定理 2

この定理にはつぎのような積分が必要なので，まずこれについて述べることにする．いま凸領域 C があってこれと交わる直線のこの領域内での長さを ℓ とし，積

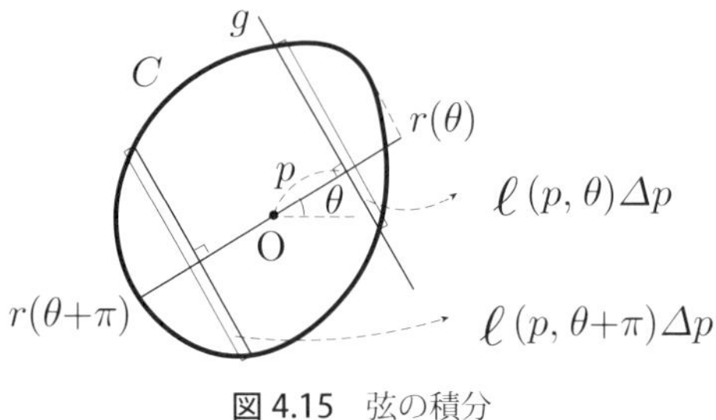

図 4.15　弦の積分

分 $\int \ell \mathrm{d}G$ について考える．すると前にも述べたように ℓ は p, θ の関数として表され，図 4.15 のように原点をこの領域の内部にとり，直線への垂線の距離 p の範囲を $0 < p < r(\theta)$ とすれば，この積分は

$$\begin{aligned}\int \ell \mathrm{d}G &= \int_0^{2\pi} \left(\int_0^{r(\theta)} \ell(p,\theta)\mathrm{d}p \right) \mathrm{d}\theta \\ &= \int_0^{\pi} \left(\int_0^{r(\theta)} \ell(p,\theta)\mathrm{d}p + \int_0^{r(\theta+\pi)} \ell(p,\theta+\pi)\mathrm{d}p \right) \mathrm{d}\theta \end{aligned} \tag{4.10}$$

となる．ここで領域 C の面積を S とし，上式 (4.10) の括弧の中を $\mathrm{d}p$ に幅を持たせて Δp として図 4.15 で表示すると，図から明らかなように上式 (4.10) の括弧の中は S に等しい．そこで

$$\int \ell \, \mathrm{d}G = \pi S \tag{4.11}$$

が得られる．第 1 章のはじめに述べた p.3 の図 1.1 における ℓ の期待値 $E(\ell)$ はこれを用いたもので，C の境界の長さを L とすると

$$E(\ell) = \frac{\int \ell \mathrm{d}G}{\int \mathrm{d}G} = \frac{\pi S}{L} \tag{4.12}$$

が導かれる．なお式 (4.11) については領域 C が凸でなくても成立する．凸でない場合は図 4.15 につながってはいない弦（ただし直線上の）が出現するが，式 (4.10) の括弧の中の ℓ がそれらを合わせたものと考えれば，括弧の中はやはり S に等しい．

さて本題にもどろう．ここで議論する定理は凸領域と交わる 2 本の直線の交点に関するものである．いま凸領域 C とこれと交わる直線のペア g_1, g_2 があるものとする．g_1 と g_2 はこの領域内で交わる場合と外で交わる場合があるが，最初に C の内部で交わる場合の直線のペアの集合の測度について考えてみよう．図 4.16 のように g_1 をまず固定し，g_1 の C 内での長さを ℓ とする．すると，この長さ ℓ の線分と交わる直線はかならず領域 C とも交わる．そこで，この線分と交わる直線

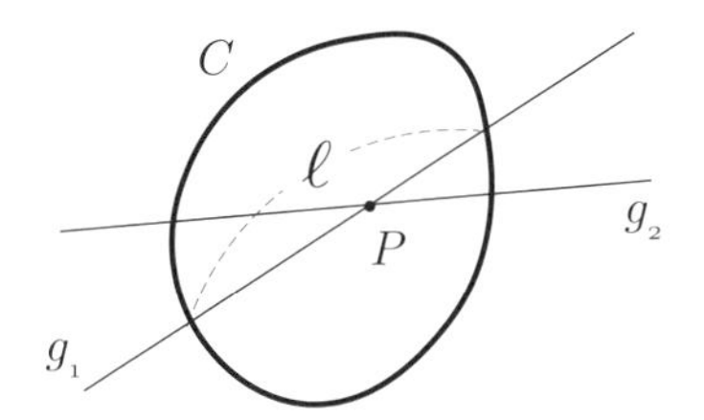

図 4.16 交点 P が領域 C 内にある場合

の測度は式 (3.11) から 2ℓ だから，これと式 (4.11) から領域 C 内で交わる測度は

$$\int_{P\in C} \mathrm{d}G_1\mathrm{d}G_2 = \int 2\ell\,\mathrm{d}G_1 = 2\pi S \tag{4.13}$$

となる．ただし P は g_1 と g_2 の交点を表すものとする．全体の測度はいうまでもなく

$$\int \mathrm{d}G_1\mathrm{d}G_2 = \int \mathrm{d}G_1 \int \mathrm{d}G_2 = L^2 \tag{4.14}$$

だから，C の外で交わる測度は $L^2 - 2\pi S$ となる．また C と交わる一様でランダムな 2 直線について，その交点が C 内にある確率 P_C は

$$P_C = \frac{2\pi S}{L^2} \tag{4.15}$$

と求められる．したがって C が半径 r の円のとき，この確率は

$$P_C = \frac{2\pi(\pi r^2)}{(2\pi r)^2} = \frac{1}{2}$$

ときれいな結果が得られる．

つぎに C の外部で交わる場合について考えてみよう．図 4.17 のように C の外部に凸領域 C' をとり，C と C' とに共に交わる直線 g_1 をまず固定する．そして g_1 と C' の境界との交点を図のように A, B とする．そして g_1 と g_2 が C' の内部で交わるときは，g_2 は C と線分 AB と共に交わらなければならない．そこで Crofton の定理 1(4.2) を用いると，C と AB と共に交わる直線の集合の測度は図 4.18 の 2 つのエンドレスバンドの差（実線はプラス，破線はマイナス）で求められる．領域 C' が微小であれば，2 つのエンドレスバンドと C との接点は図 4.19 のように F, H でほとんど一致しているとみなせる．図 4.18 では C' をある程度大きく書かないと判別できないので，C' だけ拡大表示していると解釈していただきたい．さらにこの状況では FB と FA，また HB と HA はほとんど平行であるとみなせる．そこで A から FB に垂線をおろしてその足を E，A から HB に垂線をおろしてその足を D とする．すると，求めたい測度であるエンドレスバンドの長さの差は

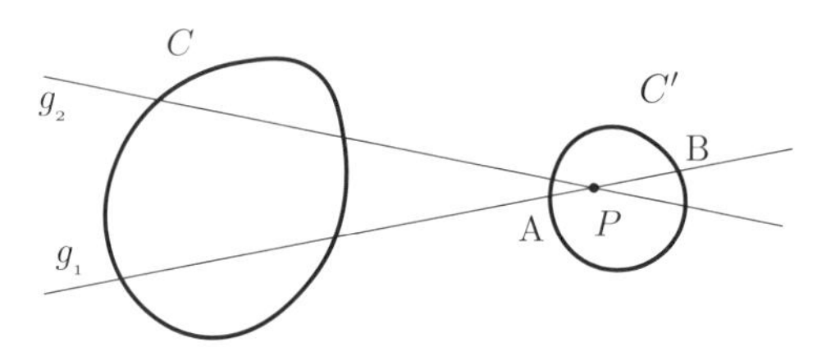

図 4.17　交点 P が領域 C' にある場合

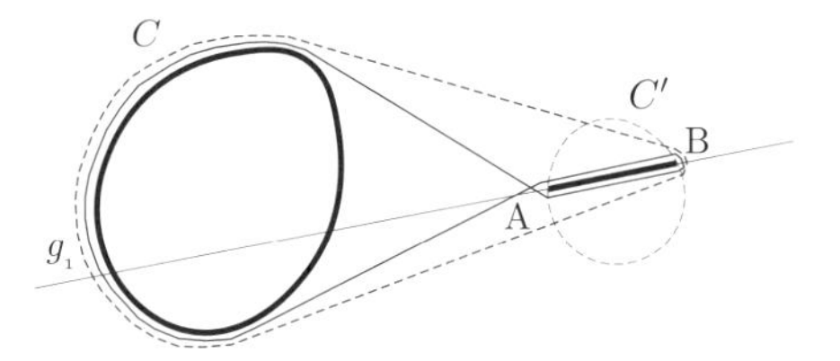

図 4.18　2つのエンドレスバンド（実線：プラス，破線：マイナス）

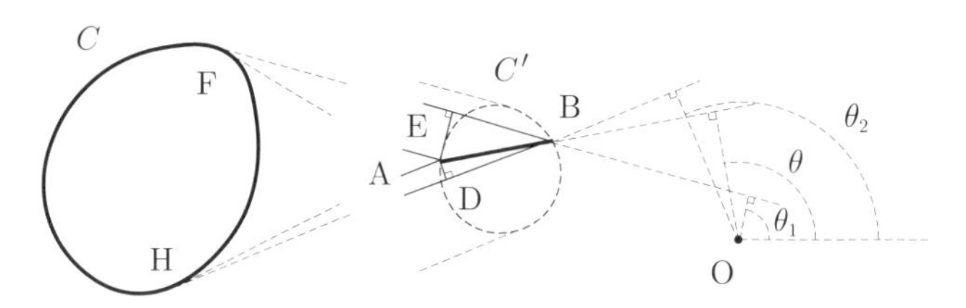

図 4.19　エンドレスバンドの差（測度）

$$\int_{P\in C'} \mathrm{d}G_2 = 2\overline{\mathrm{AB}} - (\overline{\mathrm{BE}} + \overline{\mathrm{BD}}) \tag{4.16}$$

のように表される．さらに原点 O から AB を含む直線 g_1 におろした垂線の角度を θ，FB, HB におろした垂線の角度をそれぞれ θ_1，θ_2 とすれば，$\angle\mathrm{ABE} = \theta - \theta_1$，$\angle\mathrm{ABD} = \theta_2 - \theta$ となる．よって

$$\overline{\mathrm{BE}} = \overline{\mathrm{AB}}\cos(\theta - \theta_1), \quad \overline{\mathrm{BD}} = \overline{\mathrm{AB}}\cos(\theta_2 - \theta)$$

となるので，AB の長さを ℓ とすれば式 (4.16) は

$$\int_{P\in C'} \mathrm{d}G_2 = \ell\,\{2 - \cos(\theta - \theta_1) - \cos(\theta_2 - \theta)\} \tag{4.17}$$

となる．

式 (4.17) のエンドレスバンドの長さの差は G_2 で積分した結果なので，残るものは上式を G_1 で積分すればよい．積分の範囲であるが，C と C' と共に交わる直線 g_1 の角度 θ については，図 4.19 から C' が微小であることを考慮すると $\theta_1 \leq$

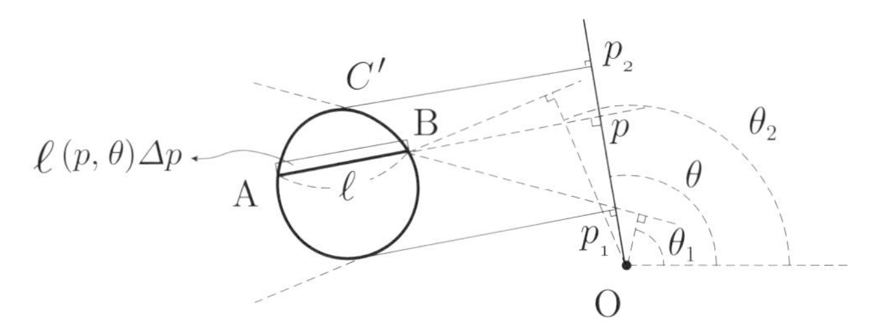

図 4.20　領域 C' における弦の積分

$\theta \le \theta_2$ とみなせる．ここで $\mathrm{d}G_1 = [\mathrm{d}p, \mathrm{d}\theta]$ とすれば，まず θ を止めて，p での積分を考える．すると図 4.20 から分かるように，これは ℓ（前にも述べたように，これは実際には $\ell(p,\theta)$）を $p_1 < p < p_2$ の範囲で p で積分すればよく，これは前述の図 4.15 のところの計算と同じで，ただこのときは原点 O が領域の内部にあったため面積を 2 分割した形となっているが，ここでの計算は一遍にやればよく，これは C' の面積となる．そこで，この微小凸領域 C' の面積を ΔQ とすると

$$\int_{p_1}^{p_2} \ell\,\mathrm{d}p = \Delta Q$$

となる．以上により g_1 と g_2 が C' 内で交わる場合，すなわち交点 P が C' 内にある場合の測度は

$$\begin{aligned}\int_{P\in C'} \mathrm{d}G_1\mathrm{d}G_2 &= \int \ell\,\{2 - \cos(\theta-\theta_1) - \cos(\theta_2-\theta)\}\,\mathrm{d}G_1\\ &= \Delta Q \int_{\theta_1}^{\theta_2} \{2 - \cos(\theta-\theta_1) - \cos(\theta_2-\theta)\}\,\mathrm{d}\theta\\ &= \Delta Q\,\{\,2(\theta_2-\theta_1) - 2\sin(\theta_2-\theta_1)\}\end{aligned}$$

と求められる．そこで $\omega = \theta_2 - \theta_1$ とおき，この微小領域をどんどん小さくしていって図 4.21 のように点 Q とすれば，Q における測度の密度は上式の結果を微小領域の面積 ΔQ で割って $2(\omega - \sin\omega)$ となる．そこで Q の座標を (x, y) とし，$\mathrm{d}Q = [\mathrm{d}x, \mathrm{d}y]$ とすれば，上の結果と式 (4.13) と (4.14) から

$$L^2 = 2\pi S + 2\int_{\Omega - C} (\omega - \sin\omega)\mathrm{d}Q \tag{4.18}$$

と **Crofton** の定理 2 が導かれる．ただし Ω は平面全体を表し，$\Omega - C$ は C を除く平面を表すものとする．

以上は文献 [8] の Crofton 自身の証明方法にもとづいて少し詳しく述べたものであるが，極限のとり方などで議論の仕方が粗いと思われるかもしれない．ところで，これには Lebesgue による別な証明があり（文献 [10]），文献 [2], [3], [9] ではこちらを採用している．そこで，こちらの厳密とも言える証明は次で論ずること

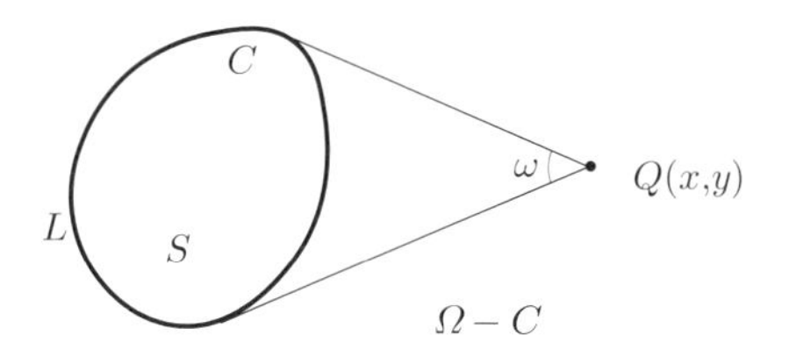

図 4.21 Crofton の定理 2

にしたい．Crofton の方法をあえて詳しく述べた理由は，Lebesgue の方法が積分に重きを置くのに対し，この方法は幾何学的であり，この定理を発見した筋道がよく分かるし，応用に対する目も開かれると思ったからである．なお文献 [11] でも，こちらの方法に依っていることをつけ加えておく．

4.2.1 Crofton の定理 2 の別証明

前述の証明は 2 本の直線 g_1, g_2 を別々に分布させ，その交点がどこにあるかを考えながら測度を計算した．ここで述べる別証明は点 P で交わる 2 本の直線のペアを主題とし，P を動かして測度を求めるものである．まず図 4.22 のように P の座標を (x, y) とし，ここで交わる直線のペアを p.11 の式 (2.1) と同じように

$$p_1 = x\cos\theta_1 + y\sin\theta_1$$
$$p_2 = x\cos\theta_2 + y\sin\theta_2$$

とすると，式 (3.8) と同じように p_1 と p_2 の全微分は

$$\mathrm{d}p_1 = \cos\theta_1\mathrm{d}x + \sin\theta_1\mathrm{d}y + (-x\sin\theta_1 + y\cos\theta_1)\mathrm{d}\theta_1$$
$$\mathrm{d}p_2 = \cos\theta_2\mathrm{d}x + \sin\theta_2\mathrm{d}y + (-x\sin\theta_2 + y\cos\theta_2)\mathrm{d}\theta_2$$

となるので

$$[\mathrm{d}p_1,\, \mathrm{d}\theta_1] = \cos\theta_1[\mathrm{d}x,\, \mathrm{d}\theta_1] + \sin\theta_1[\mathrm{d}y,\, \mathrm{d}\theta_1]$$
$$[\mathrm{d}p_2,\, \mathrm{d}\theta_2] = \cos\theta_2[\mathrm{d}x,\, \mathrm{d}\theta_2] + \sin\theta_2[\mathrm{d}y,\, \mathrm{d}\theta_2]$$

が得られる．そこで，これらに外積の計算法を用いると

$$\begin{aligned}[\mathrm{d}G_1,\, \mathrm{d}G_2] &= [\mathrm{d}p_1,\, \mathrm{d}\theta_1,\, \mathrm{d}p_2,\, \mathrm{d}\theta_2] \\ &= \cos\theta_1\sin\theta_2[\mathrm{d}x,\, \mathrm{d}\theta_1,\, \mathrm{d}y,\, \mathrm{d}\theta_2] + \sin\theta_1\cos\theta_2[\mathrm{d}y,\, \mathrm{d}\theta_1,\, \mathrm{d}x,\, \mathrm{d}\theta_1] \\ &= \sin(\theta_1 - \theta_2)[\mathrm{d}x,\, \mathrm{d}y,\, \mathrm{d}\theta_1,\, \mathrm{d}\theta_2] \qquad (4.19)\end{aligned}$$

が得られる．これを基に計算することを考えると，角度 θ の値の範囲は点 P の位置によって決まる定数 α を用いて $\alpha < \theta < \pi + \alpha$ となり，θ を x 軸からの角度

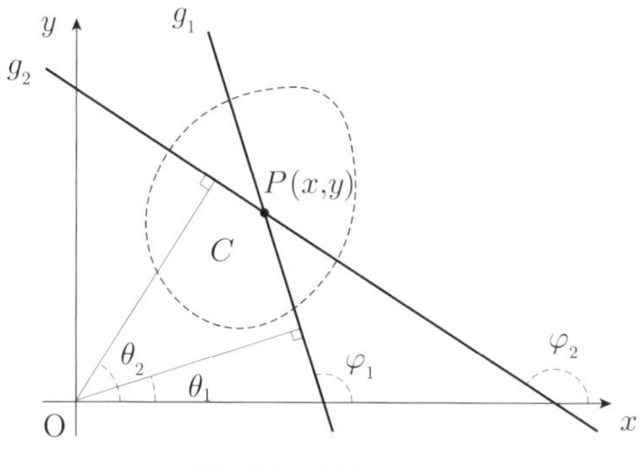

図 4.22　直線のペア

とすれば P が例えば第一象限にある場合は α は負の値となる．これでも計算できないわけではないが，P が領域 C の外側の場合の計算が煩雑になるので，図 4.23 のように θ を φ に変換する．すると図 4.23 の (a) のように，$\pi/2 < \theta < 3\pi/2$ のときは $\varphi = \theta - \pi/2$ となり，また (b) のように $-\pi/2 < \theta < \pi/2$ のときは $\varphi = \theta + \pi/2$ となる．そこで，図 4.22 も参照すれば

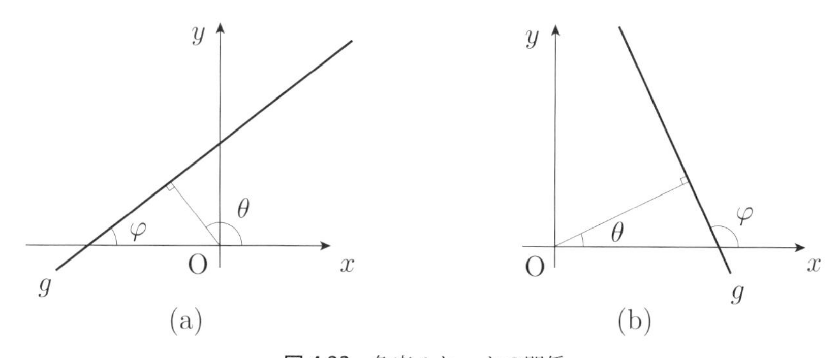

図 4.23　角度 θ と φ との関係

$$\varphi_1 = \theta_1 + \frac{\pi}{2} \quad \text{or} \quad \theta_1 - \frac{\pi}{2}$$
$$\varphi_2 = \theta_2 + \frac{\pi}{2} \quad \text{or} \quad \theta_2 - \frac{\pi}{2}$$

となるので

$$\varphi_1 - \varphi_2 = \theta_1 - \theta_2 \quad \text{or} \quad \theta_1 - \theta_2 \pm \pi$$

となる．上式から

$$|\sin(\theta_1 - \theta_2)| = |\sin(\theta_1 - \theta_2 \pm \pi)| = |\sin(\varphi_1 - \varphi_2)|$$

となり，また $[\mathrm{d}\theta_1, \mathrm{d}\theta_2] = [\mathrm{d}\varphi_1, \mathrm{d}\varphi_2]$ であることから，式 (4.19) より

$$[\mathrm{d}G_1, \mathrm{d}G_2] = |\sin(\varphi_1 - \varphi_2)|[\mathrm{d}x, \mathrm{d}y, \mathrm{d}\varphi_1, \mathrm{d}\varphi_2] \tag{4.20}$$

が導かれる．

これを用いて，まず点 P が図 4.22 のように C 内にある場合の直線のペアの測度を計算する．この場合，角度 φ は直線と x 軸が交わる点が $-\infty$ のとき $\varphi = 0$，また $+\infty$ のとき $\varphi = \pi$ なので

$$\begin{aligned}
&\int_0^\pi \int_0^\pi |\sin(\varphi_1 - \varphi_2)|\mathrm{d}\varphi_1 \mathrm{d}\varphi_2 \\
&= \int_0^\pi \left\{ \int_0^{\varphi_2} -\sin(\varphi_1 - \varphi_2)\mathrm{d}\varphi_1 + \int_{\varphi_2}^\pi \sin(\varphi_1 - \varphi_2)\mathrm{d}\varphi_1 \right\} \mathrm{d}\varphi_2 \\
&= \int_0^\pi 2\mathrm{d}\varphi_2 \ = \ 2\pi
\end{aligned}$$

と計算できる．すなわち点 P が C 内のどこでも 2π と一定なので式 (4.20) より C の面積を S とすると

$$\int_{P \in \mathrm{C}} \mathrm{d}G_1 \mathrm{d}G_2 = 2\pi \int_{P \in \mathrm{C}} \mathrm{d}x\mathrm{d}y = 2\pi S \tag{4.21}$$

となり，前の式 (4.13) と一致する．

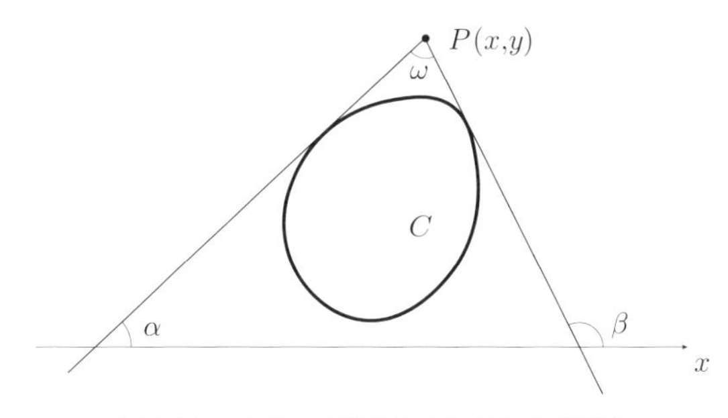

図 4.24　交点 P が領域 C の外にある場合

次に点 P が領域 C の外にある場合を考えよう．図 4.24 から分かるように点 P を通って領域 C と交わる直線の範囲は $\alpha < \varphi < \beta$ となるので

$$
\begin{aligned}
&\int_{P \notin C} |\sin(\varphi_1 - \varphi_2)| \mathrm{d}\varphi_1 \mathrm{d}\varphi_2 \\
&= \int_\alpha^\beta \int_\alpha^\beta |\sin(\varphi_1 - \varphi_2)| \mathrm{d}\varphi_1 \mathrm{d}\varphi_2 \\
&= \int_\alpha^\beta \left\{ \int_\alpha^{\varphi_2} -\sin(\varphi_1 - \varphi_2) \mathrm{d}\varphi_1 + \int_{\varphi_2}^\beta \sin(\varphi_1 - \varphi_2) \mathrm{d}\varphi_1 \right\} \mathrm{d}\varphi_2 \\
&= \int_\alpha^\beta \{2 - \cos(\alpha - \varphi_2) - \cos(\beta - \varphi_2)\} \mathrm{d}\varphi_2 \\
&= \ 2(\beta - \alpha) - 2\sin(\beta - \alpha)
\end{aligned}
$$

となる．そこで $\beta - \alpha = \omega$ とおき，$\mathrm{d}P = [\mathrm{d}x, \mathrm{d}y]$ とすれば

$$
\int_{P \notin C} \mathrm{d}G_1 \mathrm{d}G_2 = 2 \int_{P \notin C} (\omega - \sin\omega) \mathrm{d}P \tag{4.22}
$$

となり，これと式 (4.21) とで Crofton の定理 2 である式 (4.18) を証明したことになる．なお式 (4.18) と上の式 (4.22) では Q と P が違っているが，これは表記上のことで前の Q は微小領域を小さくしていった極限の点の意味であり，P は初めから交点として点のままで議論したので，このようになった．

4.3　Crofton の定理 3

これは凸領域における 2 点間の長さと，この凸領域と交わる直線の領域内での長さとの関係について成り立つ定理である．いま，図 4.25 のように 2 つの点 P_1, P_2 があり，その座標がそれぞれ $(x_1, y_1), (x_2, y_2)$ で表されているものとする．ここで P_1, P_2 を結んでできる直線 g を考え，これにおろした垂線の足を Q，垂線の長さを p，垂線と x 軸との角度を θ とする．そして Q を g 上での原点とし，図のように向きを考えて g 上の P_1, P_2 の座標をそれぞれ t_1, t_2 とする．すると Q の (x, y) 座標は $(p\cos\theta,\ p\sin\theta)$ で表されるから，$i = 1,\ 2$ に対して

$$
x_i = p\cos\theta - t_i \sin\theta
$$

$$
y_i = p\sin\theta + t_i \cos\theta
$$

が成り立つ．これから x_i と y_i の全微分は

$$
\mathrm{d}x_i = \cos\theta \mathrm{d}p - (p\sin\theta + t_i\cos\theta)\mathrm{d}\theta - \sin\theta \mathrm{d}t_i
$$

$$
\mathrm{d}y_i = \sin\theta \mathrm{d}p + (p\cos\theta - t_i\sin\theta)\mathrm{d}\theta + \cos\theta \mathrm{d}t_i
$$

となるから，$\mathrm{d}x_i$ と $\mathrm{d}y_i$ の外積は

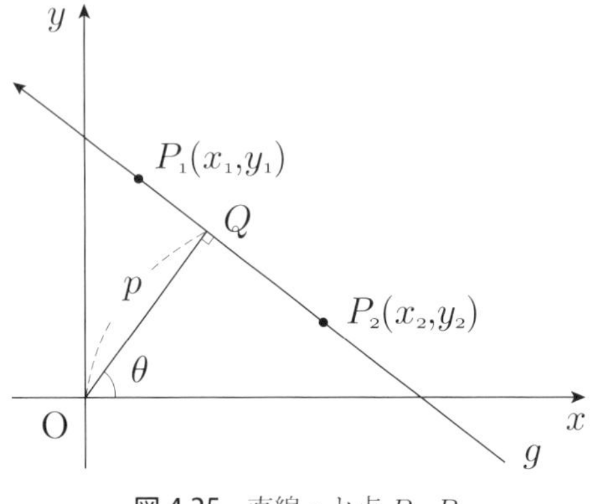

図 4.25　直線 g と点 P_1, P_2

$$
\begin{aligned}
&[\mathrm{d}x_i, \mathrm{d}y_i] \\
&= (p\cos^2\theta - t_i\sin\theta\cos\theta)[\mathrm{d}p, d\theta] + \cos^2\theta[\mathrm{d}p, \mathrm{d}t_i] \\
&\quad -(p\sin^2\theta + t_i\sin\theta\cos\theta)[\mathrm{d}\theta, \mathrm{d}p] - (p\sin\theta\cos\theta + t_i\cos^2\theta)[d\theta, dt_i] \\
&\quad -\sin^2\theta[\mathrm{d}t_i, \mathrm{d}p] - (p\sin\theta\cos\theta - t_i\sin^2\theta)[\mathrm{d}t_i, \mathrm{d}\theta] \\
&= p[\mathrm{d}p, \mathrm{d}\theta] + [\mathrm{d}p, \mathrm{d}t_i] - t_i[\mathrm{d}\theta, \mathrm{d}t_i]
\end{aligned}
$$

と計算される．そこで，これを用いて $i = 1$，2 に対し，次のような外積を考えると

$$
\begin{aligned}
[\mathrm{d}x_1, \mathrm{d}y_1, \mathrm{d}x_2, \mathrm{d}y_2] &= -t_2[\mathrm{d}p, \mathrm{d}t_1, \mathrm{d}\theta, \mathrm{d}t_2] - t_1[\mathrm{d}\theta, \mathrm{d}t_1, \mathrm{d}p, \mathrm{d}t_2] \\
&= (t_2 - t_1)[\mathrm{d}p, \mathrm{d}\theta, \mathrm{d}t_1, \mathrm{d}t_2]
\end{aligned}
$$

が得られる．そして $\mathrm{d}P_i = [\mathrm{d}x_i, \mathrm{d}y_i], \mathrm{d}G = [\mathrm{d}p, \mathrm{d}\theta]$ とおく．われわれの積分は正の値のみを考えているから，上式は

$$
[\mathrm{d}P_1, \mathrm{d}P_2] = |t_2 - t_1|[\mathrm{d}G, \mathrm{d}t_1, \mathrm{d}t_2] \tag{4.23}
$$

となり，平面上の 2 点と直線上の 2 点を結びつける式が得られる．これは点のペアについての式であるが，前述の式 (4.20) は直線のペアについて成り立つものであった．Santaló が 2 つの著作 [2] と [9] とでこれらの式 (4.23) と (4.20) は双対の関係にあると言っていることは興味深い．

以上の議論では，g 上での座標の原点を垂線の足 Q にとった．しかしこれを各直線に対して定まる別な点にとっても，式 (4.23) は成立する．なぜなら原点を別な点にしたときの P_1, P_2 の g 上の座標を t'_1, t'_2 とすると

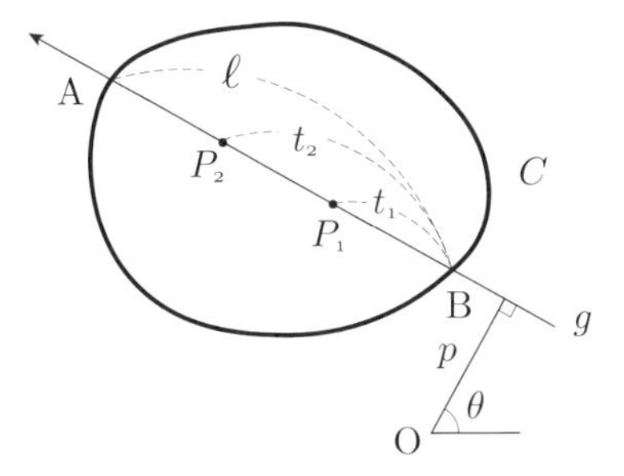

図 4.26 領域 C と直線 g 上の座標

$$t'_1 = t_1 + c(p, \theta), \quad t'_2 = t_2 + c(p, \theta)$$

と表すことができ，c は p と θ の関数と考えられるから，結局

$$|t'_2 - t'_1|[\mathrm{d}G,\ \mathrm{d}t'_1,\ \mathrm{d}t'_2] = |t_2 - t_1|[\mathrm{d}G,\ \mathrm{d}t_1,\ \mathrm{d}t_2]$$

となって同じことになる．さて点 P_1, P_2 が図 4.26 のように凸領域 C に含まれていると考え，P_1, P_2 を結ぶ直線 g と C との交点を A, B とする．ここで原点を B にとり，線分 AB の長さを ℓ とする．このとき $|t_2 - t_1|^{n+1}$ を $n + 1 \geq 0$ として P_1, P_2 をそれぞれ B から A まで動かして積分すると

$$\begin{aligned}
\int |t_2 - t_1|^{n+1} \mathrm{d}t_1 \mathrm{d}t_2 &= \int_0^{\ell} \left\{ \int_0^{t_2} (t_2 - t_1)^{n+1} \mathrm{d}t_1 + \int_{t_2}^{\ell} (t_1 - t_2)^{n+1} \mathrm{d}t_1 \right\} \mathrm{d}t_2 \\
&= \frac{1}{n+2} \int_0^{\ell} \left\{ t_2^{n+2} + (\ell - t_2)^{n+2} \right\} \mathrm{d}t_2 \\
&= \frac{2}{(n+2)(n+3)}\ \ell^{\,n+3} \qquad (4.24)
\end{aligned}$$

が得られる．ここで C 内の 2 つの点 P_1, P_2 の距離を r とし，r の巾を C 内のすべての点のペアについて積分したものを考えると，式 (4.23) から

$$\int r^n \mathrm{d}P_1 \mathrm{d}P_2 = \int |t_2 - t_1|^{n+1} \mathrm{d}G \mathrm{d}t_1 \mathrm{d}t_2$$

となるので，これと式 (4.24) から **Crofton の定理 3**

$$\int r^n \mathrm{d}P_1 \mathrm{d}P_2 = \frac{2}{(n+2)(n+3)} \int \ell^{\,n+3}\, \mathrm{d}G \qquad (4.25)$$

が導かれる．ただし $n \geq -1$ である．そして，この式で $n = 0$ とおき，凸領域 C の面積を S とすると，

$$S^2 = \frac{1}{3} \int \ell^{\,3}\, \mathrm{d}G$$

が得られる．実は，これが Crofton の導いたもので，上の式 (4.25) はその拡張ということができる．

最後に誤解のないようにつけ加えておく．凸領域の任意の 2 点を結んでできる直線をもとに計算した結果，式 (4.25) が導出された．計算の結果は一様にランダムな直線と関係がある．しかし凸領域での一様にランダムな点を結んでできる直線が一様にランダムな直線になるわけではない．これは積分の展開を考えれば明らかであろう．

4.3.1　円内における 2 点間の距離の期待値

ところで，この定理 3 もさることながら, この定理を導く式 (4.23) の意味は大きい．平面の 2 点に関する計算を任意の 1 つの直線上で行い，その後それをすべての一様な直線に関して積分すればよい，というのである．この応用については応用編「第 11 章 都市領域の距離分布」の p.132 の式 (11.5) のところから深く論ずることにし，ここでは定理 3 を利用した距離の期待値について議論じよう．

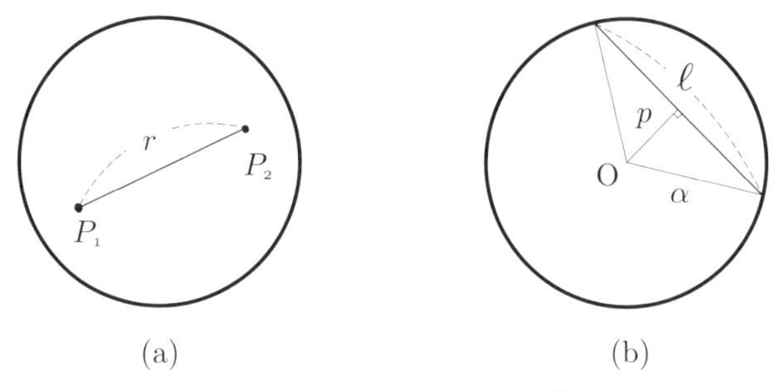

図 4.27　円内の 2 点間の距離

図 4.27 の (a) のように半径 α の円内で独立で一様にランダムに分布する 2 点間の距離 r の期待値 $E(r)$ を求めよう．式 (4.25) において $n=1$ とおくと

$$\int r\,\mathrm{d}P_1\mathrm{d}P_2 = \frac{1}{6}\int \ell^{\,4}\,\mathrm{d}G \tag{4.26}$$

が得られる．したがって，この式の右辺が計算できれば，期待値を計算できることになる．図 4.27 の (b) より

$$(\ell/2)^2 = \alpha^2 - p^2$$

なので，これから

$$\ell^{\,4} = 16(\alpha^2 - p^2)^2$$

なので

$$\int \ell^4 \,\mathrm{d}G = 16 \int_0^{2\pi} \int_0^{\alpha} (\alpha^2 - p^2)^2 \mathrm{d}p\mathrm{d}\theta$$
$$= 16 \int_0^{2\pi} \left\{ \int_0^{\alpha} (\alpha^4 - 2\alpha^2 p^2 + p^4)\mathrm{d}p \right\} \mathrm{d}\theta$$
$$= \frac{256}{15}\pi\alpha^5 \tag{4.27}$$

と計算される．これを式 (4.26) に入れることにより

$$E(r) = \frac{\int r\mathrm{d}P_1\mathrm{d}P_2}{\int \mathrm{d}P_1 \int \mathrm{d}P_2} = \frac{\frac{1}{6}\cdot\frac{256}{15}\pi\alpha^5}{(\pi\alpha^2)^2} = \frac{128}{45\pi}\,\alpha \tag{4.28}$$

と円内における 2 点間の距離の期待値を求めることができる．なお，この期待値は Crofton の微分方程式（例えば文献 [12] や [13] を参照）を用いると，直接計算するよりも簡単に求められることが知られている．しかし，この Crofton の定理 3 からでも容易に計算できることが分かるであろう．

第5章
図形の集合の測度

　これまで，無限に伸びている直線に関して議論してきた．ここでは線分，曲線，領域といったような一般的な図形に関して議論しよう．平面における図形の位置は，図 5.1 のように，この図形上に定められた点 P の座標 (x, y) と，図形上で固定された方向と x 軸とのなす角度 θ で決定される．そこで，この x, y, θ を用いて平面上における合同な図形の集合 X の測度を

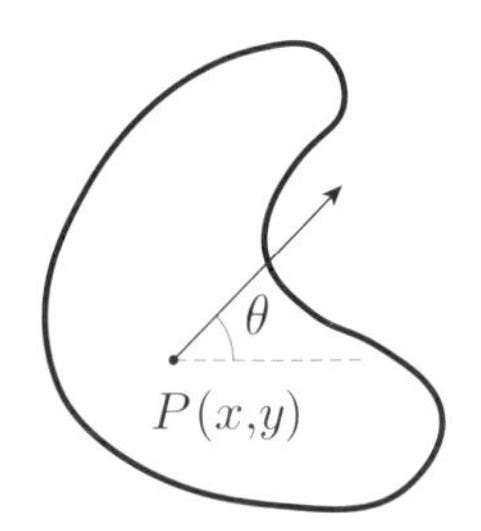

図 5.1　図形の位置（座標と方向）

$$m(X) = \int_X f(x, y, \theta)\,\mathrm{d}x\,\mathrm{d}y\,\mathrm{d}\theta \tag{5.1}$$

とおき，前と同じように以下合同変換で不変の条件を考える．この場合，合同変換で位置 (x, y, θ) が位置 (x', y', θ') に移ったとすると，座標 (x, y) は点の合同変換 (1.4) に従い，角度は回転 θ が加わるので

$$\begin{aligned} x' &= x\cos\alpha - y\sin\alpha + a \\ y' &= x\sin\alpha + y\cos\alpha + b \\ \theta' &= \theta + \alpha \end{aligned} \tag{5.2}$$

となる．この変換で位置の集合 X が X' に変換されたとすると，不変の条件 $m(X) = m(X')$ から

$$\int_X f(x, y, \theta)\,\mathrm{d}x\,\mathrm{d}y\,\mathrm{d}\theta = \int_{X'} f(x', y', \theta')\,\mathrm{d}x'\mathrm{d}y'\mathrm{d}\theta' \tag{5.3}$$

でなければならない．そして式 (5.2) より x', y', θ' の微分は

$$\begin{aligned} dx' &= \cos\alpha\, dx - \sin\alpha\, dy \\ dy' &= \sin\alpha\, dx + \cos\alpha\, dy \\ d\theta' &= d\theta \end{aligned}$$

となるので，外積は

$$[dx', dy', d\theta'] = (\cos^2\alpha + \sin^2\alpha)[dx, dy, d\theta] \tag{5.4}$$

$$= [dx, dy, d\theta] \tag{5.5}$$

となる．よって式 (5.3) は

$$\int_X f(x, y, \theta)\, dx\, dy\, d\theta = \int_X f(x', y', \theta')\, dx\, dy\, d\theta$$

となる．この式は X をどのようにとっても成立するから，前に議論した点や直線と同じように X を狭めていって

$$f(x, y, \theta) = f(x', y', \theta')$$

となり，さらに $f(x, y, \theta)$ と $f(x', y', \theta')$ は任意に対応をつけられるから

$$f(x, y, \theta) = c \quad \text{（定数）}$$

となる．そこで前と同じように $c = 1$ とおいて，求めたい測度は

$$m(X) = \int dx\, dy\, d\theta \tag{5.6}$$

となる．そこで図形の位置 K の座標 (x, y, θ) を用いて

$$dK = [dx, dy, d\theta]$$

とおき，これを運動学的密度 (kinematic density) とよぶ．そしてこれによる測度 (5.6) は「合同な図形の集合の，または図形の位置の集合の，運動学的測度」(kinematic measure of a set of congruent figures or of a set of positions of a figure) とよばれる．

さて，この節のはじめで図形上の固定する点 P や方向について，その採り方については述べなかった．実は採り方は任意でよく，それは次のように示される．図 5.2 のように図形の位置を $P(x, y)$ と θ でとらえる場合と，$P'(x', y')$ と θ' でとらえる場合について考えよう．両者の間の相対的な関係は点と方向がこの図形に固定されているので，図形の位置がどのようになっても変化せず，定数 c, d, φ を用いて

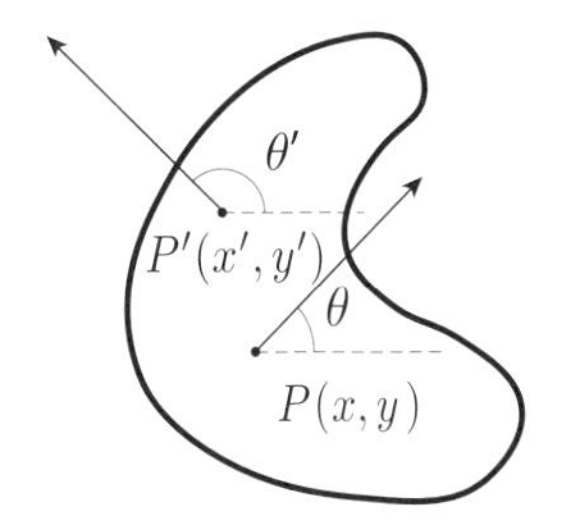

図 5.2　図形の位置による不変性

$$x' = x\cos\varphi - y\sin\varphi + c$$
$$y' = x\sin\varphi + y\cos\varphi + d$$
$$\theta' = \theta + \varphi$$

と表される．これより

$$[\mathrm{d}x', \mathrm{d}y', \mathrm{d}\theta'] = [\mathrm{d}x, \mathrm{d}y, \mathrm{d}\theta]$$

となるので，位置 (x', y', θ') の集合を X'，位置 (x, y, θ) の集合を X とすれば

$$\int_{X'} \mathrm{d}x'\mathrm{d}y'\mathrm{d}\theta' = \int_{X} \mathrm{d}x\,\mathrm{d}y\,\mathrm{d}\theta \tag{5.7}$$

となり，測度は点 P や方向 θ の採り方によらないことが分かる．一様にランダムに分布する図形を考えることは，点と方向を一様にすればよく，直線の場合と違って直感的にうなずけるものであろう．

5.1　座標系の変換による不変性

図 5.3 は，図形に固定された点 $P(x, y)$ と方向軸が原点 O の x 軸から角度 θ だけ回転し，$(0, 0)$ から (x, y) まで平行移動したものを表している（破線の図形が実線の図形に変換）．そこで，この合同変換を，ひとまず点 (x, y) を固定（後で動かす）して考えるため，座標に大文字を用い，この合同変換を (X, Y) から (X', Y') への変換とすれば，これは

$$\begin{pmatrix} X' \\ Y' \end{pmatrix} = \begin{pmatrix} \cos\theta & -\sin\theta \\ \sin\theta & \cos\theta \end{pmatrix} \begin{pmatrix} X \\ Y \end{pmatrix} + \begin{pmatrix} x \\ y \end{pmatrix}$$

と書くことができる．そこで，この逆変換は上の行列が直交行列なので，逆行列は転置行列であることを用いれば

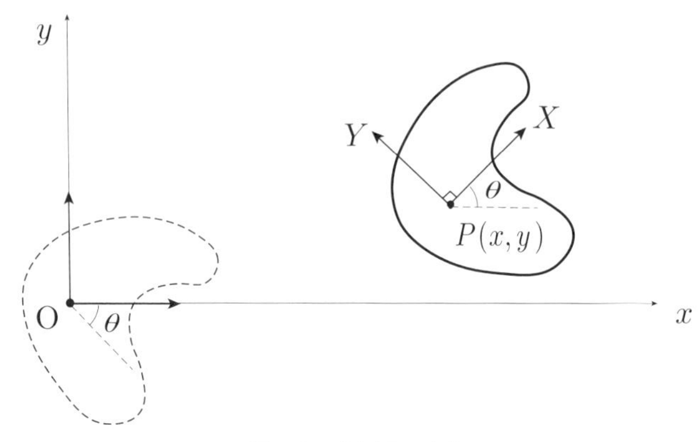

図 5.3　座標系の変換

$$\begin{pmatrix} X \\ Y \end{pmatrix} = \begin{pmatrix} \cos\theta & \sin\theta \\ -\sin\theta & \cos\theta \end{pmatrix} \begin{pmatrix} X' \\ Y' \end{pmatrix} - \begin{pmatrix} \cos\theta & \sin\theta \\ -\sin\theta & \cos\theta \end{pmatrix} \begin{pmatrix} x \\ y \end{pmatrix}$$

となる．そこで P を原点とする座標系では上式で $X' = 0$, $Y' = 0$ とおいて，もとの原点 O が

$$\begin{aligned} X &= -x\cos\theta - y\sin\theta \\ Y &= \quad x\sin\theta - y\cos\theta \end{aligned} \tag{5.8}$$

という座標に変換される．さらに P の方向軸が O での x 軸に変換されることを考えると，点 O の方向軸 Θ は

$$\Theta = -\theta \tag{5.9}$$

と変換される．これは何を意味するかというと，本来図形に固定された点 $P(x, y)$ と方向 θ が図形が動いて様々な位置 (x, y, θ) をとり，それらを基に測度 (5.6) を計算するのだが，逆に位置 (x, y, θ) が原点のように動かないものとして元の原点 O をみると，あたかも式 (5.8),(5.9) にしたがって動くように見えることになる．そこで，あたかも動いているような位置 (X, Y, Θ) について外積を計算すると，式 (5.8),(5.9) より

$$[\mathrm{d}X, \mathrm{d}Y, \mathrm{d}\Theta] = -[\mathrm{d}x, \mathrm{d}y, \mathrm{d}\theta]$$

となる．我々はヤコビアンの絶対値しか考えないので，位置 (X, Y, Θ) の集合を $\boldsymbol{\mathcal{X}}'$，位置 (x, y, θ) の集合を $\boldsymbol{\mathcal{X}}$ とすれば

$$\int_{\mathcal{X}'} \mathrm{d}X\mathrm{d}Y\mathrm{d}\Theta = \int_{\mathcal{X}} \mathrm{d}x\,\mathrm{d}y\,\mathrm{d}\theta \tag{5.10}$$

となり，位置 (X, Y, Θ) の集合の測度と位置 (x, y, θ) の集合の測度は等しいことが分かる．つまり逆変換の座標系における測度は元の座標系における測度と等しく，不変なのである．なお説明が簡単なために原点 O を代表点にとった．前の式 (5.7) の所の議論より，原点 O の座標系の定点と P との関係で論じても同じことが言えるのは明らかだろう．

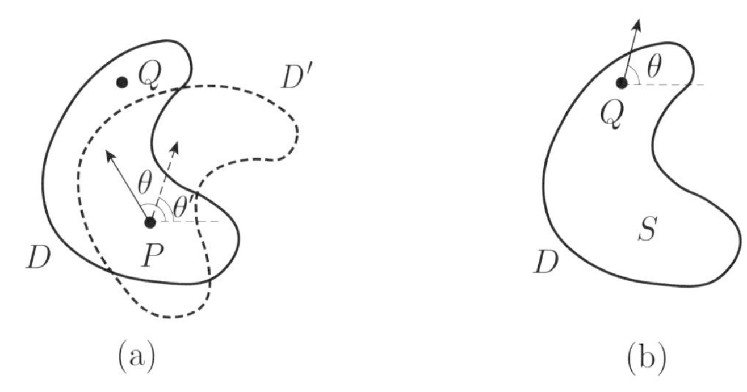

図 5.4　測度の計算例

ここで図 5.4 のように図形（領域）D と定点 Q があって D が Q を含む位置の集合の測度を求めたい．領域 D の内部に点 P を定め固定された方向（矢印）θ でこの測度を求めようとすると，図の (a) の破線で示された位置の領域 D' では実線の D と点 P の座標 (x, y) が同じであるが，角度 θ' が異なるだけで点 Q を含まないから，この D' は求める測度に入れることはできない．領域 D が円で，しかも方向の支点が中心なら角度を変えても変わらないが，一般的な図形ではこれを望むことはできない．したがって，この測度の計算は複雑そうに見える．

しかし前述の逆変換における不変性を用いれば，領域 D を動かして測度を計算する代わりに，図 (b) のように D を固定して点 Q に方向軸（角度 θ）を与えてこれを動かせば，点 Q が領域に含まれさえすれば，全ての角度 $0 \leq \theta \leq 2\pi$ で Q は D に含まれる．そこで図 (a) で示される求めたい Q を含む D の位置の集合の測度を $m(D \ni Q)$ とし，図 (b) のように D に含まれる Q の位置の集合の測度を $m(Q \in D)$ で表せば，Q の座標を (x, y)，領域 D の面積を S とすると

$$m(D \ni Q) = m(Q \in D) = \int \mathrm{d}x\mathrm{d}y\mathrm{d}\theta = \int_D \mathrm{d}x\mathrm{d}y \int_0^{2\pi} \mathrm{d}\theta = 2\pi S$$

と計算することができる．そこで，これをまとめると

$$m(D \ni Q) = \int_{D \ni Q} \mathrm{d}K = 2\pi S \tag{5.11}$$

が導かれる．この考え方は以降，様々な局面で現れることになる．

5.2　Poincaréの公式

この公式はある曲線弧に交わるもう1つの曲線弧の全ての位置を考える際，導出されるものである．いま図5.5のように2つの曲線弧C_0, C_1があり，どちらもほとんどいたるところ接線を持つものとし，C_0が固定されていて，C_1が動くものとする．ここで座標系を2つ考え，1つは動かないもので原点O_0とx_0軸，y_0軸でこれを$(\mathrm{O}_0; x_0, y_0)$として曲線弧C_0を表す．もう1つは動く座標系でこれを$(O_1; x_1, y_1)$とし，ここに曲線弧C_1を固定する．運動学的測度の議論の最初で図形上に点を置き，方向軸を固定するとしたが，その後の議論から動く曲線弧C_1の測度は，C_1が固定された座標系の原点O_1とx_1軸とx_0軸との角度で計算してもよいことが分かっている．

さて動く座標系の原点O_1を動かない座標系$(\mathrm{O}_0; x_0, y_0)$からみたときの座標を(x, y)とし，x_0軸とx_1軸との角度をθとすれば，座標系$(O_1; x_1, y_1)$における点(x_1, y_1)が座標系$(\mathrm{O}_0; x_0, y_0)$においては点(x_0, y_0)と表されたとすると，座標系$(O_1; x_1, y_1)$を座標系$(\mathrm{O}_0; x_0, y_0)$と一致させてから角度θだけ回転して，これをいまの点O_1にまで平行移動したと考えられるから

$$
\begin{aligned}
x_0 &= x_1 \cos\theta - y_1 \sin\theta + x \\
y_0 &= x_1 \sin\theta + y_1 \cos\theta + y
\end{aligned} \tag{5.12}
$$

となる．

ここで曲線弧C_0の各点は座標系$(\mathrm{O}_0; x_0, y_0)$においてC_0の端点からの長さs_0で

$$
x_0 = x_0(s_0), \quad y_0 = y_0(s_0)
$$

と表せ，同様に曲線弧C_1の各点は座標系$(O_1; x_1, y_1)$においてC_1の端点からの長さs_1で

$$
x_1 = x_1(s_1), \quad y_1 = y_1(s_1)
$$

と表せるものとする．そして曲線弧C_0とC_1の交点を図5.5のようにPとすると，Pにおいては式(5.12)と上記のことから

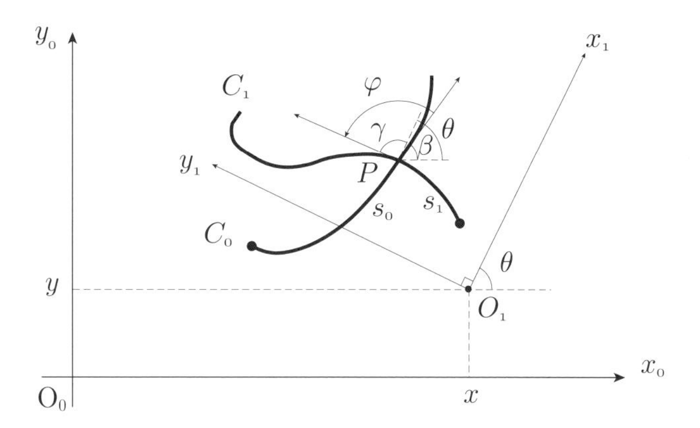

図 5.5 曲線弧 C_0 と C_1

$$x_0(s_0) = x_1(s_1)\cos\theta - y_1(s_1)\sin\theta + x$$
$$y_0(s_0) = x_1(s_1)\sin\theta + y_1(s_1)\cos\theta + y \tag{5.13}$$

が成立する．そして

$$x_0' = \frac{\mathrm{d}x_0(s_0)}{\mathrm{d}s_0}, \quad y_0' = \frac{\mathrm{d}y_0(s_0)}{\mathrm{d}s_0}, \quad x_1' = \frac{\mathrm{d}x_1(s_1)}{\mathrm{d}s_1}, \quad y_1' = \frac{\mathrm{d}y_1(s_1)}{\mathrm{d}s_1}$$

とおくと，x, y は式 (5.13) から s_0, s_1, θ の関数なので，x, y の微分は

$$\mathrm{d}x = x_0'\mathrm{d}s_0 - (x_1'\cos\theta - y_1'\sin\theta)\mathrm{d}s_1 + (x_1\sin\theta + y_1\cos\theta)\mathrm{d}\theta$$
$$\mathrm{d}y = y_0'\mathrm{d}s_0 - (x_1'\sin\theta + y_1'\cos\theta)\mathrm{d}s_1 - (x_1\cos\theta - y_1\sin\theta)\mathrm{d}\theta$$

となる．そこで，以下のように外積を計算すると

$$[\mathrm{d}x, \mathrm{d}y, \mathrm{d}\theta] = \{(y_0'x_1' - x_0'y_1')\cos\theta - (x_0'x_1' + y_0'y_1')\sin\theta\}\,[\mathrm{d}s_0, \mathrm{d}s_1, \mathrm{d}\theta] \tag{5.14}$$

が得られる．ところで前の直線の所でも議論したが，交点 P における C_0 の接線と x_0 軸との角度を β，C_1 の接線と x_1 軸との角度を γ とすれば

$$x_0' = \cos\beta, \quad y_0' = \sin\beta, \quad x_1' = \cos\gamma, \quad y_1' = \sin\gamma$$

が成り立つので

$$y_0'x_1' - x_0'y_1' = \sin\beta\cos\gamma - \cos\beta\sin\gamma = \sin(\beta - \gamma)$$
$$x_0'x_1' + y_0'y_1' = \cos\beta\cos\gamma + \sin\beta\sin\gamma = \cos(\beta - \gamma)$$

となり，

$$(y_0'x_1' - x_0'y_1')\cos\theta - (x_0'x_1' + y_0'y_1')\sin\theta = \sin(\beta-\gamma)\cos\theta - \cos(\beta-\gamma)\sin\theta$$
$$= \sin(\beta-\gamma-\theta)$$

となる．そして，これと式 (5.14) より，外積は

$$[\mathrm{d}x, \mathrm{d}y, \mathrm{d}\theta] = \sin(\beta-\gamma-\theta)[\mathrm{d}s_0, \mathrm{d}s_1, \mathrm{d}\theta] \tag{5.15}$$

と簡潔になる．さらに点 P における C_0 の接線と C_1 の接線との角度を φ とすると図 5.5 から明らかなように $\varphi + \beta = \gamma + \theta$ なので

$$\varphi = \gamma + \theta - \beta$$

と表すことができ，しかも β は s_0 の関数，γ は s_1 の関数なので

$$\mathrm{d}\varphi = \mathrm{d}\theta + c_0\mathrm{d}s_0 + c_1\mathrm{d}s_1$$

という形になる．実際には c_0, c_1 を求める必要はなく，外積の計算法から陽には出ないので，これより外積はさらに簡単な形で

$$\mathrm{d}K = [\mathrm{d}x, \mathrm{d}y, \mathrm{d}\theta] = -\sin\varphi[\mathrm{d}s_0, \mathrm{d}s_1, \mathrm{d}\varphi] \tag{5.16}$$

と導かれる．

ここで曲線弧 C_0, C_1 の長さをそれぞれ L_0, L_1 とすれば積分範囲は $0 \leq s_0 \leq L_0$，$0 \leq s_1 \leq L_1$，$-\pi \leq \varphi \leq \pi$ で，ヤコビアンは正の値しか考えないから式 (5.16) の右辺の積分は

$$\int |\sin\varphi|\mathrm{d}s_0\mathrm{d}s_1\mathrm{d}\varphi = \int_0^{L_0} \mathrm{d}s_0 \int_0^{L_1} \mathrm{d}s_1 \int_{-\pi}^{\pi} |\sin\varphi|\mathrm{d}\varphi$$
$$= 4L_0L_1$$

となる．ところで，この積分は C_0 と C_1 の交点に着目して計算されたもので，式 (5.16) の左辺の単純な積分とは一致しない．たとえば C_0 と C_1 が図 5.6 のように複数個の点 (p_1, p_2, p_3) で交わっているとき，上式には各点 p_i の座標 $(s_{0i}, s_{1i}, \varphi_i)$ における関数 $|\sin\varphi_i|$ が計算されている．一方，式 (5.16) の左辺では C_1 の同じ位置 (x, y, θ) が各交点 p_1, p_2, p_3 で計算されるので重複している．そこで C_1 の各位置による交点数を n（図 5.6 では $n = 3$，本来は $n(x, y, \theta)$ とすべき）とし，C_0 と C_1 が交わらない場合を $n = 0$ と解釈すれば，積分の範囲をすべての位置に拡張できて

$$\int n \ \mathrm{d}K_1 = 4L_0L_1 \tag{5.17}$$

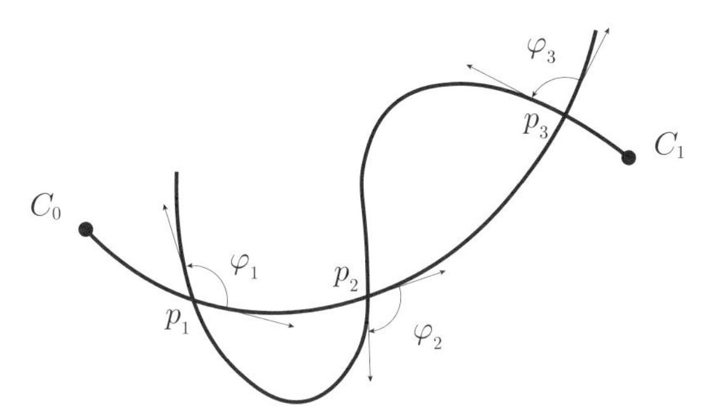

図 5.6 曲線弧 C_0 と C_1 が 3 点で交わっている例

と **Poincaré** の公式が得られる．

つぎに式 (5.16) に角度 $|\varphi|$ を両辺にかけて，ヤコビアンは正の値をとることにすると

$$|\varphi|\mathrm{d}K = |\varphi \sin\varphi|[\mathrm{d}s_0, \mathrm{d}s_1, \mathrm{d}\varphi] \tag{5.18}$$

となり，積分範囲 $0 \leq s_0 \leq L_0$，$0 \leq s_1 \leq L_1$，$-\pi \leq \varphi \leq \pi$ で右辺を計算すると

$$\begin{aligned}\int |\varphi \sin\varphi|\mathrm{d}s_0\mathrm{d}s_1\mathrm{d}\varphi &= \int_0^{L_0} \mathrm{d}s_0 \int_0^{L_1} \mathrm{d}s_1 \int_{-\pi}^{\pi} |\varphi \sin\varphi|\mathrm{d}\varphi \\ &= L_0 L_1 \cdot 2\Big[\sin\varphi - \varphi\cos\varphi\Big]_0^{\pi} = 2\pi L_0 L_1 \end{aligned} \tag{5.19}$$

となる．これは，もちろん Poincaré の公式 (5.17) のときと同じように，式 (5.18) の左辺の単純な積分とはならない．Poincaré の公式のときは重複する位置 (x, y, θ) の重みは同じで 1 であった．今度は式 (5.18) をみれば各位置に点 p_i における角度 φ_i の絶対値 $|\varphi_i|$ の重みがつく．例えば図 5.6 の φ_2 は負であることに注意されたい．そこで n 個（C_1 の位置ごとに変化）の交点の重みを考えて，式 (5.18) と式 (5.19) より

$$\int_{D_1 \cap D_0 \neq \emptyset} \sum_{i=1}^{n} |\varphi_i|\mathrm{d}K_1 = 2\pi L_0 L_1 \tag{5.20}$$

が得られる．これは後の Blaschke による積分幾何学の主公式の証明に用いられる．

ところで，もう一度式 (5.16) に注目しよう．左辺は合同な変換による不変な測度である．そこで曲線弧 C を一様にランダムに分布させようとすれば，x, y, θ を一様にすればよい．ところがこれをローカルに，ある別な曲線に沿って分布させようとすると両者の接線のなす角度 φ で $|\sin\varphi|$ という重みをつけなければならな

い．これは以前，p.24 の式 (3.9) に関係して p.29 のところで議論した直線の場合とまったく同じで，グローバルな角度の一様性に関して，ローカルには $|\sin\varphi|$ という重みがつくのである．

5.3　Santaló の定理

ここでは Santaló が導出したとされるいくつかの定理について述べる．導出の考え方は同じであるばかりでなく，つぎの積分幾何学の主公式の導出方法にもつながるものなので，ぜひ考え方を理解してほしい．

5.3.1　Santaló の定理 1

まず最初に述べるのは，2 つの領域があってこれが交わっているとき，その共通部分の面積に関して成り立つものである．いま図 5.7 のように 2 つの領域 D_0, D_1 があって，それぞれの面積を S_0, S_1 として，領域 D_0 が固定され，D_1 が動くものとし，D_1 の運動学的密度を $\mathrm{d}K_1$ とする．さらに点 $P(x, y)$ を導入し，密度を $\mathrm{d}P = [\mathrm{d}x, \mathrm{d}y]$ として，以下の積分

$$I = \int_{P \in D_0 \cap D_1} \mathrm{d}P\mathrm{d}K_1$$

を求めよう．まず点 P を領域 D_0 内のある点に固定し，$D_1 \ni P$ なる D_1 の運動学的測度は，運動の相対性から式 (5.11) により D_1 を固定し P を動かしても等しい測度が得られる．そこで，点 P の運動学的測度を $\mathrm{d}K_0$ とすれば

$$\int_{D_1 \ni P} \mathrm{d}K_1 = \int_{P \in D_1} \mathrm{d}K_0 = 2\pi S_1 \tag{5.21}$$

となる．これは領域 D_0 内の全ての点 P について同じ値となることが重要で，その後，点 P を領域 D_0 内で動かせば

$$I = \int_{D_1 \ni P} \mathrm{d}K_1 \int_{P \in D_0} \mathrm{d}P = 2\pi S_0 S_1$$

と計算される．一方領域 D_1 を固定してまず点 P を動かすと，領域 $D_0 \cap D_1$（図の灰色部分）の面積を s_{01} で表せば

$$I = \int_{D_1 \cap D_0 \neq \emptyset} \left(\int_{P \in D_0 \cap D_1} \mathrm{d}P \right) \mathrm{d}K_1 = \int_{D_1 \cap D_0 \neq \emptyset} s_{01}\, \mathrm{d}K_1$$

が導かれる．したがって，以上の 2 つの I の積分から

$$\int_{D_1 \cap D_0 \neq \emptyset} s_{01}\, \mathrm{d}K_1 = 2\pi S_0 S_1 \tag{5.22}$$

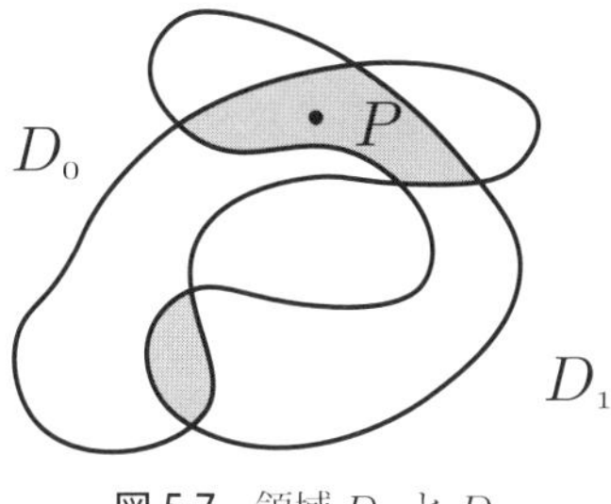

図 5.7　領域 D_0 と D_1

と **Santaló の定理 1** が得られる．

ところで，ここまでが理解できれば以下の境界にかかわる Santaló の定理 2 や Blaschke による積分幾何学の主公式の基本的部分の考え方は Santaló の定理 1 と同じなので，それほど苦労はない．そこで次の部分を飛ばして Santaló の定理 2 に行ってもかまわない．しかし，この Santaló の定理 1 をきちんと分かることが大切なので，以下に，簡略化した例を述べることにしたい．

5.3.2　簡略化した例による解説

いま図 5.8 の (a) のように直線分 L_0，L_1 があって L_0 が x 軸に固定され，L_1 が左の端点 $K(x_1)$ で x 軸上を動くものとする．

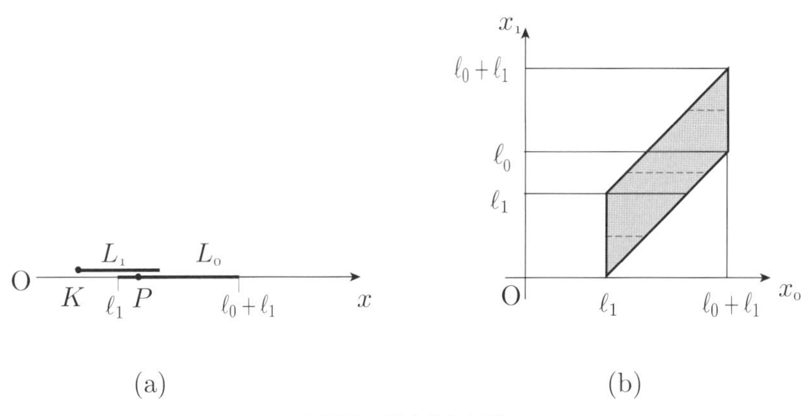

図 5.8　簡略化した例

直線分 L_0，L_1 の長さをそれぞれ ℓ_0，$\ell_1(\ell_1 < \ell_0)$ としてさらに点 $P(x_0)$ を導入して以下の積分

$$I = \int_{P \in L_0 \cap L_1} \mathrm{d}x_0 \mathrm{d}x_1$$

を計算しよう．まず P を L_0 のある点に固定し，L_1 が P を含むように K を動か

すと長さは P の場所によらず一定の ℓ_1 となるので，その後 P を L_0 で動かせば

$$I = \int_{L_1 \ni P} \mathrm{d}x_1 \int_{P \in L_0} \mathrm{d}x_0 = \ell_0 \ell_1$$

と計算される．一方，L_1 を固定してまず点 P を動かすと，区間 $L_0 \cap L_1$ の長さを ℓ_{01} で表せば

$$I = \int_{L_1 \cap L_0 \neq \emptyset} \left(\int_{P \in L_0 \cap L_1} \mathrm{d}x_0 \right) \mathrm{d}x_1 = \int_{L_1 \cap L_0 \neq \emptyset} \ell_{01}\, \mathrm{d}x_1$$

が導かれる．したがって以上の 2 つの同じ積分 I から

$$\int_{L_1 \cap L_0 \neq \emptyset} \ell_{01}\, \mathrm{d}x_1 = \ell_0 \ell_1$$

となる．以上の計算を図 5.8 の (b) を用いて説明しよう．図のように点 K の座標 x_1 を縦軸，P の座標 x_0 を横軸にとって $L_1 \cap L_0 \neq \emptyset$ の領域を表示すると，図の灰色部分となる．この領域の面積が上記 I の積分になるのだが，初めにどちらの軸から計算を始めるかで上記 2 つの場合が出てくる．図から明らかなように，初めに x_1 軸で動かしたほうが長さが一定で式の展開が容易である．前述 Santaló の定理 1(5.22) では次元が違うので図 5.8 の (b) のように簡単には図示できないが，式 (5.21) のように $2\pi S_1$ と簡単に表され，これが後の定理でもすべて共通のことになる．そして Santaló の定理 1 である (5.22) における s_{01} は簡単には表せず，もっともそこに重要な価値があり，これの積分が順序を変えた計算で容易に求めることができるのである．ここでの簡単な例題では，図 5.8 の (b) の横の破線を見れば明らかなように

$$\ell_{01} = \begin{cases} x_1 & 0 < x_1 < \ell_1 \text{のとき} \\ \ell_1 & \ell_1 < x_1 < \ell_0 \text{のとき} \\ \ell_0 + \ell_1 - x_1 & \ell_0 < x_1 < \ell_0 + \ell_1 \text{のとき} \end{cases}$$

となっていて，こちらの計算は前ほどは簡単ではないが

$$\int_{L_1 \cap L_0 \neq \emptyset} \ell_{01}\, \mathrm{d}x_1 = \int_0^{\ell_1} x_1 \mathrm{d}x_1 + \int_{\ell_1}^{\ell_0} \ell_1 \mathrm{d}x_1 + \int_{\ell_0}^{\ell_0 + \ell_1} (\ell_0 + \ell_1 - x_1) \mathrm{d}x_1 = \ell_0 \ell_1$$

となっている．ここではどちらの計算も容易にできるので，等式を確かめることができた．しかし繰り返すが，ここで議論する公式群においては Santaló の定理 1 の (5.22) における s_{01} に相当するものは直接は分からず，積分の順序を変えた結果，積分値が分かるというものなのである．

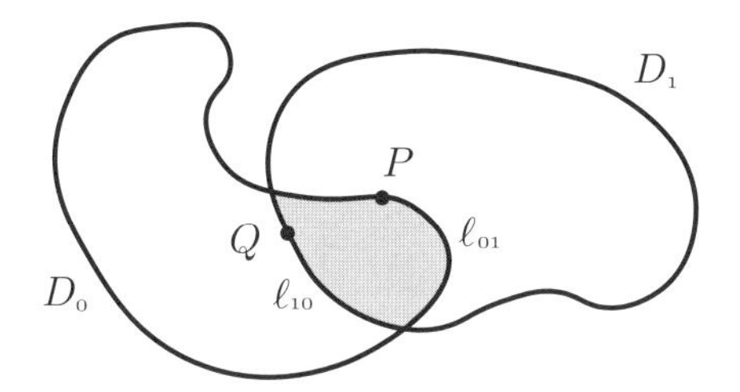

図 5.9 点 P が境界にある場合

5.3.3 Santaló の定理 2

前述の Santaló の定理 1 での議論は点 P が領域に含まれる場合であった．ここでは点 P が領域の境界にある場合について同じように議論する．いま図 5.9 のように 2 つの領域 D_0, D_1 があってそれぞれの面積を S_0, S_1 とし，その境界をそれぞれ $\partial D_0, \partial D_1$ と表すものとし，さらに境界 $\partial D_0, \partial D_1$ の長さをそれぞれ L_0, L_1 とする．そして領域 D_0 が固定され，D_1 が動くものとし，D_1 の運動学的密度を $\mathrm{d}K_1$ とする．点 $P(s)$ を境界 ∂D_0 上で，ある点からの長さ s のところにとり，つぎのような積分

$$J = \int_{P \in \partial D_0 \cap D_1} \mathrm{d}s\, \mathrm{d}K_1$$

を考える．まず前の議論と同じように点 P を固定して $D_1 \ni P$ なる D_1 の位置の測度を求めると，式 (5.21) と同じで点 P によらず一定となるので

$$J = \int_{D_1 \ni P} \mathrm{d}K_1 \int_{P \in \partial D_0} \mathrm{d}s = 2\pi S_1 L_0$$

となる．一方，領域 D_1 を止めてまず点 P を動かすと，領域 D_1 に含まれる境界 ∂D_0 の長さを図 5.9 のように ℓ_{01} とすれば

$$J = \int_{D_1 \cap D_0 \neq \emptyset} \left(\int_{P \in \partial D_0 \cap D_1} \mathrm{d}s \right) \mathrm{d}K_1 = \int_{D_1 \cap D_0 \neq \emptyset} \ell_{01} \mathrm{d}K_1$$

が得られる．以上の 2 式から

$$\int_{D_1 \cap D_0 \neq \emptyset} \ell_{01}\ \mathrm{d}K_1 = 2\pi S_1 L_0 \tag{5.23}$$

が前述の Santaló の定理 1 に準じた形で得られる．

さて，これまでの議論は領域 D_0 を固定し，D_1 を運動学的に動かして計算したことになっている．逆に領域 D_1 を固定し，D_0 を動かしたと考えれば上の式で 0 と 1 を入れ換え，領域 D_0 に含まれる境界 ∂D_1 に前の点 P に相当する点 Q を置き，この D_0 に含まれる境界 ∂D_1 の長さを図 5.9 のように ℓ_{10} とすれば

$$\int_{D_1 \cap D_0 \neq \emptyset} \ell_{10}\ \mathrm{d}K_0 = 2\pi S_0 L_1 \tag{5.24}$$

が成り立つ．そして，これまで見てきたように運動の相対的な性質より $D_1 \cap D_0 \neq \emptyset$ である位置の集合の測度は領域 D_0, D_1 のどちらが動いても同じである．そこで，上の式において $\mathrm{d}K_0$ を $\mathrm{d}K_1$ に置き換えてもよいので，図5.9のようなある位置において $\ell_{01} + \ell_{10} = L_{01}$ とおけば，これは領域 $D_0 \cap D_1$（図の灰色部分）の境界の長さということになり，これに関して

$$\int_{D_1 \cap D_0 \neq \emptyset} L_{01}\ \mathrm{d}K_1 = 2\pi(S_1 L_0 + S_0 L_1) \tag{5.25}$$

というきれいな結果が得られる．これを **Santalóの定理2** とよぶことにする．このように，共通する部分の境界に点 P, Q を考える方法は次のBlaschkeによる積分幾何学の主公式への準備として大切なので，気に留めていただきたい．

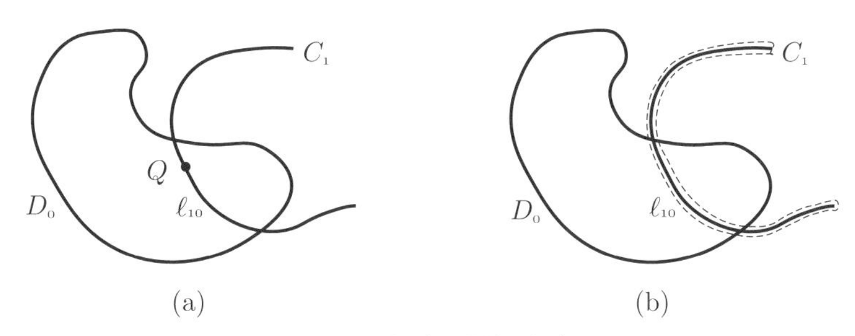

図5.10　領域と曲線の場合

なお，式(5.24)の証明には領域 D_1 の境界 ∂D_1 を用いたことになっている．証明の過程で分かるように別に閉曲線ではなく領域 D_1 の代わりとして図5.10の(a)のように曲線 C_1 を用いても，C_1 の長さを L_1 とすれば同様の結果が得られる．そこで上の展開の課程で $\mathrm{d}K_0$ を $\mathrm{d}K_1$ に置き換えたものでこれを記すと

$$\int_{C_1 \cap D_0 \neq \emptyset} \ell_{10}\ \mathrm{d}K_1 = 2\pi S_0 L_1 \tag{5.26}$$

となっている．実は，この式が文献[7]ではSantalóの定理として紹介されている．しかし対象が両方とも領域である式(5.25)を図5.10の(a)に適用し，曲線 C_1 を図5.10の(b)の破線のような領域の極限と考えれば $L_{01} \to 2\ell_{10}$，$S_1 \to 0$，$L_1 \to 2L_1$ となり，これより式(5.26)が導かれるので，式(5.25)のほうがより広いものと解釈できる．

5.3.4　Santalóの幾何学的証明

前に述べたように，式(5.25)の導出が後のBlaschkeによる積分幾何学の主公

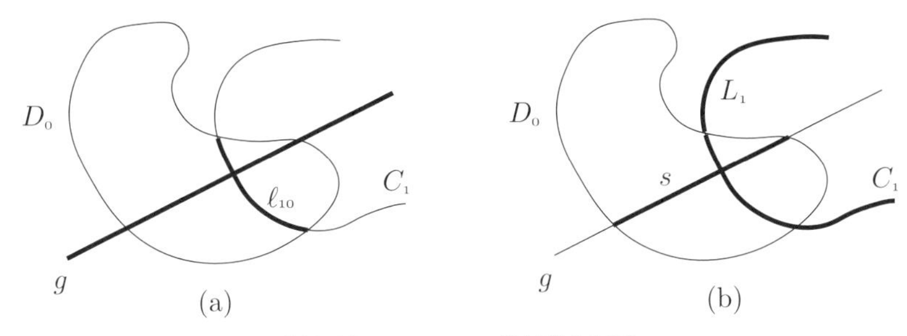

図 5.11　Santaló の幾何学的証明

式につながるので，ここで述べることは飛ばして差し支えない．しかし前述の文献 [7] における Santaló の定理の証明があまりにも鮮やかなので，ここで記しておきたい．

図 5.10 と同じ領域と曲線を考えて表記も同じとする．そこに図 5.11 の (a) のように新たに直線 g を考え，g と曲線 C_1 との交点で領域 D_0 に含まれる数を n とし

$$I = \int n \, \mathrm{d}G\mathrm{d}K_1 \tag{5.27}$$

という積分を考える．まず曲線 C_1 を固定して領域 D_0 内の長さ ℓ_{10} の曲線分と直線 g（図 5.11 の (a) の太線）について p.25 の Crofton の公式 (3.10) を適用する．すると $\int n \, \mathrm{d}G = 2\ell_{10}$ なので式 (5.27) は

$$I = 2\int \ell_{10}\mathrm{d}K_1 \tag{5.28}$$

となる．一方，まず直線を固定して領域 D_0 内の長さを s とし，この線分と曲線 C_1（図 5.11 の (b) の太線）に p.60 の Poincaré の公式 (5.17) を適用すると

$$\int n \, \mathrm{d}K_1 = 4sL_1$$

となり，積分 I は

$$I = 4L_1 \int s \, \mathrm{d}G$$

となる．上式の右辺の積分は p.40 の式 (4.11) より $\int s \, \mathrm{d}G = \pi S_0$ なので

$$I = 4\pi S_0 L_1 \tag{5.29}$$

が得られ，この式 (5.29) と前の式 (5.28) より定理 (5.26) が証明された．用いられた公式や定理を理解していれば，この証明が図 5.11 を見ただけで納得できる素晴らしいものであることが分かるであろう．ここでは直線が黒子のような役割を演じていることを味わってほしい．これは Crofton と Poincaré の公式を用いて

Santalóが証明し，これをBlaschkeが文献 [7] で紹介している．まるで積分幾何学のオールスターの共演のようで興味深い．

なお，この節のはじめで「Santalóが導出したとされる」と書いた．実際には前述の文献 [7] において「Santalóの成果」という節のなかで定理 (5.22) と (5.26) が続けて書かれている．Blaschkeの文献 [7] においてSantalóの名前が出てくる式が多いのに対し，Santalóの本 [2]，[9] では式 (5.22), (5.23), (5.25) は出てはいるが，Santalóの名前を冠してはいない．それどころか，2冊の本のなかに自分の名前をつけたSantalóの定理というものは1つも出てこないのである．ここで番号をつけたSantalóの定理1，2は応用を考えても基礎的なものなので，あえてこのように名前をつけた．

なお余談ながら前記Blaschkeの本 [7] にはBlaschkeの名を冠した式は，やはり1つも出てこない．

第6章 Blaschkeによる積分幾何学の主公式

6.1 全曲率

前章の議論は定理の導出に点 P が陰で重要な役割を果たしてきたのだが，その際この点が領域や線分を動くため面積や長さが結果として出てきた．しかし，これから述べる主公式 (fundamental formula) では全曲率 (total curvature) が関係する．前の定理では点 P や点 Q が境界を動いて長さが出てきた．今度は単純な閉曲線（正確には後述）を境界に持つ領域を 1 個と数えたい．そのためには点 P や点 Q が境界を動いていって 1 まわりするとき，単純に 2π となる全曲率が望ましい．したがって，ここでは曲率ではなく全曲率に最終的な意味がある．曲率は，その過程で必要なものと考えてもらいたい．

ここで閉曲線の全曲率についてもう少し詳しく述べよう．いま方向を考えた閉曲線を Γ とし，Γ 上をある定点からこの方向に沿って長さ s まで行った点の曲率を $\kappa(s)$ とする．この $\kappa(s)$ が考えている閉曲線で連続であれば，Γ の全曲率 c は Γ の方向に沿って一周した積分

$$c(\Gamma) = \int_\Gamma \kappa(s) \mathrm{d}s$$

で表される．点 s における方向を考えた接線と x 軸との角度を τ とすれば $\kappa(s) = \mathrm{d}\tau/\mathrm{d}s$ であるから，上式は

$$c(\Gamma) = \int_\Gamma \mathrm{d}\tau$$

となる．これより全曲率は角度の変量の総計であることが分かる．ところで閉曲線のいたるところで曲率が存在して連続であるとは限らない．ここでは詳しくは論じないが，連続な曲率が存在するためには，曲線が 2 階微分可能でその 2 階導関数が連続でなければならない．これを $\boldsymbol{C^2}$ 級 (class C^2) といい，上で論じた閉曲線は C^2 級であったわけである．

ここで一般論として，図 6.1 のように閉曲線 Γ が m 個の曲線弧からなり，これらの曲線弧は C^2 級であるとする．ここで曲線弧 $\mathrm{A}_1\mathrm{A}_2, \mathrm{A}_2\mathrm{A}_3, \ldots, \mathrm{A}_m\mathrm{A}_1$ をそれぞれ $a_1, a_2, \ldots, a_m$ で表し，点 A_i における a_{i-1} の接線と a_i の接線との角度

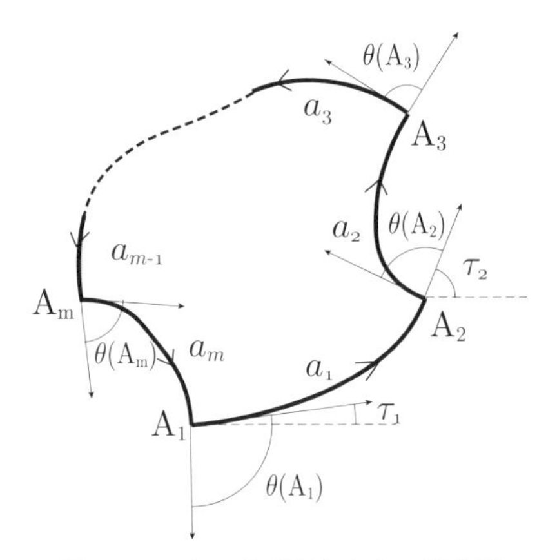

図 6.1　m 個の曲線弧からなる閉曲線

(外角) を $\theta(\mathrm{A}_i)$ とする (ただし循環しているので $a_0 = a_m$，また $-\pi \leq \theta(\mathrm{A}_i) \leq \pi$). ここで蛇足ながら弧 $\mathrm{A}_1\mathrm{A}_2$ すなわち a_1 を例にとって，連続な角度の変化量を示すことにする．図 6.1 のように a_1 の点 A_1 における接線と x 軸との角度を τ_1 とし，点 A_2 における接線と x 軸との角度を τ_2 とすれば，変化量は

$$\int_{a_1} \mathrm{d}\tau = \int_{\tau_1}^{\tau_2} \mathrm{d}\tau = \tau_2 - \tau_1$$

となる．いちいち上式の右辺のように書いても良いけれど，弧 a_1 の変化量というのは積分の式のほうが分かりやすいので，左辺をそのまま用いる．これらから曲線弧 Γ の全曲率 c は

$$c(\Gamma) = \sum_{i=1}^{m} \int_{a_i} \mathrm{d}\tau + \sum_{i=1}^{m} \theta(\mathrm{A}_i) \tag{6.1}$$

となる．以上は一般論なのであって，例えば閉曲線が建物を表している場合は，ほとんどの境界が直線であって，このようなときは式 (6.1) の積分の項はなく外角の足し算だけになる．一方，閉曲線がなめらかですべての部分で C^2 級であれば式の積分の項が 1 つだけで，$\sum$ は要らず，外角の計算もない．

ここで二重点について説明をしておく．いま図 6.2 のような曲線があって，曲線上の座標が端点からの長さ s で $x = x(s)$，$y = y(s)$ と表されているものとする．このとき $s_1 < s_2$ で

$$x(s_1) = x(s_2),\ y(s_1) = y(s_2) \text{ すなわち } (x(s_1), y(s_1)) = (x(s_2), y(s_2)) \tag{6.2}$$

なる点 P_d を二重点 (double point) という．そして二重点を持たない閉曲線を単一 (単純) 閉曲線 (simple closed curve) という．そこで二重点を持たない単一閉

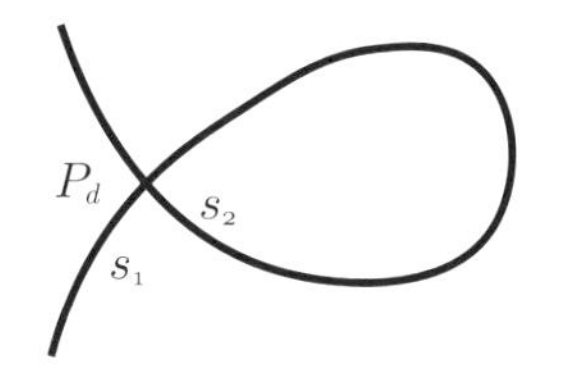

図 6.2 二重点

曲線では式 (6.1) から明らかなように，方向を反時計回りにとれば全曲率は $c = 2\pi$，方向を時計回りにとれば $c = -2\pi$ となる．

つぎに領域の全曲率について述べよう．いま領域 D があって，その境界 ∂D が二重点を持たない有限個の閉曲線からなり，これらの閉曲線は図 6.1 のように C^2 級の曲線弧をつなぎ合わせたものとする．これら閉曲線に進行方向左手に領域が来るように方向を与え，式 (6.1) によって境界 ∂D のすべてに渡って全曲率を計算し，これを加え合わせて領域 D の全曲率と定義する．領域を左に見ることから領域の外側の境界には反時計回りの方向が与えられ，領域の内側の境界には時計回りの方向が与えられるから，外側の境界をなす閉曲線の個数を ρ_o，内側の境界をなす閉曲線の個数を ρ_i とすると，領域 D の全曲率 $c(D)$ は

$$c(D) = 2\pi(\rho_o - \rho_i) \tag{6.3}$$

となる．したがって図 6.3 に式 (6.3) に適用すると，灰色の部分の領域に関する全曲率は (a) の場合が $c(D) = -2\pi$，(b) の場合が $c(D) = 4\pi$ となる．

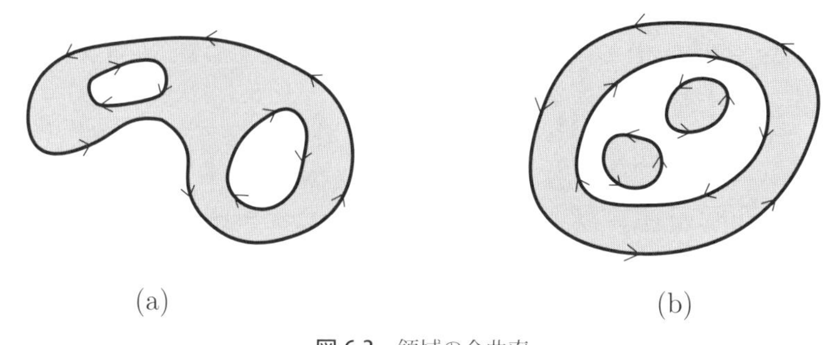

図 6.3 領域の全曲率

6.2 Blaschke による積分幾何学の主公式

この公式は図形の位置の測度を問題にする上で，もっとも基礎的かつ包括的なものである．結論に至る道筋は簡単ではないので，まず公式を述べることにする．

いま図 6.4 のように 2 つの領域 D_0, D_1 があって，それぞれの境界 $\partial D_0, \partial D_1$ は二重点を持たない有限個の閉曲線からなり，これらの閉曲線は図 6.1 のところで議論したのと同じように C^2 級の曲線弧をつなぎ合わせたものとし，長さをそれぞれ L_0, L_1 とする．また領域 D_0, D_1 の面積をそれぞれ S_0, S_1, 全曲率をそれぞれ c_0, c_1 で表す．ここで D_0 を固定し，D_1 は運動学的密度 $\mathrm{d}K_1$ で動くものとし，領域 $D_0 \cap D_1$（図で灰色で表示）の全曲率を c_{01} とすると，この主公式は

$$\int_{D_1 \cap D_0 \neq \emptyset} c_{01} \mathrm{d}K_1 = 2\pi(S_0 c_1 + S_1 c_0 + L_0 L_1)$$

と表すことができる．

さて，ここから証明に入る．まず領域の番号と同じように j を導入し，$j = 0, 1$ に対して図 6.1 のときと同じように a_i^j を境界 ∂D_j の曲線弧とし，A_i^j を曲線弧 a_{i-1}^j, a_i^j の共通点，$\theta(\mathrm{A}_i^j)$ を点 A_i^j における外角とする（図 6.4，ただし外角はうるさくなるので $\theta(\mathrm{A}_1^0)$ だけを表示）．境界 ∂D_j の方向は前の議論と同じ約束にしたがっているとすると，領域 D_j の全曲率 c_j は式 (6.1) より

$$c_j = \sum_i \int_{a_i^j} \mathrm{d}\tau + \sum_i \theta(\mathrm{A}_i^j) \quad (j = 0, 1) \tag{6.4}$$

となる．ただし $\sum_i$ は $j = 0, 1$ で $i = 1$ から然るべき数まで加えることを示すものとする．

ここで図 6.5 のように境界 ∂D_0 に点 P を境界 ∂D_1 に点 Q をおき，それぞれの定点からの長さ s_0, s_1 で $P(s_0), Q(s_1)$ と表されているものとする．そして図 6.5 のように，領域 D_0 と D_1 が交わっているとき，それぞれの境界が領域を左に見て方向がつけられているので，共通領域 $D_0 \cap D_1$（図 6.5 では着色部分）の境界 $\partial(D_0 \cap D_1)$ も同じように決められた向きに沿って一周できる複数個の単一閉曲線より成り立っている．境界 ∂D_0 と境界 ∂D_1 の交点を $p_k (k = 1, \ldots, n)$ とすると，共通領域の境界 $\partial(D_0 \cap D_1)$ は点 P や Q が動くところでは曲線弧 $a_{i_1}^0$ と $a_{i_2}^1$ が p_k によって分断される．そこで，このように分断された曲線弧の名前を領域 D_1 の位置 K_1 ごとに $j = 0, 1$ に対して b_i^j としておき，$\sum_{P \in D_1}$ で P が通る C^2 級の曲線弧 b_i^0 について加えることを表し，$\sum_{Q \in D_0}$ で Q が通る C^2 級の曲線弧 b_i^1 を加えることを表すものとする．また交点 p_k における外角を $\theta(p_k)$ で表せば（図 6.5 では $\theta(p_1)$ を表示），共通領域 $D_0 \cap D_1$ の全曲率は

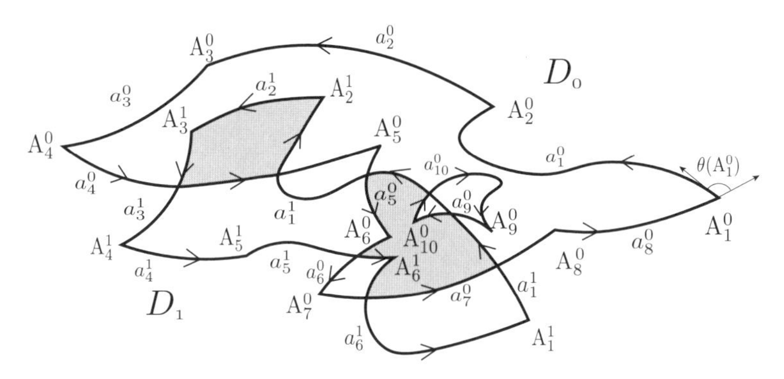

図 6.4　領域 D_0, D_1 および点 A_i^j と曲線弧 $a_i^j (j = 0, 1)$

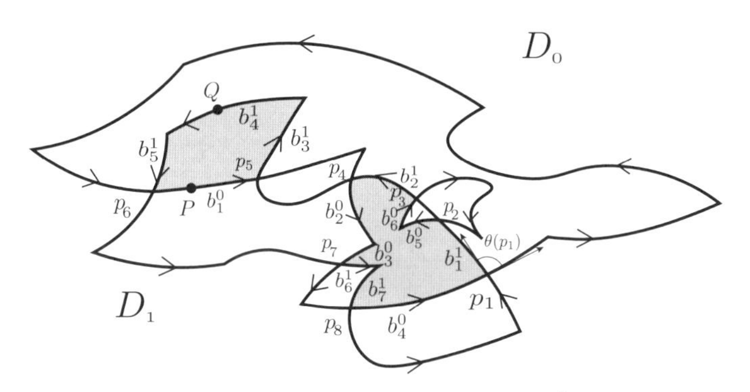

図 6.5　共通領域 $D_0 \cap D_1$ の交点 p_k と曲線弧 $b_i^j (j = 0, 1)$

$$
\begin{aligned}
c_{01} = {} & \sum_{P \in D_1} \int_{b_i^0} \mathrm{d}\tau(s_0) + \sum_{Q \in D_0} \int_{b_i^1} \mathrm{d}\tau(s_1) + \sum_{\mathrm{A}_i^0 \in D_1} \theta(\mathrm{A}_i^0) + \sum_{\mathrm{A}_i^1 \in D_0} \theta(\mathrm{A}_i^1) \\
& + \sum_{k=1}^{n} \theta(p_k)
\end{aligned}
\tag{6.5}
$$

と書くことができる．なお $P \in D_1$ や $Q \in D_0$ はくどく書けばそれぞれ $P \in \partial D_0 \cap D_1$ や $Q \in \partial D_1 \cap D_0$ と書くべきかもしれないが，もともと $P \in \partial D_0$, $Q \in \partial D_1$ と定義してあるので略した．点 A_i^j についても同様である．また境界の交点 p_k と C^2 級の曲線弧の継ぎ目である A_i^j がたまたま一致した場合，全曲率を上式のように書けない場合があるかもしれないが，これは測度が 0 なので無視してよい．

ここで，まず式 (6.5) の第 1 項を $\mathrm{d}K_1$ で積分するために，以下の積分を

$$
I_1 = \int_{P \in \partial D_0 \cap D_1} \mathrm{d}\tau(s_0) \mathrm{d}K_1
$$

とおき，$\tau(s_0)$ の積分は領域 D_0 の境界で C^2 級の曲線弧におけるものとする．まず領域 D_1 をある位置 K_1 に固定し，点 P を動かせば，前の議論でみてきたように

$$I_1 = \int_{D_1 \cap D_0 \neq \emptyset} \left(\sum_{P \in D_1} \int_{b_i^0} \mathrm{d}\tau(s_0) \right) \mathrm{d}K_1$$

となる．一方，はじめに点 P を固定して領域 D_1 を動かして $\mathrm{d}K_1$ の積分を先に計算すると，前に何回も議論したように，点 P がどこにあってもこれを含む K_1 の集合の測度は等しいので

$$I_1 = \int_{D_1 \ni P} \mathrm{d}K_1 \int_{P \in \partial D_0} \mathrm{d}\tau(s_0) = 2\pi S_1 \sum_i \int_{a_i^0} \mathrm{d}\tau(s_0)$$

が導かれる．以上により

$$\int_{D_1 \cap D_0 \neq \emptyset} \left(\sum_{P \in D_1} \int_{b_i^0} \mathrm{d}\tau(s_0) \right) \mathrm{d}K_1 = 2\pi S_1 \sum_i \int_{a_i^0} \mathrm{d}\tau(s_0) \tag{6.6}$$

が得られる．上式 (6.6) の左辺の $\sum$ は図 6.5 のように D_1 を止めた位置 K_1 において D_1 に含まれる P が通る b_i^0 についての積分の足し算である．一方，式の右辺の $\sum$ は図 6.4 にあるような D_0 の境界にあるすべての a_i^0 についての積分の足し算になっている．

つぎに式 (6.5) の第 3 項を積分すると

$$\int_{D_1 \cap D_0 \neq \emptyset} \sum_{\mathrm{A}_i^0 \in D_1} \theta(\mathrm{A}_i^0) \mathrm{d}K_1 = \sum_i \theta(\mathrm{A}_i^0) \int_{D_1 \ni \mathrm{A}_i^0} \mathrm{d}K_1 = 2\pi S_1 \sum_i \theta(\mathrm{A}_i^0) \tag{6.7}$$

となる．ここでも前と同じように注意しなければならないのは，上式の左辺の $\sum$ は図 6.5 のように D_1 を止めた位置 K_1 において D_1 に含まれる A_i^0 についての足し算であるが，一方で式の右辺の $\sum$ は D_0 の境界にあるすべての A_i^0 についての足し算になっている，ということである．前に閉曲線がすべての点で C^2 級であればこの項はないと述べた．この A_i^0 は C^2 級の弧のつなぎ目となっていて式 (6.6) の計算では抜けている．そこでこれを補完する意味で D_0 のすべての A_i^0 に P を置き，P を含む D_1 の位置の集合の測度 $2\pi S_1$ はどの点でも同じなので式 (6.7) が得られる．

ここで，式 (6.5) の残りの第 2 項を $\mathrm{d}K_1$ で積分する．このとき，これが第 1 項と添え字の 0,1 が入れ換わったこと，点 P が Q に入れ換わったこと，さらには以前議論したように，領域のどちらが動いても相対的には測度は同じで $\mathrm{d}K_1 = \mathrm{d}K_0$

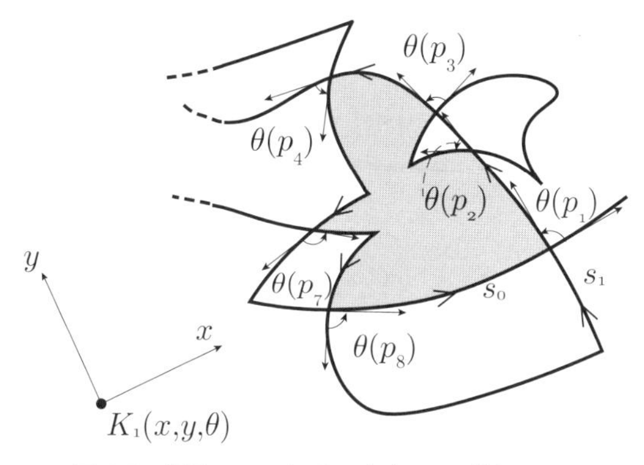

図 6.6 位置 K_1 における交点 p_i の外角 $\theta(p_i)$

と置き換えられることを考慮すると，式 (6.6) の結果より

$$\int_{D_1\cap D_0\neq\emptyset}\left(\sum_{Q\in D_0}\int_{b_i^1}\mathrm{d}\tau(s_1)\right)\mathrm{d}K_1=\int_{D_0\cap D_1\neq\emptyset}\left(\sum_{Q\in D_0}\int_{b_i^1}\mathrm{d}\tau(s_1)\right)\mathrm{d}K_0$$
$$=2\pi S_0\sum_i\int_{a_i^1}\mathrm{d}\tau(s_1) \tag{6.8}$$

が得られる．つぎに式 (6.5) の第 4 項については第 3 項のときと同じような考え方をすると

$$\int_{D_1\cap D_0\neq\emptyset}\sum_{\mathrm{A}_i^1\in D_0}\theta(\mathrm{A}_i^1)\mathrm{d}K_1=\int_{D_0\cap D_1\neq\emptyset}\sum_{\mathrm{A}_i^1\in D_0}\theta(\mathrm{A}_i^1)\mathrm{d}K_0$$
$$=\sum_i\theta(\mathrm{A}_i^1)\int_{D_0\ni\mathrm{A}_i^1}\mathrm{d}K_0$$
$$=2\pi S_0\sum_i\theta(\mathrm{A}_i^1) \tag{6.9}$$

となる．

さて式 (6.5) の最後の項の積分について論じよう．これは領域の内部ではなく，2 つの境界（曲線）の交点の角度に関するものである．まず図 6.5 では交点の外角を $\theta(p_1)$ しか示せなかったので p_1 から p_8 まで p_5 と p_6 を除いて示すと図 6.6 のようになっている．我々がいま問題にしている境界 ∂D_0 と ∂D_1 との交点 p_i $(i=1,\ldots,n)$ の外角 $\theta(p_i)$ は正で $0\leq\theta(p_i)\leq\pi$ である．なぜなら，どちらの境界も領域を左に見る方向がついているので，もしこの外角が負だとすると図 6.7 のように灰色部分が共通領域 $D_0\cap D_1$ に含まれなければならない．しかし，このようなことは起こらないので，AB の向きは逆でなければならない．

そこで交角に関する p.61 の式 (5.20) に当てはめると，交角は正なので絶対値が

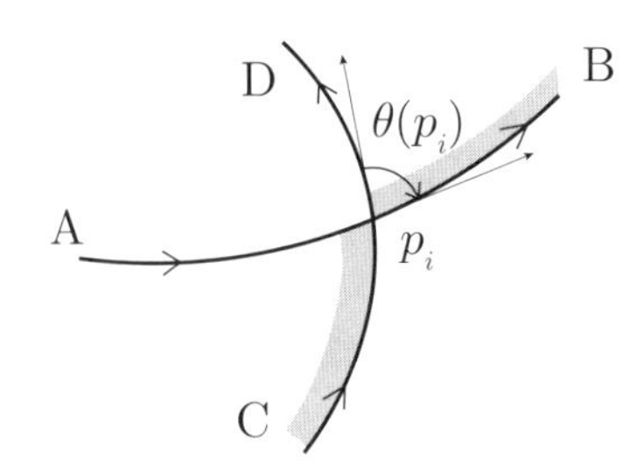

図 6.7　交点 p_i の外角 $\theta(p_i)$ が負の場合

とれ，φ_i を $\theta(p_i)$ に置き換えて

$$\int_{D_1 \cap D_0 \neq \emptyset} \sum_{k=1}^{n} \theta(p_k) \mathrm{d}K_1 = 2\pi L_0 L_1 \tag{6.10}$$

が導かれる．

以上により，式 (6.5) の積分は式 (6.6)，(6.8)，(6.7)，(6.9)，(6.10) により

$$\begin{aligned}\int_{D_1 \cap D_0 \neq \emptyset} c_{01} \mathrm{d}K_1 =& 2\pi S_1 \sum_i \int_{a_i^0} \mathrm{d}\tau(s_0) + 2\pi S_0 \sum_i \int_{a_i^1} \mathrm{d}\tau(s_1) \\ &+ 2\pi S_1 \sum_i \theta(\mathrm{A}_i^0) + 2\pi S_0 \sum_i \theta(\mathrm{A}_i^1) + 2\pi L_0 L_1\end{aligned}$$

となる．そして上式に式 (6.4) の全曲率をいれると，前に述べた **Blaschke** による積分幾何学の主公式が

$$\int_{D_1 \cap D_0 \neq \emptyset} c_{01} \mathrm{d}K_1 = 2\pi(S_0 c_1 + S_1 c_0 + L_0 L_1) \tag{6.11}$$

と導かれる．

6.2.1　積分幾何学の主公式の適用例

もし領域 D_0, D_1 が図 6.8 のように，ともに単一閉曲線ならば $c_0 = c_1 = 2\pi$ となり，図の灰色で示した交わっている領域 $D_0 \cap D_1$ の個数を ν とすると $c_{01} = 2\pi\nu$ なので，式 (6.11) は

$$\int_{D_1 \cap D_0 \neq \emptyset} \nu \, \mathrm{d}K_1 = 2\pi(S_0 + S_1) + L_0 L_1 \tag{6.12}$$

となる．

なお領域 D_0, D_1 が凸であれば $D_1 \cap D_0 \neq \emptyset$ の範囲では $\nu = 1$ なので式 (6.12) は

$$\int_{D_1 \cap D_0 \neq \emptyset} \mathrm{d}K_1 = 2\pi(S_0 + S_1) + L_0 L_1 \tag{6.13}$$

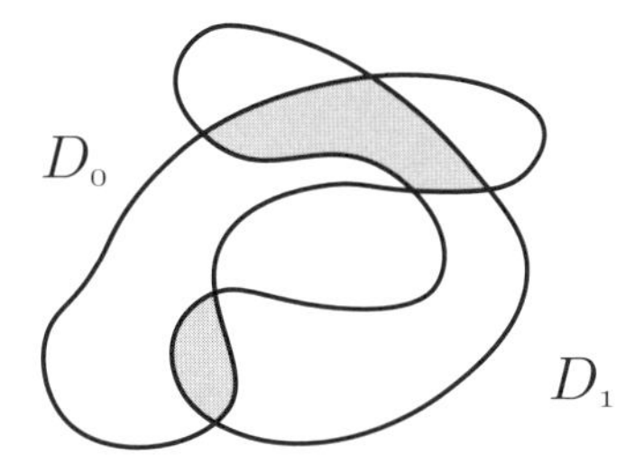

図 6.8 領域 D_0, D_1 が単一閉曲線のとき

となる．そして Blaschke の本 [7] では，ここでの議論とは違った証明で導かれていて，この式 (6.13) が Santaló によるものとされている．

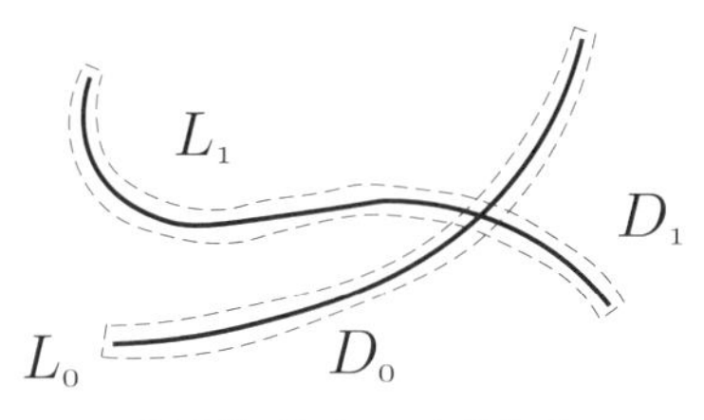

図 6.9 Poincaré の公式

さらに，式 (6.12) を図 6.9 のような長さ L_0, L_1 の曲線分に適用しようとすると，これらを破線で書いたような単一閉曲線をつぶしたものと考えれば，このとき $S_0 = S_1 = 0$ で $L_0 \to 2L_0$，$L_1 \to 2L_1$ なので，

$$\int_{D_1 \cap D_0 \neq \emptyset} \nu \, \mathrm{d}K_1 = 4L_0 L_1$$

となり，前述の **Poincaré** の公式 (5.17) が導かれる．

また領域 D_0 が図 6.10 のように n 個の凸領域からなり，面積の総計が S_0，周長

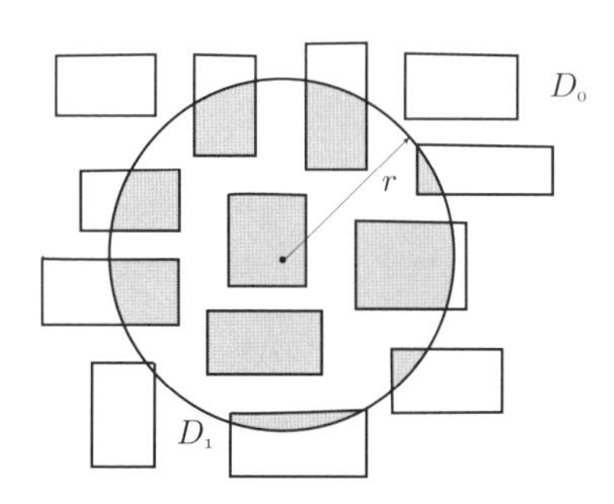

図 6.10 領域 D_0 が複数個の凸領域のとき

の総計が L_0，領域 D_1 が半径 r の円の場合には $c_0 = 2\pi n$，$c_1 = 2\pi$ なので，式 (6.11) は

$$\int_{D_1 \cap D_0 \neq \emptyset} \nu \, \mathrm{d}K_1 = 2\pi(S_0 + n\pi r^2) + 2\pi r L_0 \tag{6.14}$$

となる．

最後に，領域 D_0 が図 6.11 のように m 個の点であったとし，領域 D_1 の面積が S_1，領域 D_1 に含まれる点の数を ν とすれば（図 6.11 では $m = 12$，$\nu = 3$），Blaschke の主公式 (6.11) において $c_0 = 2\pi m$，$c_{01} = 2\pi\nu$，$S_0 \to 0$，$L_0 \to 0$ なので

$$\int_{D_1 \cap D_0 \neq \emptyset} \nu \, \mathrm{d}K_1 = 2\pi m S_1 \tag{6.15}$$

となる．

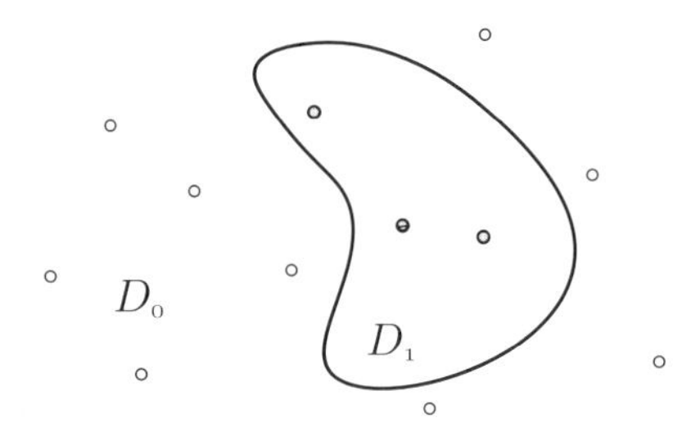

図 6.11　領域 D_0 が m 個の点のとき

第7章 格子図形

正方形，矩形，平行4辺形，6角形などの格子が関係すると，これまで見てきた定理が格子状の形に応用できるので，有用な結果が得られる．そこで，以下にこれについて述べる．

7.1 格子の基本領域と基本公式

基本領域（格子の単位）から構成される格子 (lattice) とは，合同な領域の連続で次の2つの条件を満たすものをいう．ここで，i 番目の基本領域を α_i で表すものとする．

1) 平面の各点 P は1つのそしてそれにかぎるある領域 α_i に属する．

2) 各領域 α_i はある合同変換 t_i によって領域 α_0 に重ねることができる．そして，この合同変換は別な領域 α_h をまた別な領域 α_j に重ねるが，この格子を乱すことはない．

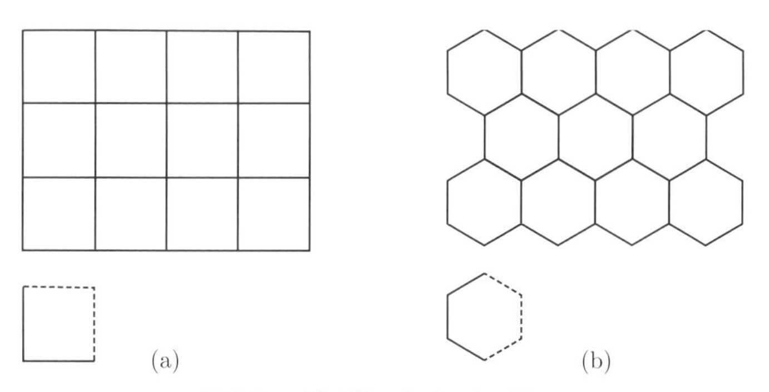

図 7.1 正方形格子と正6角形格子

図7.1の例では基本領域が (a) では正方形，(b) では正6角形であり，図の下で基本領域の境界を実線と破線で示しているが，上の条件 1) より実線部分は当該領域に含まれ，破線部分は隣の基本領域に含まれるものとする．また基本領域は必ずしも正方形や正6角形である必要はなく，上の条件を満たせば，矩形でも，つぶれた6角形でも，またもっと複雑な図形でもかまわない．

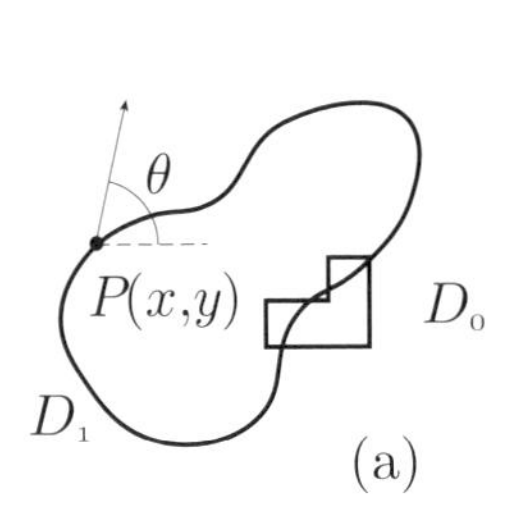

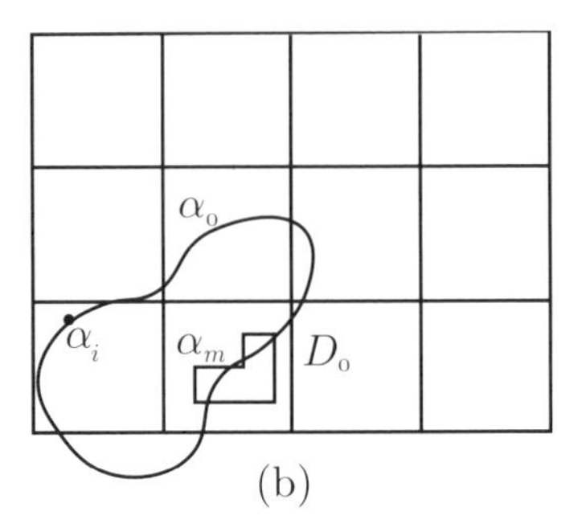

図 7.2　領域 D_0, D_1 と格子

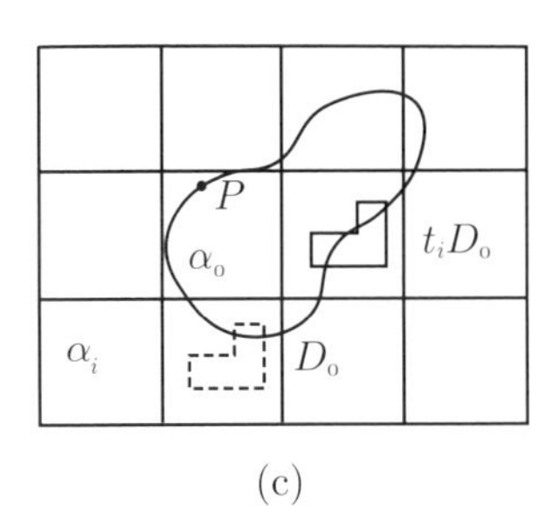

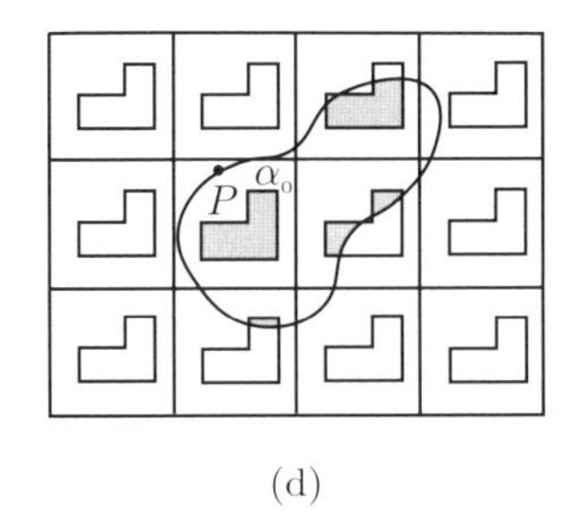

図 7.3　合同変換 t_i と積分 I の意味

さて，これから格子図形における基本的な公式を述べることにする．まず図形 D_0 があって，これは，これまで議論してきた領域や，曲線，有限個の点であってよい．そしてここが重要なのだが，この図形 D_0 がある格子の基本領域 α_m にすべて含まれていなければならない．次に領域 D_1 を考え，これも領域や，曲線，有限個の点であってよいが，図形 D_0 のように1つの基本領域に含まれる必要はない．ここで領域 D_0 を固定し，領域 D_1 が運動学的密度 $\mathrm{d}K_1$ で動くものとする．すなわち D_1 の点 P と固定された方向が x 軸とのなす角度を θ とすると $\mathrm{d}K_1 = [\mathrm{d}P, \mathrm{d}\theta]$ となっている．まず以下のような積分

$$I = \int_{D_1 \cap D_0 \neq \emptyset} f(D_0 \cap D_1)\mathrm{d}K_1 \tag{7.1}$$

を考え，関数 f はこれまで見てきたような全曲率，面積，境界の長さ，交点数のどれかであるが $D_1 \cap D_0 = \emptyset$ のとき $f(\emptyset) = 0$ であるものとする．ここから議論を展開するには図を用いたほうがよいので，図 7.2 の (a) のように図では図形 D_0, D_1 が領域であるとして話を進める．ここで図の (b) のように格子で対象領域を区切ると，前述のように $f(\emptyset) = 0$ を定義したので，積分領域は平面全体としてもよいし，両者の領域が離れていて $D_1 \cap D_0 = \emptyset$ すなわち $f(\emptyset) = 0$ が続いていれ

ば適当に打ち切って積分領域を有限個の格子に限定してもかまわない．ともかく，前の式 (7.1) の積分領域を格子の基本領域ごとに区切れば

$$I=\sum_i \int_0^{2\pi}\int_{P\in\alpha_i} f(D_0\cap D_1)\mathrm{d}P\mathrm{d}\theta=\sum_i \int_{\alpha_i} f(D_0\cap D_1)\mathrm{d}K_1 \tag{7.2}$$

となる．上の等式の 2 番目は 3 番目の意味を分かりやすく書いたので，以降は 3 番目の表示で積分を論じていく．

ここで $t_i\alpha_i = \alpha_0$ なる合同変換 t_i を領域 D_0, D_1 にほどこすと図 7.3 の (c) のようになり，すべての i についてこれを行って，運動学的位置 K_1 の範囲を全平面から基本領域 α_0 に絞り，ここでの運動学的密度で計算することとして $t_iD_1 \to D_1$，$t_iK_1 \to K_1$ と置き換えれば，図 7.2 の (b) と図 7.3 の (c) から明らかなように

$$\int_{\alpha_i} f(D_0\cap D_1)\mathrm{d}K_1=\int_{\alpha_0} f(t_iD_0\cap D_1)\mathrm{d}K_1$$

となるので，これと式 (7.2) から

$$I=\sum_i \int_{\alpha_0} f(t_iD_0\cap D_1)\mathrm{d}K_1=\int_{\alpha_0}\left\{\sum_i f(t_iD_0\cap D_1)\right\}\mathrm{d}K_1 \tag{7.3}$$

と格子の基本公式が導かれる．これは，図 7.2 の (a) のような 2 つの図形 D_0, D_1 があって，D_1 の図形の位置 K_1 が $D_1\cap D_0 \neq \emptyset$ の範囲で動いて $f(D_0\cap D_1)$ を積分したものが，図 7.3 の (d) のようにすべての格子に図形 D_0 が合同変換で配置され，D_1 の図形の位置 K_1 は格子の基本領域 α_0 のみを動いて $\sum_i f(t_iD_0\cap D_1)$ を積分したものと，数式上同値になることを意味している．

7.2　基本公式の応用例

まず基本公式の説明に用いた図 7.2，図 7.3 の場合について，基本公式を適用しよう．領域 D_0, D_1 の面積をそれぞれ S_0, S_1，境界の長さを L_0, L_1，全曲率を c_0, c_1 とし，領域 $(\bigcup_i t_iD_0)\cap D_1$ の全曲率を c_{01} とすると，上の基本公式 (7.3) と Blaschke の積分幾何学の主公式 (6.11) より

$$\int_{\alpha_0} c_{01}\mathrm{d}K_1 = 2\pi(S_0c_1+S_1c_0+L_0L_1) \tag{7.4}$$

となる．そして図 7.2 の (a) のように境界が単一閉曲線なら $c_0 = c_1 = 2\pi$，また図 7.3 の (d) のように領域 $(\bigcup_i t_iD_0)$ が多数の単一閉曲線から成り立っていれば領

域 $(\bigcup_i t_i D_0) \cap D_1$ は複数個の領域よりなり，この数を ν（図 7.3 の (d) の場合は着色領域で $\nu = 5$）とすれば $c_{01} = 2\pi\nu$ なので，上式 (7.4) は

$$\int_{\alpha_0} \nu \, \mathrm{d}K_1 = 2\pi(S_0 + S_1) + L_0 L_1 \tag{7.5}$$

となる．したがって D_1 の位置 K_1 が基本領域 α_0 を動くとき，上記 ν の期待値 $E(\nu)$ は α_0 の面積を S_α とすると

$$E(\nu) = \frac{\int_{\alpha_0} \nu \, \mathrm{d}K_1}{\int_{\alpha_0} \mathrm{d}K_1} = \frac{2\pi(S_0 + S_1) + L_0 L_1}{2\pi S_\alpha} \tag{7.6}$$

となる．

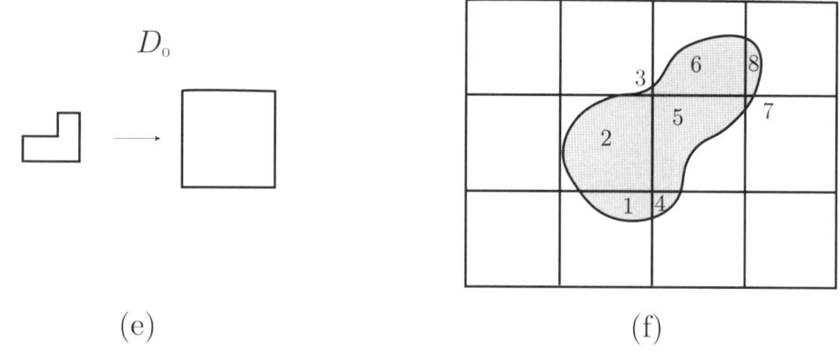

図 7.4　領域 D_0 が格子の基本領域となるとき

つぎに図 7.4 の (e) のように，領域 D_0 が格子の基本領域と一致するとき，基本領域の境界の長さを L_α とすれば共通領域 $D_0 \cap D_1$ の領域数 ν（図 7.4(f) では $\nu = 8$）の期待値は上式 (7.6) より

$$E(\nu) = \frac{2\pi(S_\alpha + S_1) + L_\alpha L_1}{2\pi S_\alpha} \tag{7.7}$$

となる．もし格子の基本領域が一辺の長さ a の正方形なら $S_\alpha = a^2$，$L_\alpha = 4a$ なので上式はさらに

$$E(\nu) = 1 + \frac{S_1}{a^2} + \frac{2L_1}{\pi a}$$

となる．

さて，これまでは図形 D_0, D_1 が領域の場合について論じた．ここで図形 D_0, D_1 が曲線の場合について考えよう．基本公式 (7.3) と Poincaré の公式 (5.17) より曲線 D_0, D_1 の長さをそれぞれ L_0, L_1 とし $f(D_0 \cap D_1)$ を D_0 と D_1 の交点数 n とすると

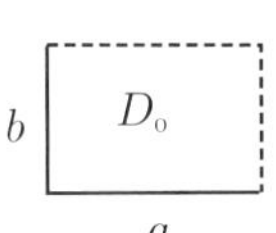

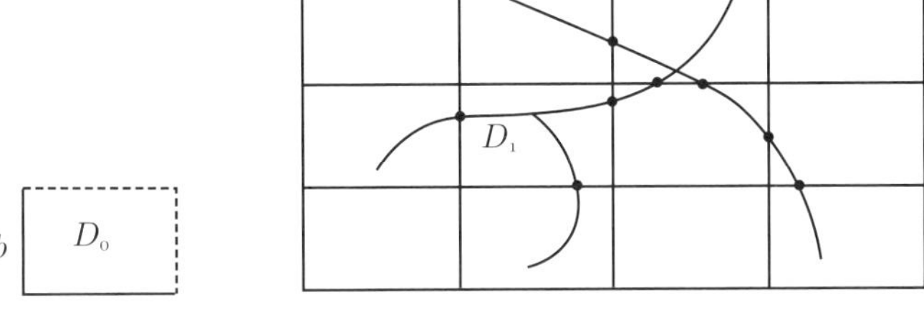

図 7.5　曲線 D_1 と格子枠 D_0

$$\int_{\alpha_0} n\,\mathrm{d}K_1 = 4L_0L_1 \tag{7.8}$$

が得られる．積分領域が α_0 となるので，n は D_1 と $t_iD_0(i=0,1,2,\ldots)$ との交点数となっている．そこで，交点数の期待値は前の議論と同じように

$$E(n) = \frac{\int_{\alpha_0} n\,\mathrm{d}K_1}{\int_{\alpha_0} \mathrm{d}K_1} = \frac{2L_0L_1}{\pi S_\alpha} \tag{7.9}$$

として得られる．

ここで図 7.4 と同じように，格子枠が曲線 D_0 になる場合を計算しよう．正方格子でもよいのだが，図 7.5 のように長辺が a，短辺が b の基本領域を考え，曲線 D_0 としては図の実線のように隣り合う長辺と短辺の 2 辺を採る．もう 1 つの曲線は図中の D_1 で示されている．すると交点は図 7.5 の点で表されて（この図では $n=8$）$S_\alpha = ab$，$L_0 = a+b$ となるので，式 (7.9) は

$$E(n) = \frac{2(a+b)L_1}{\pi ab} \tag{7.10}$$

となる．この式で $a \to \infty$ とすると格子は距離 b 離れた平行線となり，上式の分子，分母を a で割って，極限は

$$E(n) = \frac{2L_1}{\pi b}$$

となる．もし D_1 を直線分とし $L_1 < b$ とすると，直線分は平行線と交わるか（$n=1$），交わらないか（$n=0$）のどちらかであり，期待値 $E(n)$ は平行線と交わる確率となる．これは有名な「Buffon の針」の結果と一致する．

つぎに図形 D_0 が点，D_1 が面積 S_1 の領域の場合を考えよう．前の式 (6.15) と基本公式 (7.3) より，m 個の点が格子の基本領域にあれば，D_1 の位置 K_1 が面積 S_α の領域 α_0 を動くとき，D_1 に含まれる点の個数 ν の期待値 $E(\nu)$ は

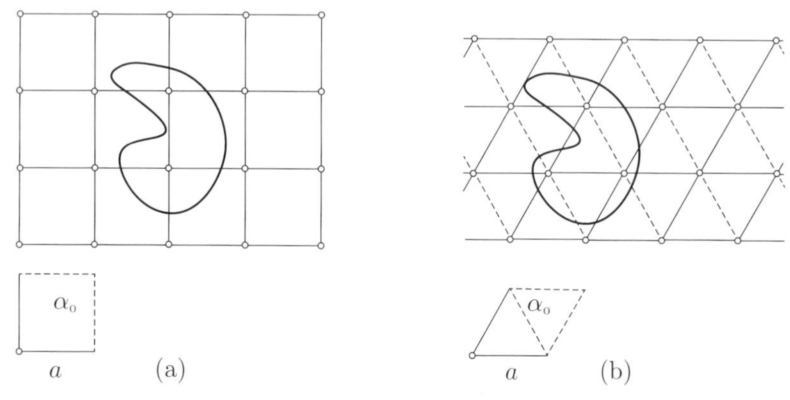

図 7.6　正方形格子と正三角形格子

$$E(\nu) = \frac{\int_{\alpha_0} \nu \, \mathrm{d}K_1}{\int_{\alpha_0} \mathrm{d}K_1} = \frac{mS_1}{S_\alpha} \tag{7.11}$$

となる．ここで点を図 7.6(a) のような 1 辺が a の正方格子とすると $S_\alpha = a^2$, $m = 1$ なので，上式 (7.11) は

$$E(\nu) = \frac{S_1}{a^2} \tag{7.12}$$

となる．この式は領域 D_1 の面積が分からないとき，ここに 1 辺 a の正方格子をランダムに落とし，D_1 に含まれる格子点数 ν を数えて面積 S_1 の推定値 $\hat{S_1}$ を D_1 の形によらず

$$\hat{S_1} = \nu a^2$$

とできる，ということをきちんと理論的に明らかにしたものである．一様にランダムな点を独立に落として推定することは理論的に易しく議論できるが，格子点についてはそれほど容易ではないのである．また図 7.6(b) のような正三角形の格子の場合，基本領域は図にあるように 1 辺が a の正三角形を 2 つ合わせた平行四辺形のほうが正三角形よりも格子の条件を満たすのが簡単なので，このとき $S_\alpha = (\sqrt{3}/2)a^2$, $m = 1$ であり，この場合は

$$E(\nu) = \frac{2S_1}{\sqrt{3}a^2} \tag{7.13}$$

が得られる．このことに関連して格子点に関するものは，これまでいろいろな分野で議論されてきた．これらについては文献 [9] を参照していただきたい．

7.3 境界条件の克服

都市の環境を議論するとき，道路に囲まれた街区ごとに建造物の密集具合を示したいことがある．少し現実をモデル化してあるが例えば図 7.7(a) のような街区があったとして，ここに半径 r の円を考えこの円と何個の建物が交わるかを問題にする．円の場所を変えれば交わる建物の個数も変化するので，期待値を計算しなければならない．これには以前，式 (6.14) のところで議論したように，領域 D_0 が図のように n 個の凸領域からなり，面積の総計が S_0，周長の総計が L_0，領域 D_1 が半径 r の円の場合は

$$\int_{D_1 \cap D_0 \neq \emptyset} \nu \, \mathrm{d}K_1 = 2\pi(S_0 + n\pi r^2) + 2\pi r L_0$$

となっている．ところが，この積分範囲は $D_1 \cap D_0 \neq \emptyset$ なので，領域 D_1 が D_0 と交わる位置まで積分範囲を広げないと上式は成立しない．領域 D_1 である円の中心を，位置を示す点 P で表すと，外側の閉曲線から距離 r のところまで領域を広げなければならないのである．しかし，これを包むかたちで街区の外側から図 7.7(b) のように r だけ外に広げると $D_1 \cap D_0 = \emptyset$ の部分が少し生ずるが，ここでは $\nu = 0$ なので，上式は成立する．そこで図 7.7(b) の外側まで広げた領域を D_r とし，その面積を S_r とすれば，D_1 の位置の動く範囲をこの領域まで広げて，はじめて円に含まれる領域の個数 ν の期待値 $E(\nu)$ が

$$E(\nu) = \frac{\int_{D_r} \nu \, \mathrm{d}K_1}{\int_{D_r} \mathrm{d}K_1} = \frac{2\pi(S_0 + n\pi r^2) + 2\pi r L_0}{2\pi S_r} = \frac{S_0 + n\pi r^2 + r L_0}{S_r} \tag{7.14}$$

と求められる．しかし，この期待値には図 7.7(b) の円のように領域 D_1 の位置 P が街区から外れた位置まで入っており，このように空白も計算されるので，本来得たい値より低いものになってしまう．

そこで，格子の基本公式を用いる．領域 D_0 を図 7.8 のように合同変換ですべての格子に配し，領域 D_1 である半径 r の円の位置の範囲をもとの街区（基本領域 α_0）に限定するのである．このとき円に含まれる領域の個数 ν の期待値 $E(\nu)$ は街区の面積を S_α とすると

$$E(\nu) = \frac{\int_{D_\alpha} \nu \, \mathrm{d}K_1}{\int_{D_\alpha} \mathrm{d}K_1} = \frac{S_0 + n\pi r^2 + r L_0}{S_\alpha} \tag{7.15}$$

が得られる．図 7.8 から明らかなように，位置 K_1 が街区の周辺のとき，図 7.7 の (b) では街区の外側の空白部分が入るが，図 7.8 では空白の代わりに対象街区自身

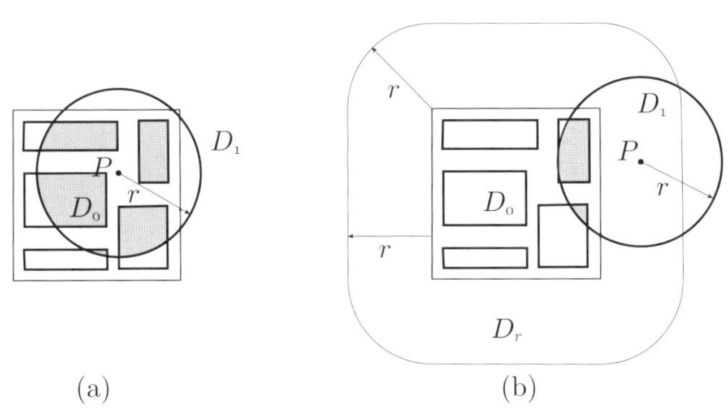

図 7.7 街区と拡大街区

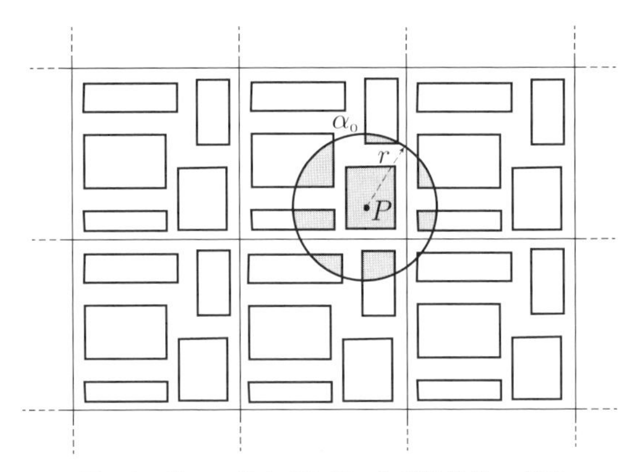

図 7.8 格子の基本式を用いた境界条件の克服

のある部分が含まれている．そこで式 (7.15) は境界条件の克服を意図したものであると言えるだろう．これをどう評価するかであるが，この街区において半径 r の円内にどの程度の建物が存在するかという密集の指標に用いるとき，r は目的に応じて変化する．場合によっては r が街区よりはるかに大きい場合があり，このような場合でもこの街区の数値だけでこの指標を計算できる．具体的に述べると，D_0 が建物を表しているとすれば，S_0/S_α は建蔽率，n/S_α は棟数密度であり，これと L_0/S_α でどのような半径に対しても式 (7.15) は算出可能であり，ある意味で自己完結的指標であるといえよう．現実的な議論はあとの応用編「第 10 章 市街地の分析」でもう一度議論することにする．

第 II 部

応用編

第 8 章 道路網と交差点

8.1 はじめに

地図上で道路のみを残し，他の平面をすべて黒く塗りつぶすと，道路網を構成する平面が浮かび上がってくる．これは生体のある組織を思わせるように精緻で美しく，しかもリアリティーを感じさせる．なまじ計画されたことがない地域ほどこの傾向が強いのは，一体どのような理由によるものであろうか．長い年月にわたって組成され，日々の活動がともかくこの道路網の上で行われている現実を考えると，一見乱脈にみえる道路網にもある整然とした秩序が隠されているのかもしれない．

以上のような考えが根底にあり，道路網について新たなとらえ方ができないかと試行錯誤した結果，道路網の長さと交差点の数についてある関係があることが分かった．これは文献 [14] で述べられているが，“整然とした秩序” ほどではないにしても，人工物でもそれなりの “秩序” があることが明らかになった，と考えている．ただ文献 [14] で述べられている理論的部分は「第 13 章 Crofton の定理 2 の応用」の p.168 の式 (13.6) のところで導出されているが，この式を最初に得たのは Poincaré の公式を使ったものなので，ここではこれを述べることにしたい．

8.2 理論モデル

図 8.1 のように面積 S の領域 D があり，このなかに長さが Λ の道路網があるものとする．いま図のように道路網の長さが $\Delta\Lambda$ だけ増加し，その位置 $K(x,y,\theta)$ を図 8.2 のように領域 D の外側に $\Delta\Lambda$ だけ張り出して面積が ΔS 増加した領域 ΔD まで広げて考えると，長さ Λ と $\Delta\Lambda$ の曲線に p.60 の Poincaré の公式 (5.17) をあてはめることができる．すなわち道路網の長さが Λ のときの交差点の期待値を $E_n(\Lambda)$ で表すと

$$E_n(\Lambda+\Delta\Lambda)-E_n(\Lambda)=\frac{\int_{D\cup\Delta D} n\mathrm{d}K}{\int_{D\cup\Delta D}\mathrm{d}K}=\frac{4\Lambda\,\Delta\Lambda}{2\pi(S+\Delta S)} \tag{8.1}$$

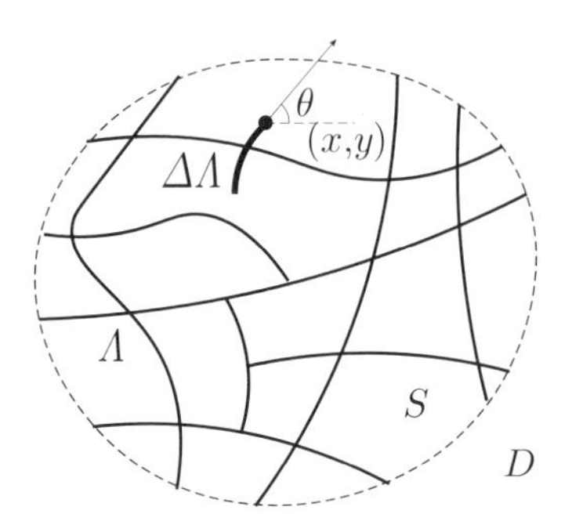

図 8.1　長さ Λ の道路網に長さ $\Delta\Lambda$ が増加した場合

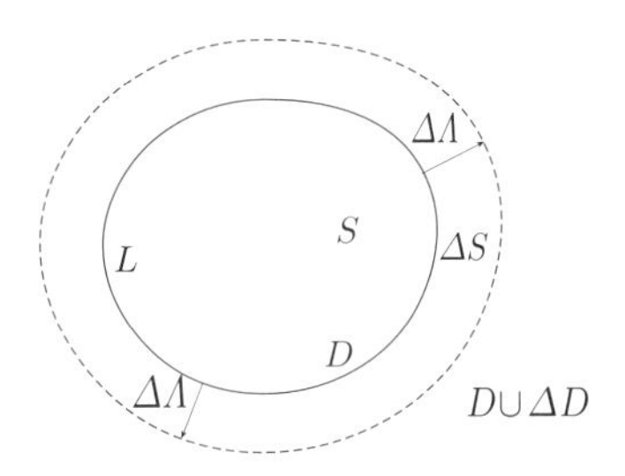

図 8.2　長さ $\Delta\Lambda$ だけ張り出した領域 $D \cup \Delta D$

が導かれる．そして領域 D が凸ならば，よく知られているように D の周長を L とすると（図 8.2）

$$\Delta S = L\ \Delta\Lambda + \pi(\Delta\Lambda)^2$$

となり，$\Delta\Lambda \to 0$ のとき上式より $\Delta S \to 0$ である．また領域 D が凸でなくても $\Delta\Lambda \to 0$ のとき $\Delta S \to 0$ なのは明らかなので

$$\frac{\mathrm{d}E_n}{\mathrm{d}\Lambda} = \lim_{\Delta\Lambda\to 0} \frac{E_n(\Lambda+\Delta\Lambda) - E_n(\Lambda)}{\Delta\Lambda} = \frac{2\Lambda}{\pi S} \tag{8.2}$$

という簡単な微分方程式が得られる．これを解くと

$$E_n = \frac{\Lambda^2}{\pi S} + C$$

となり，$\Lambda = 0$ のとき $E_n = 0$ と考えてよいので $C = 0$ となる．そこで

$$\Lambda^2 = E_n \pi S \tag{8.3}$$

が得られ，道路網の実際の交差点数 n から長さを推定するとして，その推定値を $\hat{\Lambda}$ とすれば

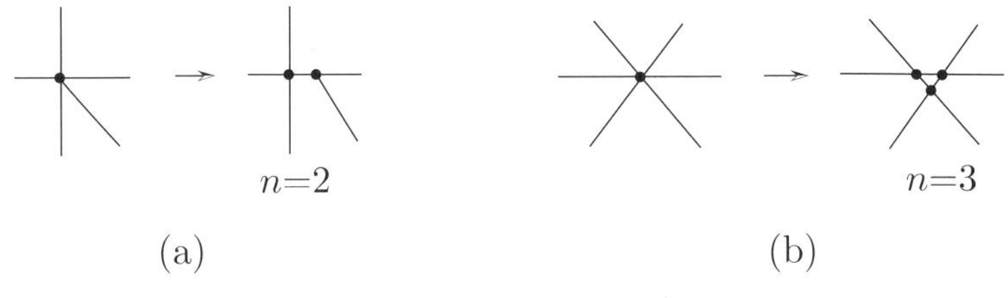

図 8.3　5 差路，6 差路の交点数

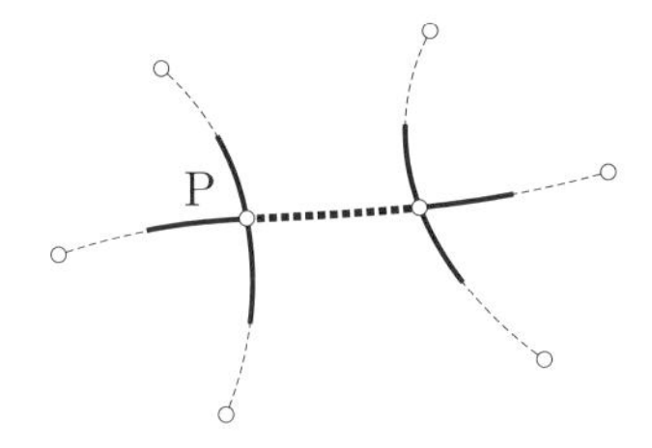

図 8.4　3 差路によって欠落した部分（太い破線）

$$\hat{\Lambda} = \sqrt{n\pi S} \tag{8.4}$$

と，道路網の長さと交差点数の関係を表す式が得られる．

Crofton の定理 2 を応用した式 (13.6) の導出には領域が凸領域という制約がある．しかし，ここでの議論は凸領域でなくても成立する．ところで，道路網のモデルとしては，線分を分布させたのでモデルにおける交差点はすべて 4 差路となっている．しかし現実の交差点には，3 差路や 5 差路以上のものも存在する．まず 5 差路については図 8.3 の (a) のように 4 差路と 3 差路に分解することができる．また図 8.3 の (b) のような 6 差路は 4 差路 3 個に分解できる．これ以上数が大きい交差点もこの考え方を用いれば，交差点はすべて 3 差路か 4 差路のどちらかである，と考えられる．つぎに，3 差路はすべて 4 差路の道路網から道路を部分的に除いたためにできる，と解釈する．すなわち図 8.4 の太い破線が欠落した部分であるが，図の交差点 P は 3 本の実線部分と欠落した破線の半分を持っていると考えられる（図 8.4）．この長さは平均的には交差点の数 n で長さの総計を割ったものなので $\sqrt{n\pi S}/n$ となり，これの 1/4 が 3 差路 1 つ当りの欠落と考えられる．そこで，補正を加えた長さの総量は 3 差路の交差点数を n_3 とすると

$$\hat{\Lambda} = \sqrt{n\pi S} - n_3 \frac{1}{4} \frac{\sqrt{n\pi S}}{n}$$

となり，3 差路の全体の割合を $c = n_3/n$ とすると，3 差路を考慮した推計値を $\hat{\Lambda}_c$ とすれば

$$\hat{\Lambda}_c = \left(1 - \frac{c}{4}\right)\sqrt{n\pi S} \tag{8.5}$$

が得られる．

8.3　現実の道路網の測定結果

ここでは，これまでに示された理論を検証するために，現実の道路網を調べた結果を記す．調査地域は 1/25000 の地図「東京西部」（1970 年代国土地理院発行，メッシュコードでは 533945 と表示されている）を 4 分割した南東部である．この地域が選ばれたのは，この地域には都市の様々な用途が含まれていて変化に富み，道路パターンも画一的ではないからである．それゆえ，ばらつきは大きいかもしれないが，いろいろなパターンに対して理論の検証をすることができる．

作業はつぎのように行われた．まず 1/25000 の地図を長さで倍に伸ばし，この伸ばした 1/12500 の地図上で，各メッシュごとに幅員 2.5 m 以上の道路の交差点，長さを計測した．メッシュは基準地域メッシュの 2 分の 1 メッシュ（いわゆる 500 m メッシュ）である．図 8.5 で対象となった道路網を示す．ただし地図上の文字などによって不明な道路網については，他の地図を参考にした．また高速道路は対象から除かれているし，立体交差は交差点として扱われている．道路の長さは曲線を短い直線で近似し，地図上 1 mm を最小単位として測られた．計測した個々のメッシュにおける結果は図 8.6 のようになっている．

まず交差点の総数は 2937 個で，全体での交差点密度は 112 個/km^2 となっている．最も交差点数の大きいメッシュはコード 533945271 のメッシュ（新宿区花園町付近）で 66 個あり，密度で表すと，253 個/km^2 となる．このメッシュには新宿御苑の一部が含まれており，これを除くと密度は 320 個/km^2 ほどになる．他の地域を調査したときも，上限はほとんど 300 個/km^2 前後であった．つぎに 500 m メッシュにおける交差点数と道路網の長さの関係をグラフで表すと，図 8.7 のようになる．図に描かれている 2 本の曲線は式 (8.5) における $c = 0$ と $c = 1$ を表している．これをみると推定式 (8.5) は現実とよく適合していることが分かる．ほとんどのメッシュが 2 つの曲線の間にくるので，3 差路の割合 c を考えない，もっと簡単な式を導くこともできる．すなわち式 (8.4) に定数 α をかけた

$$\hat{\Lambda}_\alpha = \alpha\sqrt{n\pi S} \tag{8.6}$$

のような推定式で，これだと 3 差略と 4 差路を区別せずに推定が可能である．細かい数値を出してもあまり意味がないので，図からほぼ $\alpha = 0.9$ としておこう．

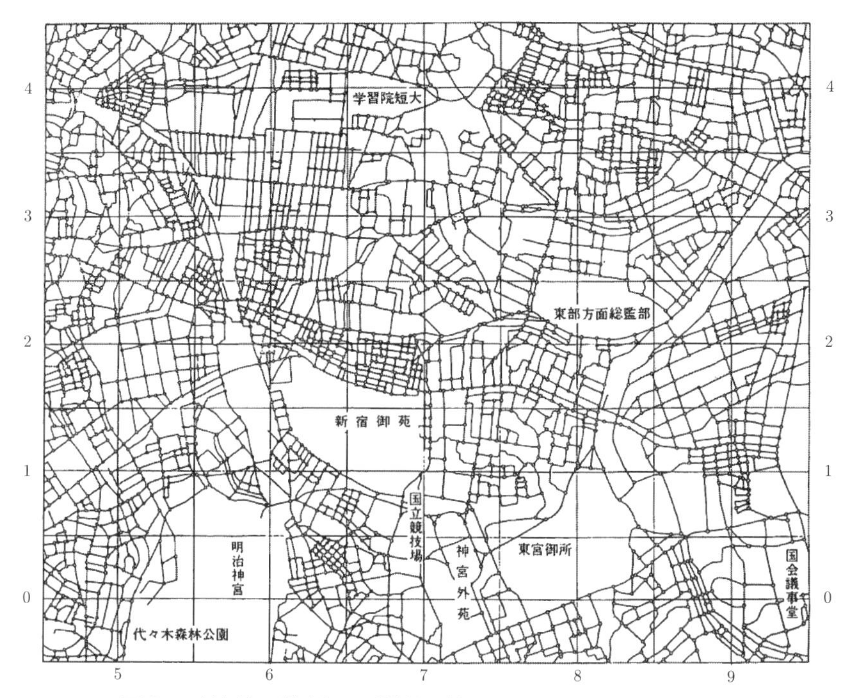

図 8.5 対象地区道路網図（縦軸と横軸の数字は基準地域メッシュコードを示す）

42	42	40	44	31	14	55	52	39	30
43	45	18	28	17	21	56	43	43	38
38	54	30	34	26	19	29	49	26	31
35	50	56	50	23	19	20	26	24	23
48	17	64	54	31	28	26	8	26	35
48	24	26	38	66	32	37	21	14	16
34	26	20	30	0	29	28	27	30	26
34	31	18	35	23	22	15	4	10	18
46	15	0	59	30	12	1	12	24	8
40	6	0	24	29	16	28	20	22	23

(縦軸 4, 3, 2, 1, 0　横軸 5, 6, 7, 8, 9)

(a) 交差点数 n

5.18	5.15	5.30	5.64	4.58	3.09	5.85	6.30	5.34	4.34
5.23	5.45	3.73	4.44	2.81	3.36	5.88	5.13	5.33	5.16
5.13	5.94	4.34	5.21	3.98	3.68	4.90	5.90	4.54	4.81
4.70	5.83	6.26	5.81	4.09	3.44	3.54	4.54	4.28	3.91
5.31	4.01	6.38	6.46	4.39	4.20	4.24	1.43	4.08	4.51
5.14	4.34	3.70	4.20	6.65	4.78	5.45	3.73	3.60	3.85
4.31	4.18	3.63	2.99	0.10	4.54	4.24	4.31	4.85	3.91
4.71	4.45	3.04	4.96	3.51	3.48	2.90	1.18	2.50	3.02
5.40	3.39	0.00	6.11	4.34	2.74	0.46	2.16	4.11	2.19
5.23	1.01	0.00	4.09	4.46	2.73	4.50	3.63	4.00	4.34

(縦軸 4, 3, 2, 1, 0　横軸 5, 6, 7, 8, 9)

(b) 道路網の長さ Λ（単位 km）

図 8.6 交差点数と道路網の長さの測定結果

ただし図中で○印の点は，大規模な施設でかなりの面積を占められているメッシュを表している．このようなメッシュにおいては，道路網に覆われている面積が S よりかなり小さいので，実測値が推定値を下回る．

ここで推定式 (8.5) と (8.6) を大きな地域に適用しよう．他の地域と比較する必要もあるので，図 8.5 で示した対象地域全体（東京としてある）以外に，京都，仙

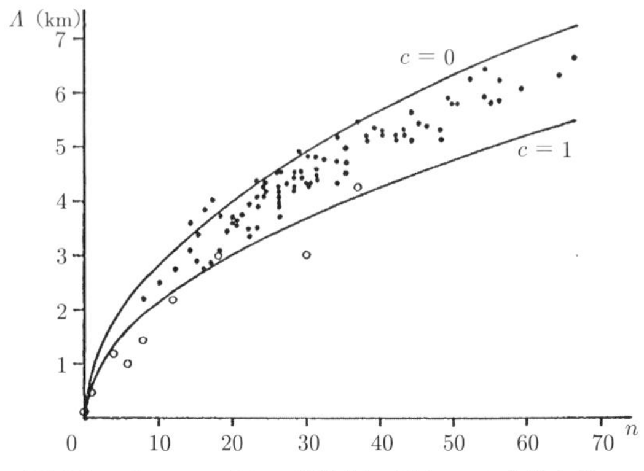

図 8.7　メッシュごとの道路網の長さ Λ と交差点数 n

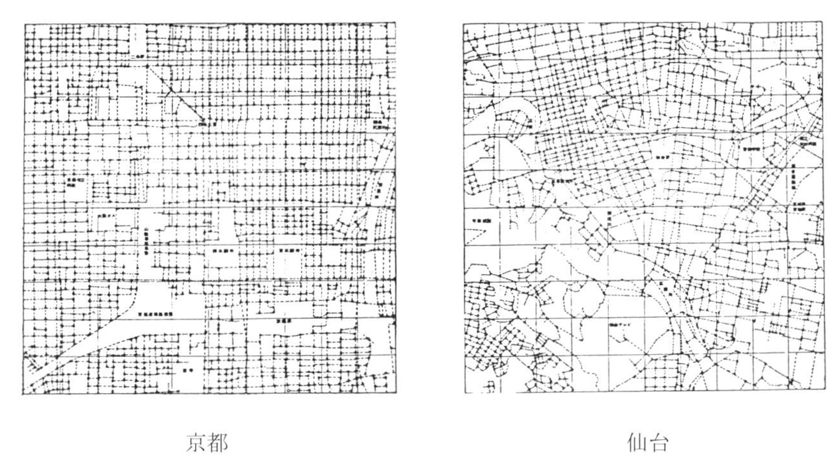

図 8.8　道路網図，京都 (3.75 km×3.75 km)，仙台 (5 km×5 km)

台の中心市街地における測定結果も用いることにする．京都，仙台の対象地域と道路網は図 8.8 に示してあるが，地域の規模は京都が 1 辺 3.75 km の正方形，仙台が 1 辺 5 km の正方形となっている．測定結果と推定値は表 8.1 のようにまとめられ，これをみると 3 都市とも 2 つの推定値の相対誤差が数パーセントで，推定値はかなりよく適合していることが分かる．

ところで，まず 約 500 m × 500 m のメッシュで推定式 (8.5) を検証した．ついでこれよりも約 10^2 倍大きい地域（京都は約 7.5^2 倍）でも検討した．導出の理論を考えるなら分布が一様なときに成り立つので，あまり大きいところではどうかとは思われるのだが，かなり大きい場合でもそれなりに説明力があることを示したかったわけである．ここで地域が合併したときの推定に関する性質を確かめておきたい．いま隣り合った領域があって，一方の領域の面積を S_1，交差点数を n_1 とし，

表 8.1 地域全体での実測値 Λ と推定値 $\hat{\Lambda}_c, \hat{\Lambda}_\alpha$

地域名	東京	京都	仙台
交差点数 n	2937	1505	1425
3 差路数 n_3	2156	631	881
$c(=n_3/n)$	0.73	0.42	0.62
実測値 Λ (km)	418	246	295
推定値 $\hat{\Lambda}_c$(km)	403	231	284
相対誤差	−0.04	−0.06	−0.04
推定値 $\hat{\Lambda}_\alpha$(km)	443	232	301
相対誤差	0.06	−0.06	0.02

他方の面積を S_2，交差点数を n_2 とする．このとき推定式 (8.4) を両方を一緒にした領域に用いると $\sqrt{(n_1+n_2)\pi(S_1+S_2)}$ が得られる．一方，2 つの領域を別々に推定すると $\sqrt{n_1\pi S_1}+\sqrt{n_2\pi S_2}$ となり，これらを比較するために，両方が正であることに注意して 2 乗を比較すると

$$
\begin{aligned}
&\left(\sqrt{(n_1+n_2)\pi(S_1+S_2)}\right)^2-\left(\sqrt{n_1\pi S_1}+\sqrt{n_2\pi S_2}\right)^2\\
&=n_1\pi S_2+n_2\pi S_1-2\sqrt{n_1 n_2\pi^2 S_1 S_2}\\
&=\left(\sqrt{n_1\pi S_2}-\sqrt{n_2\pi S_1}\right)^2\geq 0
\end{aligned}
$$

となる．それゆえ

$$
\sqrt{(n_1+n_2)\pi(S_1+S_2)}\geq\sqrt{n_1\pi S_1}+\sqrt{n_2\pi S_2} \tag{8.7}
$$

となり，等式は $\sqrt{n_1\pi S_2}=\sqrt{n_2\pi S_1}$ すなわち $n_1/S_1=n_2/S_2$ のとき，つまり両者の交差点密度が等しい時成立する．

8.4 考察

ここでは Poincaré の公式を使って微分方程式を定式化して，理論式を導いた．直線を用いて Crofton の定理 2 より同じような理論式 (13.6) が得られるが，どちらにも現実の道路網に適用するには一長一短がある．まずここでの理論モデルは道路は曲線でよく，領域も別に凸である必要はない．しかし理論上道路網の増分 $\Delta\Lambda$ は考えている領域で一様な位置 (x,y,θ) に分布することになっている．道路というのはある程度つながっていなくてはならないのに，個々に細分化された線分が

一様に分布するとは考えづらい．一方，直線のモデルの場合，つながりの問題は解消されるが，直線の道路はそうあるわけではなく，しかもランダムというより格子状に近いものがより現実的である．いまから 40 年も前に文献 [14] を発表したときは，網の連結性の議論もしたかったので，直線のモデルのほうを説明に用いた．しかし道路網の長さと交差点だけに焦点を当てた場合には，ここでの曲線のモデルのほうがよいかもしれない．

ただここで注意したいのは，単に交差点の数から網の長さを推定するためにこれを導出したわけではない．統計学や確率の応用家は限られた情報から分からない量を推定することに興味があるようで，積分幾何学をもっぱらこの観点から利用しようとするようである．もちろん GIS が発達していないときには，著者にもこれを用いて推定した文献 [15] もないわけではない．しかし，もっと重要なのは「網の長さの 2 乗と交差点数が比例する」という関係で，これを「構造」のようなものと捉えている．交差点というものはそこで経路選択ができるという利便性があるが，信号によって止まり，他の交通に道を譲るという不利な面もある．道路が長くなって利用者の利便性が増すとともに交差点が増えると車の平均走行速度がそれだけ落ちることになり，これのトレードオフを考える際にも，ここで導かれた理論式は有用なものと考えている．最後に，このような観点でこの理論式を用いたものとして，文献 [16],[17] を挙げておく．

第 9 章

橋の相対的密度

9.1 はじめに

ここで述べるのは文献 [15] で発表した内容に基づくものである.

道路網の大部分は長い年月にわたって組成され，時代を超えて日々の活動を支えてきたとみなすことができる．それゆえ現実の道路網にはその地域の諸々の活動や，さらにはその地域と関連のある他地域との相互活動が反映されていると考えられる．道路というものは当然ではあるが，そこを通ってどこへでも行くことができるという点に重要な意味がある．そこで，障害のない平野においては網の量が密から粗へと変化しているように見える部分でも現実の道路網はそれほど不連続ではなく，ある程度連続的に連結して変化している.

しかし川のようなものがあるとこの連続性は切断され，網としての断絶が起こり，橋によってかろうじて両岸の網は連結されているという事態が出現する．もし川がないと考えると，川の両岸の道路網は自然に連結しているであろう．そして自然に連結していると想定した場合，川の上を何本位の仮想的な橋が通るであろうか．この本数 N が推定できれば，現実にかかっている橋にこの本数 N の機能を負荷していると考えられ，現実の橋の本数について分析が可能になる．ここで注意しておきたいのだが，問題にしたいのは単なる橋の密度（1 km 当り何本）ではない．川の両岸が山岳地帯などでほとんど道路がない場合には，前述の本数 N は当然 0 に近くなる．つまり N は両岸の道路に見合った本数ということができ，この N を基準にして現実を分析しようと考えている．そこで，実現されている橋の本数を M とすれば，M/N は一種の実現率ともみなすことができる.

ここで図 9.1 をみてみよう．図の (a) は手取川，(b) は多摩川で，破線が川を表している．両者とも橋の密度はおおよそ 5 km に 1 本 (0.2/km) 程度であるが，両岸の道路網をみると (a) は川による断絶はあまり感じられないのに対し，(b) の多摩川で，特に北側（東京都側）と川との断絶が顕著である．単なる橋の密度は実現している橋の数 M を流域の長さで割ったものであるが，M を両岸の道路網に見合った数 N で割ることにより，両岸の状況を考慮した橋の相対的密度 R とよぶことにし

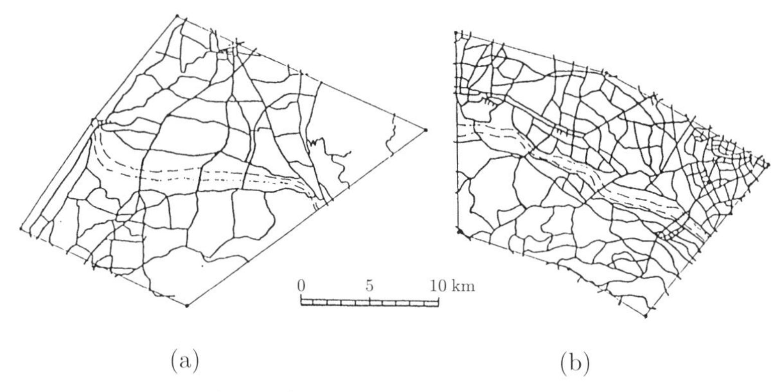

図 9.1　手取川両岸の道路網 (a) と多摩川両岸の道路網 (b)

$$R = \frac{M}{N} \tag{9.1}$$

とする．

9.2　仮想的な橋の数の推定

さて前節の仮想的な橋の数 N を求めるにはどうしたらよいだろうか．現実には存在しない架空の数だから単純に計測することはできない．そこで図 9.2 のように面積 S の領域があって，その中に総延長 Λ の道路網があるとしよう．このとき，この領域内に長さ L の曲線（川）を考え，これと道路網との交点数に注目すれば，この数の平均的な値が前記の本数 N に対応することが分かる．この N を推定するために，まずこの領域内の任意の位置（運動学的位置）に ΔL の長さの曲線を考える．この曲線が道路網（長さ Λ）と交わる交点数 ν の期待値は，p.60 の Poincaré の公式 (5.17) と前に述べた境界条件の克服をこの公式にあてはめれば

$$E(\nu) = \frac{2\Lambda\Delta L}{\pi S}$$

と導かれる．この式の両辺を ΔL で割れば，任意の曲線における交点数の密度 ρ の期待値が

$$E(\rho) = \frac{2\Lambda}{\pi S} \tag{9.2}$$

と得られるので，長さ L の曲線 (川) における交点数 N の推定値 $\tilde{N}$ すなわち仮想的な橋の数は，この密度に L をかけて

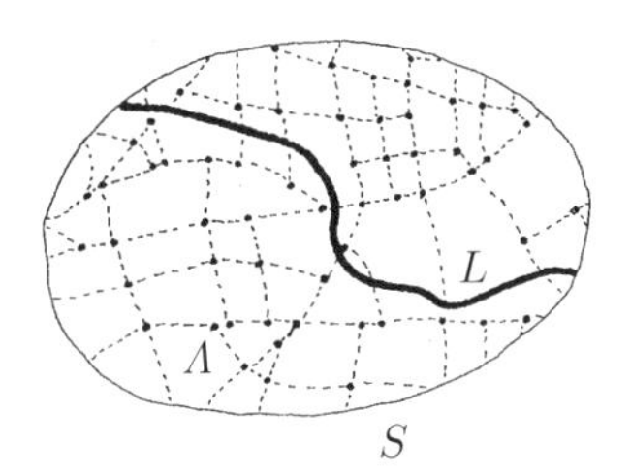

図 9.2　川と道路網のモデル

$$\tilde{N} = \frac{2\Lambda L}{\pi S} \tag{9.3}$$

となる．これで N を推定することができるが，道路網の長さ Λ を計測するには大変な手数がかかる．そこで Λ に関する p.92 の推定式 (8.5)

$$\hat{\Lambda} = \left(1 - \frac{c}{4}\right)\sqrt{n\pi S}$$

を用いることにする．ただし道路網の交差点数を n，そのうちで 3 差路の割合を c ($c = n_3/n$, n_3 は 3 差路の交差点数）とする．そこで，これを式 (9.3) に代入することにより，もっと計測が簡単な推定式

$$\hat{N} = 2\left(1 - \frac{c}{4}\right)\sqrt{\frac{n}{\pi S}}\,L \tag{9.4}$$

が得られる．

なお密度の式 (9.2) は境界条件の克服ではなく，p.90 の式（8.2) と全く同じように考えても，これが密度になっていることはうなずけるはずである．また境界条件の克服なら，対象領域を長方形にとって長さ L の曲線分を直接面積 S の領域に分布させ，p.83 の式 (7.9) を用いれば，前述の式 (9.3) を導くことができる．

9.3　推定式の検証

前述の推定式 (9.4) は理論的に導出されたものなので，現実の道路網で有効であるかどうかを検証する必要がある．川が無いものとした仮想的な橋の本数を問題とするので，検証には実際の川の両岸を用いるわけにはいかない．そこで，注目している利根川に並行している部分もある国道 16 号線の両側を対象に選んだ．その 1 つの地域を図 9.3 に示すが，対象地域の道路網のうち国道 16 号線を川にみたて，長さをほぼ 20 km としている．領域の取り方は後で実際の計測のところで議論するようにとり，16 号線以外の道路網における交差点数 n，3 差路の割合 c，16 号

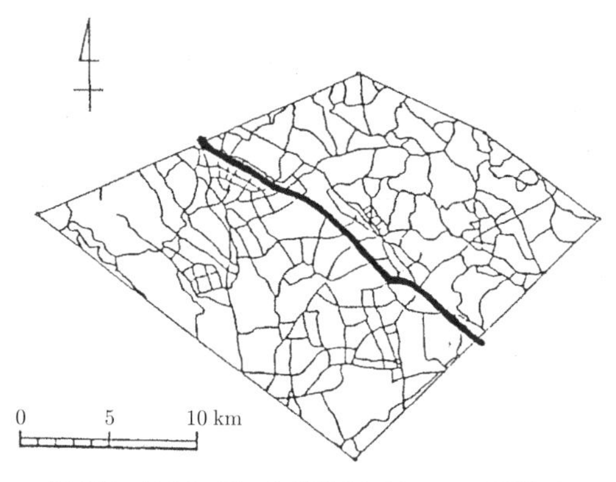

図 9.3 検証に用いた道路網（表 9.1 の地域 3）

線の長さ L，対象地域の面積 S を計測すると，推定式 (9.4) より 16 号線とその他の道路との交点数の推定値 $\hat{N}$ を求めることができる．これと現実の値を比較すると表 9.1 のようになる．ただし現実の 16 号線とその他の道路網との交差点数を測る場合，3 差路が問題になる．図 9.2 をみると明らかなように，道路網と川を想定した曲線との交差点はすべて 4 差路だが（言うまでもないが，川ではない現実の道路網では 3 差路は存在する），川と見立てて検証したのは現実の 16 号線という道路なので，T 字型の 3 差路が存在する．この場合図 9.4 のように 3 差路の道路が確率 0.5 で 16 号線と交わるか交わらないかであると考え，T 字型の 3 差路の交差点を 0.5 として計算した．

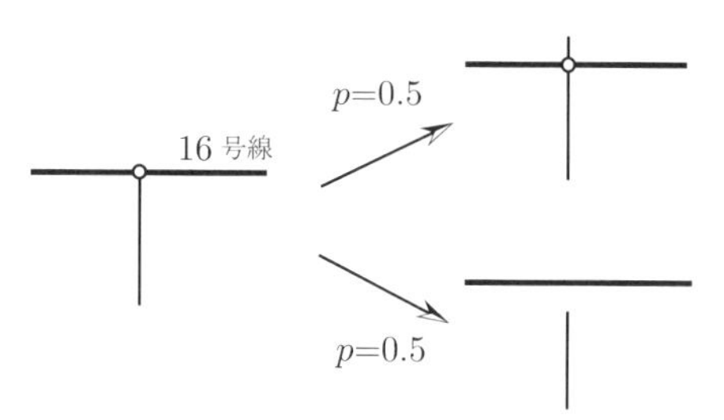

図 9.4 16 号線の T 字型 3 差路の扱い

表 9.1 をみると，推定値のほうが現実の値を多少上回るが，ほぼ現実の値を推定できていると言えるであろう．ただ地域 2 だけはかなり現実のほうが低い値となった．これは 16 号線沿いに大規模な工業団地があるところで，田畑の道から市街地の道路へと変遷していった大部分の道路と違い，大規模な敷地割の結果かなりの長さで 16 号への道が遮断されているため，現実の N の値が小さくなったと考えられる．

表 9.1 推定値の検証

地域	推定値 $\hat{N}$	現実の値 N
1	17.6	15.5
2	16.7	10.5
3	18.4	17.5
4	21.0	18.5
5	22.2	21.0
6	16.1	15.5

9.4 流域の計測

さて実際の流域で $\hat{N}$ を計測すべく流域を定めなくてはならない．全国の主要な河川は 100 本ほどであるが，その中から対象とする河川をランダムに 14 本選び，これに利根川，多摩川をつけ加えた．対象とした河川は，利根川（9），手取川（4），荒川（3），信濃川（14），菊池川（4），松浦川（3），川内川（5），揖保川（4），吉野川（9），球磨川 (6)，子吉川（4），大井川（6），釧路川（5），十勝川（7），米代川（7），多摩川（3）で，括弧の中は計測した流域の数を表していて，流域の合計は 93 となった．流域の詳しいとり方は，原則として以下のようになっている．計測には国土地理院発行の 1/20 万の地勢区を用い，まず選ばれた河川の川幅を調べ，川幅の安定したところで川の長さ L をおよそ 20 km(±5 km) にとる．次に図 9.5 のように川の 2 つの端点と中点とで川の流れに垂直な方向へ $L/2$ ずつ延ばして点をとり，これらの点を結んで計測する流域を決定する．道路としては 前記の地図で幅員 2.5 m 以上のものをとった．実は離合が可能な 2 車線以上の道路に限定するつもりであった．しかし上記 1/20 万の地勢図において幅員 5.5 m 以上の道路に対象を限定すると，地方で実際に 2 車線の道路として使用されている主要な道路がかなり落ちてしまう．そこでやむなく 2.5 m 以上とした．実際に計測された流域の一部は図 9.8 で示されている．なお前述の推定値の検証の際も，

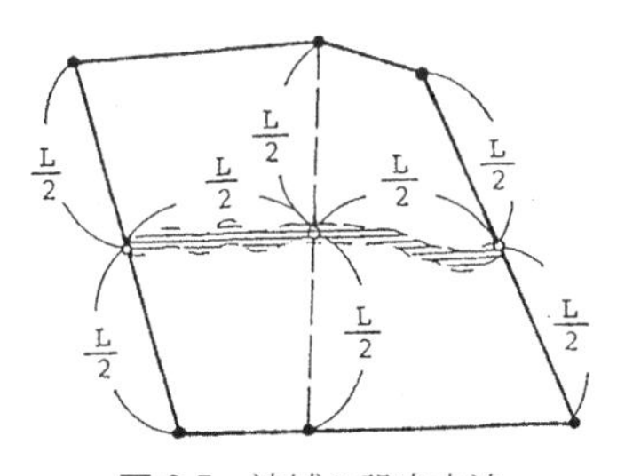

図 9.5 流域の設定方法

地域のとり方は，この節で述べた方法によった．さらに後で川幅も議論されるが，この計測値は対象流域に現実にかかっている橋の長さの平均値とした．

9.5　計測結果の分析

さて以上のような方法で計算された仮想的な橋の推定値 $\hat{N}$ の内，すべてが前にも述べたように建設されているわけではない．都市内の小河川のように川幅が非常に小さい場合には，$\hat{N}$ 本のほとんどすべてが，橋と意識されずにかけられているであろう．しかし川幅が広くなるにつれ障害が大きくなり，$\hat{N}$ 本のうち橋として実現される部分は少なくなっていくと考えられる．そこで，現実の橋の数 M と推定された $\hat{N}$ の比，すなわち一種の実現率である相対的な橋の密度 (9.1) の推定値

$$\hat{R} = \frac{M}{\hat{N}} \tag{9.5}$$

を川幅との関係でみることにしよう．参考までに，単なる橋の密度 D は

$$D = \frac{M}{L} \tag{9.6}$$

と表されるので，これについても計算しておく．

さて前記93の流域の計測結果を橋の単なる密度 D を縦軸に川幅 W を横軸にとってプロットしたものが図9.6であり，橋の相対的密度の推定値 $\hat{R}$ を縦軸に川幅 W を同じく横軸にとってプロットしたのが図9.7である．両図において○印は利根川の流域を，△印は多摩川の流域を表している．両図をみると，まず単なる密度 D よりも相対的な密度 $\hat{R}$ のほうが川幅によって説明がつくということが分かる．客観的数字として図9.6において密度を川幅で説明した場合の決定係数は $r^2 = 0.14$ だったのに対し，図9.7の相対的密度をlog変換した $\log \hat{R}$ を川幅で説明すると決定係数は $r^2 = 0.46$ となり，これだけでも相対的な密度を導入した大きな意味があると考えられよう．図9.6における△印の多摩川と○印の利根川を比較すると，単なる密度 D ではかなりの差があるが，相対的密度 $\hat{R}$ で比較すると，それほど差があるわけではない．

また図9.7のばらつきは河川や流域の地方によって生じているとはいえず，図では省略するが流域の数が一番大きい信濃川の14個の点のみをみても，同じようなばらつきを示している．また図9.7の点群は大まかな傾向とし

$$R = \alpha e^{-\beta W} \tag{9.7}$$

という関係を示している．一応 $\log R$ に変換して回帰直線を求め，それを基にす

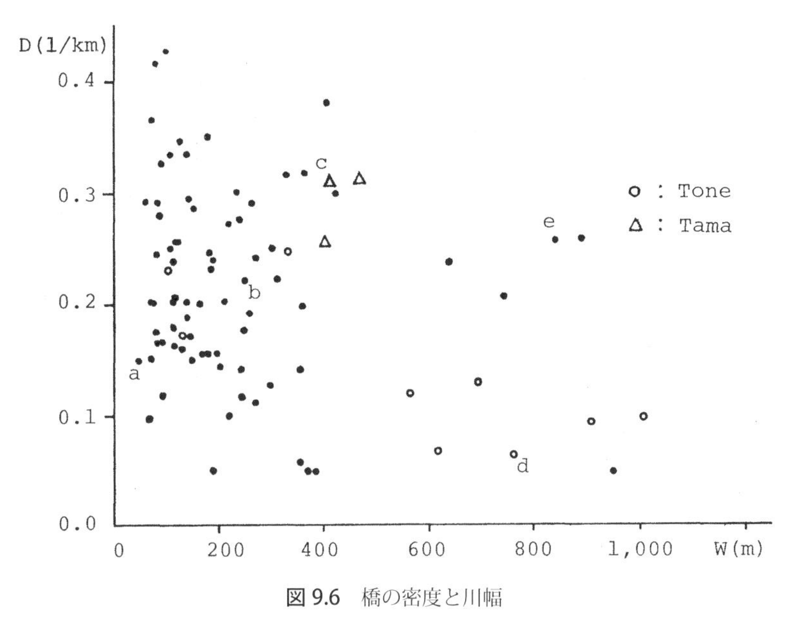

図 9.6　橋の密度と川幅

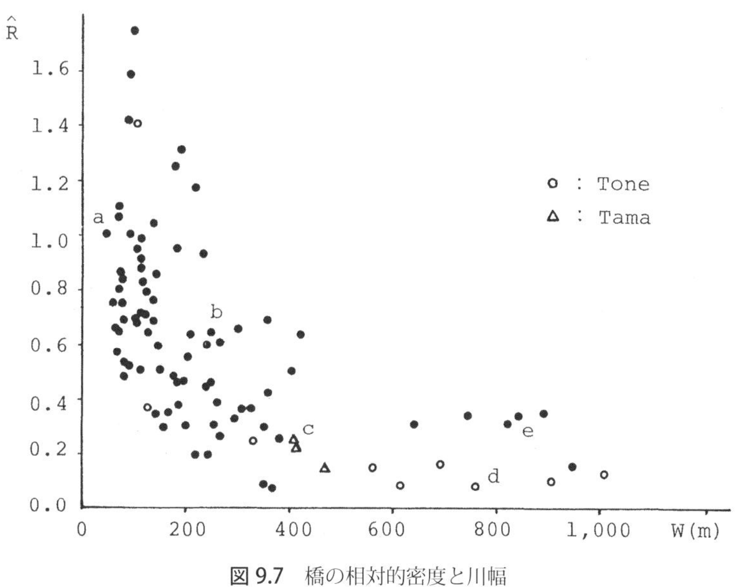

図 9.7　橋の相対的密度と川幅

ると $\hat{\alpha} \approx 0.87$, $\hat{\beta} \approx 2.1$（ただし W の単位は km）が得られるが，これよりも川幅ごとの最小値 $R_{\min}$ が重要で $0 < W < 0.4$(km) のとき $\alpha \to 1$（理論的に），$\beta \to 7$（データから）として

$$R_{\min} = e^{-7W}$$

が得られる．つまり川幅が 50 m 以下ではほとんど川の影響はないが，100 m（上の式では $W = 0.1$）では相対的密度が 0.5 すなわち仮想的な橋の半分が実現しており，200 m 付近では仮想的な橋の 4〜5 本に 1 本が実現していると解釈することができる．もっとも対象地域の道路が少ない場合には式 (9.4) の $\hat{N}$ 値が交差点数 n の値によって大きくゆらぐので，$M/\hat{N}$ が 1 をかなり超える場合もあり，このときは実現率としての意味はあまりない．

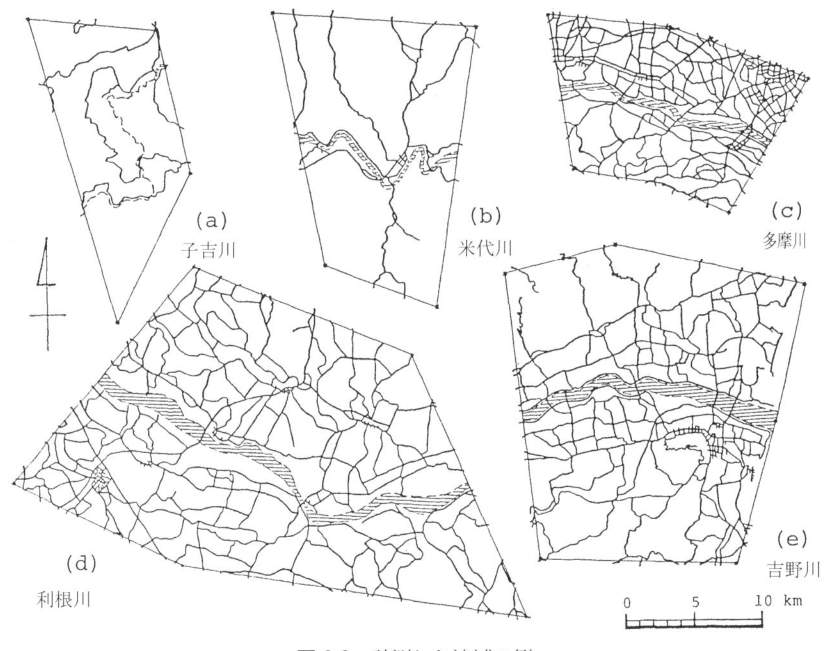

図 9.8　計測した流域の例

ところで，注目している利根川の流域は図 9.7 をみると，確かに同程度の川幅である他の河川よりも $\hat{R}$ の値が小さく 2〜3 倍の差がある．例として利根川の流域の 1 つを d，吉野川の流域の 1 つを e として流域を図 9.8 に示すとともに，図 9.6 と図 9.7 に同じく d,e としてプロットしてある．特に図 9.8 においてこの両者を比較すると，両岸の道路にそれほど差はないが橋の数が随分違うことが分かる．ただ e の場合，川のそばに徳島市があり，これをみて単純に利根川にあと 2〜3 倍の数の

橋をかけるべきであると主張するのは早計とのそしりを免れないだろう．計測した流域のデータとパターンを数多く表示したいのだが，紙面の都合もあり，前記 d,e 以外に a, b, c としてそれぞれ子吉川，米代川，多摩川の流域の 1 つを図 9.8 に示すとともに，図 9.6 と図 9.7 に同じようにプロットした．

9.6　おわりに

ここで注意したいのだが，この論文で目指したものは橋の数の分析で，橋の数を推定したものではない．したがって式 (9.7) を導いたが，これを推定に使うものではなく，データの傾向を表したものである．また，ここで示したデータは橋の数の相対的密度を初めて議論したときのものなので問題も多い．川が曲がりくねっている上流部分は道路網も十分でなく地形の制約もあり，平野部と同じように扱うべきでなかったと反省している．また対象とする道路のグレードやこれに関係した橋や道路の容量をどう考えるかが問題であり，ここで述べたものは一律に同じものとして扱っているが，もう少し現実的な切り口が要求される場合には，これについて考慮すべきであろう．また流域の取り方も端点と中点の 3 点の川の流れる方向のみに注目して設定したが，およそ 20 km の流域をもっと平均的にとるべきであったと考えられる．

以上のことを考えると，対象を市街地に限定し，市街地を流れる川における歩道に限って同じような議論を展開すれば，クリアーな議論ができたかもしれない．また広域の幹線街路であればこれのみに絞って分析をするのも，歩道に絞ったのと同じような意味で良かったかもしれない．ともかく，この分析では川の両岸の社会経済的活動を直接考慮してはいないので，普通に考えるなら橋の密度と川幅の関係だけで現実を説明できないのは当然であるとも言える．これまでの研究や分析ではこれをすぐ社会経済データで説明しようとする．しかし，あまりにも安易に社会経済データに依存しようとする姿勢がありはしまいか．この論文では，網のもつ physical な特性を十分把握することにも意味がある，ということを示したかったわけである．

なお，この論文が発表されてから 30 年以上も経っていて，現在では地理情報が容易に手に入るようになっている．そこである領域の道路網の延長距離が容易に手に入る場合には，仮想的な橋を推定する際ここでも用いられた推定式 (9.4) ではなく，直接長さのデータを式 (9.3) に入れて推定すべきである．

第 10 章
市街地の分析

10.1　はじめに

都市計画で用いられる 1/2,500 の地図をみると，どの街区もほぼ建物と細街路およびそれ以外の緑地も含めた空地より成り立っている．しかし，いくつかの街区を比較すると，同じ都市内でもそのパターンは一様ではなく，かなり異なった様相を呈している．これを言葉で表現すると，ごみごみと密集している，まばらでゆったりとしている，住宅や商業が混在しているなどとなるが，地図を見てある程度感覚的に分かるこれらのことを客観的に把握するのは，それほど簡単なことではない．

まず建物が密集している度合いについて考えよう．建物が密集しているということは 1 点で密集していることではないから，ある広がりをもった地区が対象となっている．そして，この地区内にある棟数によってこの度合いを表すのが自然であろう．この数の平均的な値は理論的に建蔽率と棟数密度に関係することが後で明らかにされるが，この地区の大きさをどの程度にとったらよいか，いまのところ分かってはいない．市街地を分析する目的が景観の問題か，防災の問題か，緑地の問題かによって，大きさが一定ではないかもしれない．

密集の度合いを表す指標は，密度で表すのが自然であろう．ところで物理学などで扱う量は稠密で，1 点の近傍における密度を考えることができる．つまりある面積 $\varDelta S$ の微小領域を考え，そこの量を $\rho\varDelta S$ と表すことができる．

ところが，われわれの分野で扱ういろいろな密度はこのように 1 点の近傍における密度を考えることが難しく，常に「密度」の名で「ある範囲の平均的な密度」が表されている．したがって都市内の人口密度を測定する場合も，範囲のとり方で随分違う値が得られることが多い．しかし密度が 100 人/ha の住宅地という場合，都市計画の分野ではおよそどの程度の範囲における平均的数値であるか，暗黙のうちに了解されているように思われる．100 人/ha という数値と範囲は，ある目的に沿うように経験的に得られてきたものであろう．ここでは市街地の構成を分析する様々な方法について述べるが，これらについては経験的積重ねが乏しいものもあるので，上記の点については特に注意が必要である．そこで，分析に用いられる尺度としてはどの時代に誰が計測しても対象が同じであれば全く等しい結果が得られる，とみなせるものに限るべきであろう．

10.2　密集を表す尺度

ここで，まず図10.1のように住宅地の地図を用意し，そこに図のような直径100 m（半径50 m）の円を描いてみよう．これらの地区は1970年代の東京23区内の住宅地で(a)墨田区東向島五丁目，(b)江東区大島一丁目，(c)豊島区駒込六丁目，(d)渋谷区千駄ヶ谷二丁目，(e)世田谷区成城六丁目の5つの町から，いくつかの街区を部分的にとり出している．表10.1に半径50 mの円と交わる（図10.1で灰色で示されされている）棟数をサンプルという項目で載せてある．これを図10.1を見ながら建蔽率と比較すると，数値の相対的差は棟数のほうが大きく，建物の密集を表すにはこちらのほうが良いのは明らかだろう．なお建蔽率を計算する際の地区の総面積としては境界の道路の中心線までを入れている（グロスの建蔽率）．

表10.1　建蔽率と棟数（半径50 m内）との比較

地区	建蔽率	サンプル（棟数）	期待値 $E(\nu)$
(a) 墨田区東向島五丁目	0.56	76	81
(b) 江東区大島一丁目	0.61	89	83
(c) 豊島区駒込六丁目	0.49	66	57
(d) 渋谷区千駄ヶ谷二丁目	0.37	32	31
(e) 世田谷区成城六丁目	0.25	23	17

ところで，ここで計測された半径50 mの円と交わる棟数は1つの円で数えたもので，円の中心が変われば違う値をとる．そこで，対象地域の領域すべてにわたって分布させたときの期待値が計算できれば，密集を表す尺度として十分使い物になるであろう．これには前述のBlaschkeによる積分幾何学の主公式に境界条件の克服を考慮したp.85の式(7.15)を用いることができる．これは半径rの円に含まれる領域（建物）の個数νの期待値$E(\nu)$が，対象領域（街区）における領域（建物を表す平面）の個数をn，面積の総計をS_0，周長の総計をL_0とし，街区の面積をS_αとすると

$$E(\nu) = \frac{S_0 + n\pi r^2 + rL_0}{S_\alpha} \tag{10.1}$$

と表される，というものである．そして，この式の導入では建物を表す領域が凸で

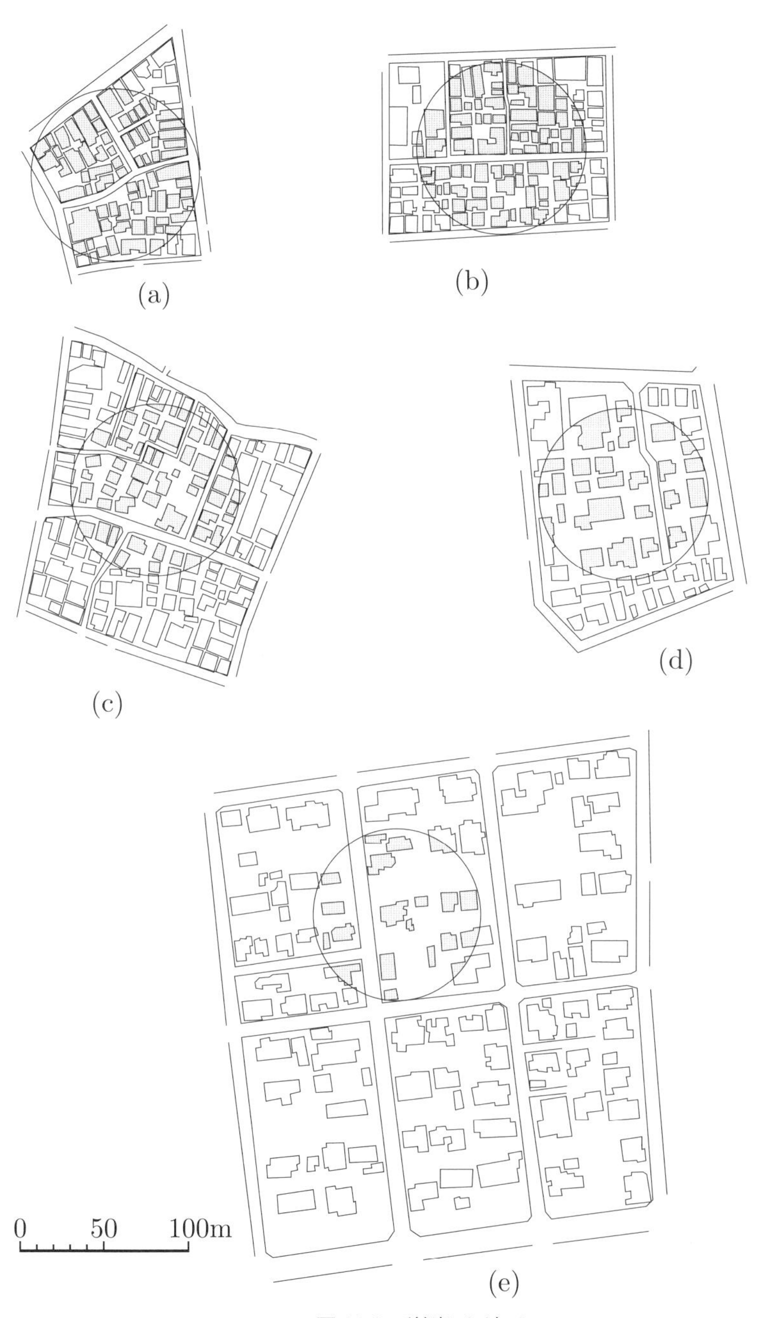

図 10.1　計測した地区

表 10.2 各地区の測定値（建物面積とは建物に覆われた面積を表す）

地区	街区面積 S_α (ha)	建物面積 S_0 (ha)	建物周長 L_0 (100 m)	棟数 n (棟)	建蔽率 S_0/S_α	棟数密度 n/S_α (棟/ha)	周長密度 L_0/S_α (100 m/ha)
(a)	0.97	0.54	28.5	81	0.56	84	29.4
(b)	1.39	0.85	41.6	110	0.61	79	29.9
(c)	2.24	1.10	50.8	129	0.49	58	22.7
(d)	1.67	0.62	24.2	50	0.37	30	14.5
(e)	6.95	1.76	66.0	107	0.25	15	9.5

あるとして議論してきた．しかし実際には凸でないものもあり，この場合は1つの建物が円の端で複数個に数えられることがある．これについては後ほど理論的に扱うが，円の半径がある程度大きい時は複数個に数えられることは少なくなり，現に図10.1の場合には凸でないものも随分あるが，図のサンプルの例では1つの建物が複数個に数えられたことはまったくなかった．また境界条件の克服は対象領域である街区が長方形であれば合同変換でつなげていける．例えば図10.1の(b), (e)であれば問題ない．しかし厳密には，他の地区はこのままでは適用できない．例えば(a)や(c)であれば同面積の平行四辺形に少ない変形で変換し，はみ出た領域（建物）をやりくりして埋め込むとか，(d)は長方形に少し変形すれば何とかなるであろう．

以上のことから，式(10.1)を図10.1に当てはめて計算するために必要な面積や長さを計測してまとめたのが表10.2である．そこで前述の$E(\nu)$の式を別に表現すれば

$$E(\nu) = \frac{S_0}{S_\alpha}(\text{建蔽率}) + \frac{n}{S_\alpha}(\text{棟数密度})\pi r^2 + \frac{L_0}{S_\alpha}(\text{周長密度})r \qquad (10.2)$$

となるので，表10.2のデータと長さの単位が100 mなのに注意して，上式に$r = 0.5$(50 m)を代入すると，表10.1の期待値$E(\nu)$が求められる．ところで，この数値をみると棟数は2桁の数字である．式(10.2)をよくみると建蔽率はそのままで出現しており，これは1を超えない数値である．したがって半径rが50 mほどの大きさの場合建蔽率はほとんど効かない．また周長密度の計測は厄介だが，後で述べるように，これは建蔽率と棟数密度である程度推定できるので，実際に用いるときはそちらを参照していただきたい．なお理論編ではBlaschkeによる積分幾何学の主公式は一般論として全曲率から議論を始めたので論述も長くなり，初学者には少々荷が重いかもしれない．そこで次節において，この問題に限ったもっと易しい解説をしておくことにする．

10.3　積分幾何学の主公式の解説

前節の問題を Blaschke による積分幾何学の主公式を知らないものとして考えていこう．まず建物を 1 つ考え，平面の形状である領域 d は図 10.2 のように四角形だとする．これと中心が点 P で半径が r の円を動く領域 D_1 として考えると，図 10.2 から明らかなように，円が建物（長方形）と交わるのは，円の中心 P が建物の境界から距離 r だけ張り出した領域 E_x（建物内部も含む）に含まれるときである．そして，この領域はもとの四角形 d と，4 つの四分円（合わせると 1 つの円となる）と，4 つの長方形の領域で構成されている．ここで d の面積を s，周長を ℓ とすれば，4 つの長方形の総面積は lr となるので，張り出した領域 E_x の面積 $S(E_x)$ は

$$S(E_x) = s + \pi r^2 + \ell r \tag{10.3}$$

となる．

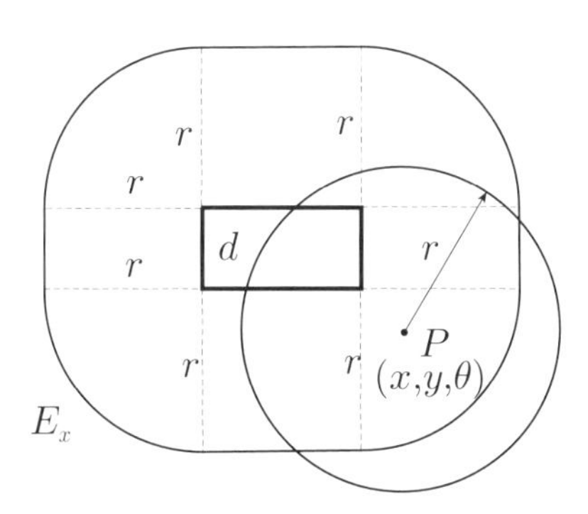

図 10.2　建物と交わる円の中心の範囲

つぎに 3 個の建物を考え，これらの領域を図 10.3 のように d_1, d_2, d_3 とし，これらから図 10.2 のときと同じように距離 r だけ張り出した領域を E_{x1}, E_{x2}, E_{x3} とする．そして E_{x1}, E_{x2}, E_{x3} の重なりに注目して E_{x1} の領域を分け，半径 r の円 D_1 が領域 d_1 とだけ交わるときの中心 $P(x, y)$ の範囲を d_1^r，2 つの領域 d_1 と d_2 とだけ交わる領域を d_{12}^r，2 つの領域 d_1 と d_3 とだけ交わる領域を d_{13}^r，また 3 つの領域 d_1, d_2, d_3 と交わる領域を d_{123}^r で表すものとする．そして以下 E_{x2}, E_{x3} についても同様に図 10.3 のように領域に名前をつける．そして $S(d)$ で領域 d の面積を表すものとすれば，円 D_1 と交わる領域 d_1, d_2, d_3 との個数 ν を $\mathrm{d}P = [\mathrm{d}x, \mathrm{d}y]$ で積分すると

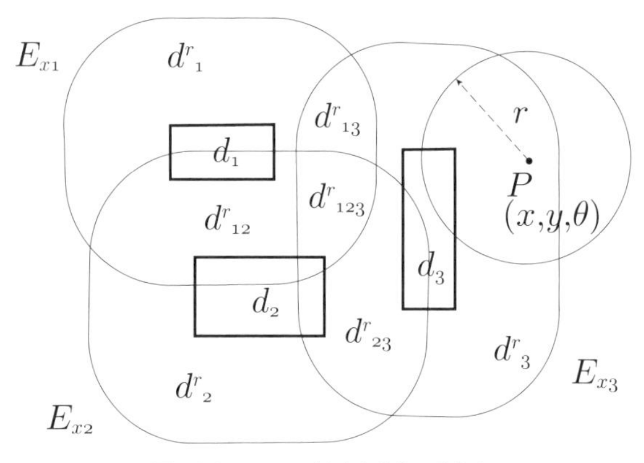

図 10.3　3つの拡大領域の重なり

$$\begin{aligned}\int \nu\, \mathrm{d}x\mathrm{d}y =&\ 3S(d^r_{123}) + 2\{S(d^r_{12}) + S(d^r_{23}) + S(d^r_{13})\}\\ &+\{S(d^r_1) + S(d^r_2) + S(d^r_3)\}\\ =&\ S(d^r_{123}) + S(d^r_{12}) + S(d^r_{13}) + S(d^r_1)\\ &+S(d^r_{123}) + S(d^r_{12}) + S(d^r_{23}) + S(d^r_2)\\ &+S(d^r_{123}) + S(d^r_{13}) + S(d^r_{23}) + S(d^r_3)\\ =&\ S(E_{x1}) + S(E_{x2}) + S(E_{x3})\end{aligned}$$

が得られる．これと式 (10.3) から領域 d_i の周長を ℓ_i，面積を $s_i (i = 1, 2, 3)$ とすれば，上式は

$$\int \nu\, \mathrm{d}x\mathrm{d}y = \sum_{i=1}^{3} s_i + 3\pi r^2 + \sum_{i=1}^{3} l_i r$$

となる．この場合，重なりの部分を図 10.3 のように明示できるので議論を分かり易く説明できた．前の Blaschke の主公式の所にも出てきたが，実際には領域の重なりについては詳しくは分からないけれど，個々に計算した $S(E_{xi})$ は全体では重複して計算されているはずなので，ν を導入していると考えるべきなのである．動く領域である D_1 がこの場合円なので，位置の座標 (x, y, θ) を円の中心にとれば角度 θ についてはどの角度でも同じなので図 10.3 のように描くことが可能になった．

ところで，上の説明は建物が3個であった．これは図が描きやすいためで個数が一般的に n 個であってかまわないことは明らかだろう．そこで $S_0 = \sum_{i=1}^{n} s_i$，$L_0 = \sum_{i=1}^{n} \ell_i$ とおき，積分を角度まで考えて $\mathrm{d}K_1 = [\mathrm{d}x, \mathrm{d}y, \mathrm{d}\theta]$ で積分すれば

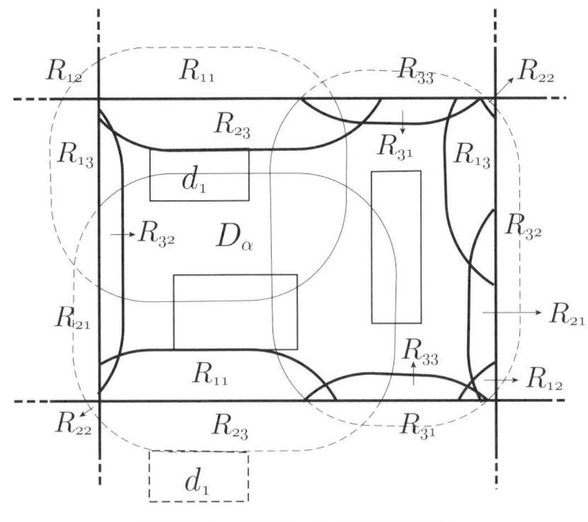

図 10.4　境界条件の克服の図解

$$\int \nu \, \mathrm{d}K_1 = 2\pi(S_0 + n\pi r^2 + rL_0) \tag{10.4}$$

と，Blaschke の主公式のところで述べた p.78 の式 (6.14) と同じものが得られる．ただ式 (6.14) のときの積分範囲は $D_1 \cap D_0 \neq \emptyset$ となっているが，ここでの式は $\nu = 0$ を含む全範囲と考えれば同等である．

そこで議論は次に境界条件の克服につながっていく．半径 r の円と交わる棟数の期待値を出すには，円が分布する範囲を各建物から距離 r だけ張り出した領域 E_x のすべてを包含する領域にとらなければならない．しかし，そうすると建物等の現況を分析する場合に周囲で密度が薄くなってしまう弊害があると前に述べた．ここでは繰り返さないが，境界条件を克服するために同じ街区を合同変換でつなげたとして計算するということが，何を意味するのかを，図 10.3 の建物の配置を用いて説明する．いま図 10.4 のように拡大領域 E_{x1}, E_{x2}, E_{x3} と交わって街区が長方形で区切られているとする．各建物が合同変換によって対象街区の斜めも含めた近隣に配置されているとすれば（r が街区に比較して大きければ広範囲になるが），拡大領域 E_{x1}, E_{x2}, E_{x3} のなかで対象街区からはみ出した部分は，例えば図の上部の R_{11}（破線）の部分は街区内の同じ記号を使った領域 R_{11} で対象領域のすぐ下の領域に合同変換された同じ建物 d_1（破線）と交わることになる．図 10.4 では，街区からはみ出した拡大領域が街区の中でそれぞれの位置で過不足なく配置されているのが分かるであろう．

以上のことから拡大領域は境界条件の克服がされた場合，対象街区 D_α からはみ出た部分は対象領域にすべて過不足なく取り込まれているので，計算は各拡大領

域 E_{xi} についてその面積 $S(E_{xi})$ をだし，すべての i についてこれを総計し，さらに角度の 2π をかければ，領域 D_α における ν の積分が式 (10.4) と同じ値になる．したがって街区 D_α の面積を S_α とすれば，境界条件を克服された期待値が前の式 (7.15), (10.1) と同じく

$$E(\nu) = \frac{\int_{D_\alpha} \nu \, \mathrm{d}K_1}{\int_{D_\alpha} \mathrm{d}K_1} = \frac{2\pi(S_0 + n\pi r^2 + rL_0)}{2\pi S_\alpha} = \frac{S_0 + n\pi r^2 + rL_0}{S_\alpha}$$

と求められる．

10.4　建物を表す領域が凸でない場合

前々節で，建物を表す領域が凸でない場合は，動く領域である半径 r の円と交わるとき1つの領域が複数個に数えられることがあると述べた．そして実際の図 10.1 におけるサンプリングの際には複数個数えた場合は1つも無かったと述べた．ここでは，その問題をある程度きちんと述べておきたい．

図 10.5 の (a) のように，領域 d が凸でない場合には動く領域 D_1 である半径 r の円の位置によって図のように交わる部分の閉曲線が2個となり，Blaschke の主公式では共通部分の全曲率 c_{01} には $2 \times 2\pi$，また共通部分の個数 ν では2が加えられる．建物を表す領域 d が凸でないとき現実には図のように単純な場合が多いので，これを例として少し議論を進めたい．まず図 10.5 の (a) のように円の位置 P を円の中心にとり，この円と2カ所で交わることを生む d の境界の直交する2辺の長さを図 10.5 の (b) のように ℓ_1, ℓ_2 とする．

まず $r < \ell_1$，$r < \ell_2$ のとき d と交わる P の範囲である拡大領域 E_x を描くと，図 10.5 の (b) のようになる．ここで注意したいのは，d が凸のときは拡大領域 E_x を確定するときは重なる領域は無かった．ところが，この場合直交する2辺の交点を図のように O とすると，O を左下にした1辺 r の正方形 Q の部分が重なり，この部分から円を描くと必ず直交する境界の2辺と交わる．しかし Q の中で O を中心とした半径 r の円の内部に動く領域 D_1 の点 P があると，この D_1 である円は点 O を越えて共通部分が1つになり図の (a) のようにはならない．したがって図の (a) のように共通部分が分かれるのは図 (b) の灰色の部分であり，ここで $\nu = 2$ となる．そこで領域 d の境界線の長さを図 10.5 の (b) のように $\ell_3, \ell_4, \ell_5, \ell_6$ とし，灰色の部分が二重に計算されるようにして拡大領域 E_x の領域 d を除いた部分の面積を求めるために

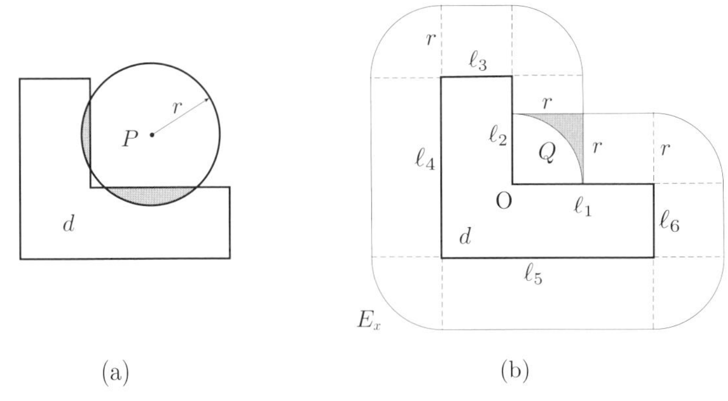

図 10.5　建物を表す領域が凸でないとき 1

$$5 \times \frac{\pi r^2}{4} + (\ell_1 + \ell_2 + \ell_3 + \ell_4 + \ell_5 + \ell_6)r$$

とすると，正方形 Q の部分が二重に計算されている．しかし二重に計算されるのは図 10.5 の (b) の灰色の部分なので，点 O からの半径 r の四分円の面積 $\pi r^2/4$ を上の式から引き $\ell = \sum_{i=1}^{6} \ell_i$ とすれば求めたい式が

$$5 \times \frac{\pi r^2}{4} + (\ell_1 + \ell_2 + \ell_3 + \ell_4 + \ell_5 + \ell_6)r - \frac{\pi r^2}{4} = \pi r^2 + \ell r \qquad (10.5)$$

となり，公式と一致する．一致するのは公式だから当然なのではあるが，公式の導出には二重の部分を陽に論じているわけではない．動く領域が円という扱いやすいものなので図解ができたというべきであろう．先に述べたように，拡大領域 E_x の面積 $S(E_x)$ は式 (10.5) から d の面積を s とすると

$$S(E_x) = s + \pi r^2 + \ell r - \{r^2 - (\pi r^2)/4\} \qquad (10.6)$$

となり，領域 D_1 が d と交わるという条件のもとで図の (a) のように二重に数える確率 P_r は，図 10.5 の (b) の灰色の部分の面積が $r^2 - (\pi r^2)/4$ であることから

$$P_r = \frac{r^2 - (\pi r^2)/4}{s + \pi r^2 + \ell r - \{r^2 - (\pi r^2)/4\}} \qquad (10.7)$$

と得られる．これを用いると図 10.5 の (b) のようなプロポーションのとき $P_r \approx 0.01$ であり，この場合は気にしなくてもよいことが分かるであろう．

つぎに $\ell_1 < r$, $\ell_2 < r$ の場合を考えよう．前と同じように境界の交点 O を左下にもつ 1 辺の長さが r の正方形 Q が二重に数える領域を考えるうえで重要だが，図 10.6 を見て分かるように前の図 10.5 の (b) と違って円の半径 r が大きいので，建物を表す d の角 E,F から距離 r だけ張り出した拡大領域に入らない部分が Q の

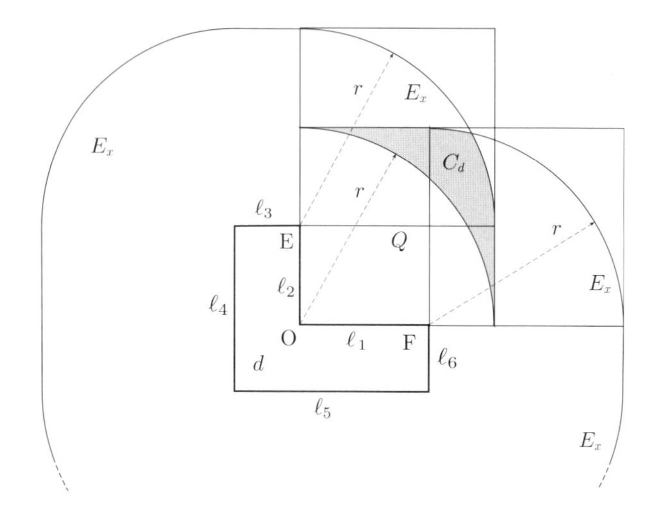

図 10.6　建物を表す領域が凸でないとき 2

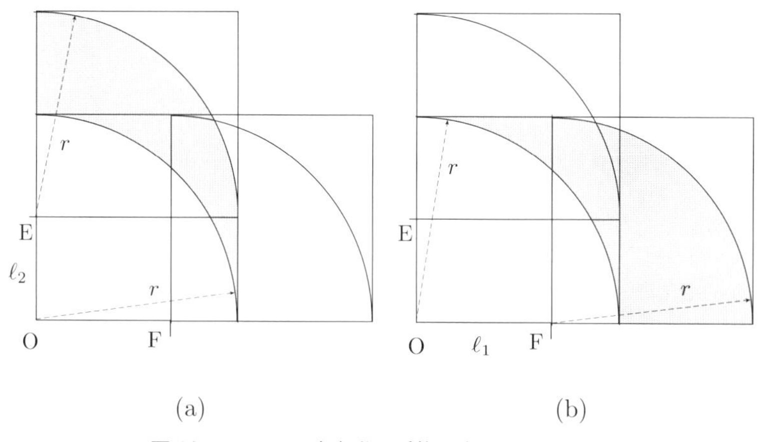

図 10.7　2 つの灰色部分の重複で表される領域 C_d

中に存在することになる．そこで $\nu = 2$ と二重に計算される領域が図 10.6 の灰色部分のようになり，この領域に名前をつけて C_d としておく．

この領域 C_d の面積の計算はそれほど易しいわけではない．しかし正方形 Q に関係したところを図 10.7 で示すと，図の (a) における灰色部分と (b) における灰色部分との重複部分が図 10.6 の灰色部分すなわち領域 C_d となっている．そして図の (a) の灰色部分の面積 S_a は縦 $r + \ell_2$，横 r の長方形から半径 r の四分円と上の面積 $\{r^2 - (\pi r^2)/4\}$ の部分をひけばよいので

$$S_a = r(r+\ell_2) - (\pi r^2)/4 - \{r^2 - (\pi r^2)/4\} = \ell_2 r \tag{10.8}$$

となっている．同様に図の (b) の灰色部分の面積 S_b は縦 r，横 $r+\ell_1$ の長方形から上の S_a のときと同じものを引けばよいので

$$S_b = r(r+\ell_1) - (\pi r^2)/4 - \{r^2 - (\pi r^2)/4\} = \ell_1 r \tag{10.9}$$

が得られる．

以上のことから，図 10.6 をもとに Blaschke の主公式にでてくる d から張り出した部分（d を含まず）で，円 D_1 が d と交わる閉曲線が 1 個（$\nu = 1$）のときは面積，2 個（$\nu = 2$）のときは面積の 2 倍として計算すると

$$3 \times \frac{\pi r^2}{4} + (\ell_3 + \ell_4 + \ell_5 + \ell_6)r + S_a + S_b + \frac{\pi r^2}{4} = \pi r^2 + \ell r$$

となる．ただし上式の右辺の導出には式 (10.8) と式 (10.9) が用いられている．これにより，この場合も公式と一致する．

このとき前と同じように，動く領域である半径 r の円が建物 d と交わるという条件付きで共通部分が 2 個すなわち $\nu = 2$ となる確率 P_d は

$$P_d = \frac{S(C_d)}{S(E_x)} \tag{10.10}$$

となるが，面積 $S(C_d)$（図 10.6 の灰色部分）の計算は面倒なので，これを含む図 10.7 の (a) の灰色部分 S_a を用いると

$$S(C_d) < S_a = \ell_2 r$$

となる．また同じくこの S_a を用いると

$$S(E_x) = s + \pi r^2 + \ell r - S(C_d) > s + \pi r^2 + \ell r - S_a = s + \pi r^2 + (\ell - \ell_2)r$$

という不等式が得られる．これらと式 (10.10) より

$$P_d < \frac{\ell_2 r}{s + \pi r^2 + (\ell - \ell_2)r} = \frac{\ell_2}{s(1/r) + \pi r + (\ell - \ell_2)} \tag{10.11}$$

となり，半径 r が大きくなると，P_d は 0 に近づくことが分かる．

そこで，図 10.1 のときと同じように D_1 としては半径 50 m の円を考え，図 10.8 のような典型的な建物 d を考えると，このとき式 (10.11) より $P_d < 0.015$ と計算でき，この場合もあまり気にしなくてよいことが分かる．領域 d がこのような単純な場合でも本来ならあと $\ell_2 < r < \ell_1$ についてやらなければならないが，

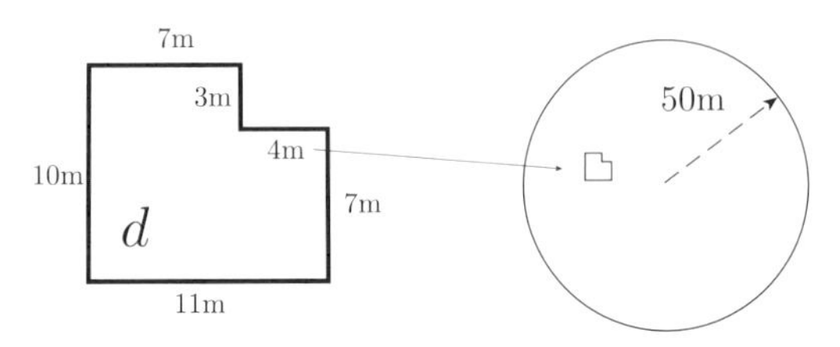

図 10.8　半径が 50 m の円とそのときの領域 d

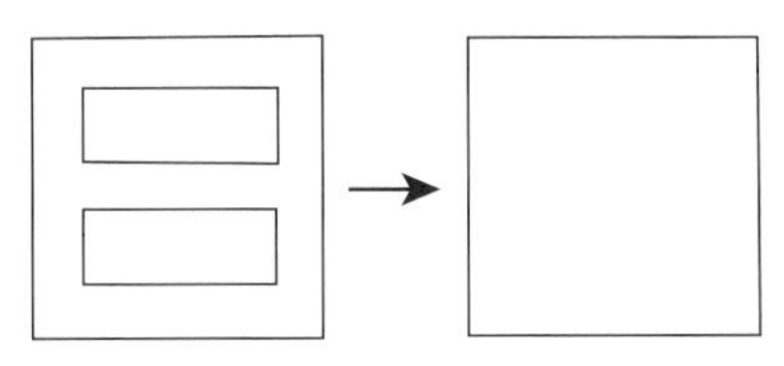

図 10.9　全曲率が -2π のときの変換

同じようにできるので略す．ともかく現実的に使うには，建物を表す領域が単一閉曲線である場合には凸でないことにあまり神経質になることはない．ただ図 10.9 のように全曲率が -2π のときには場合によっては穴を埋めて全曲率を 2π としていたほうが良いかもしれない．

10.5　拡大建蔽率

図 10.10 は 1970 年代の東京都の都市計画図（1/2500）より 500 m × 500 m の正方形を切り出して作成したもので，地域としては杉並区吉祥寺本町付近となっている．筑波大学社会工学類の「都市解析」という講義（専門教育が始まったばかりの 3 年生が対象）で何年かにわたって，これも含めいくつかの地域を学生に提示し，建蔽率を見た目で推定するという作業をしてもらった．この結果を後に続く講義の資料として用いていたのであるが，ある年の推定結果をヒストグラムで地図の右に示してある．建蔽率を正確にディジタイザーで計測すると 38% であるが，この数値は建物に覆われていない土地が半分以上もあることを客観的には示している．しかし多くの人々は“半分以上の土地が建物に覆われている”という感じを受けるに違いない（ちなみに道路面積は 15%）．図のヒストグラムは横軸に推定された建蔽率を 5% 刻みで表示し，縦軸が推定した学生数を表している．これをみると建蔽率が 50% 以上と推定した学生が 8 割もいて，このように実際よりも建蔽率を大きめに感じる傾向はいろいろなところで指摘されてきている．著者が大学生

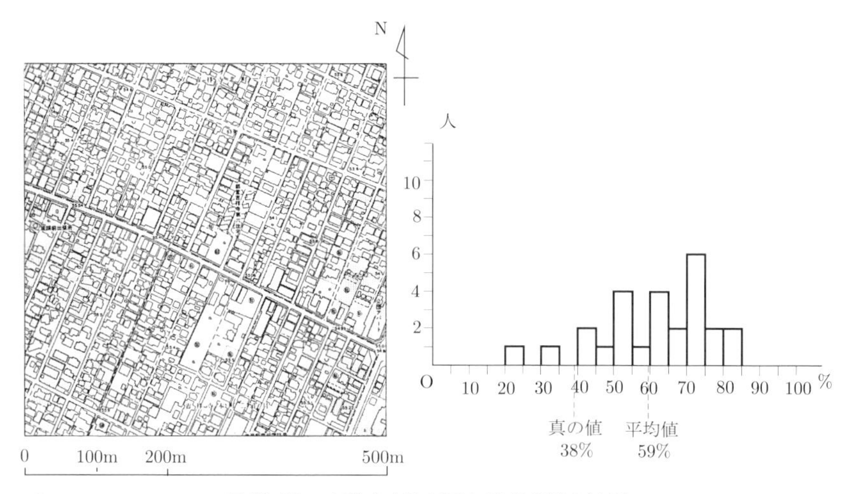

図 10.10　吉祥寺本町付近と建蔽率推定結果

時代建蔽率を測定させられたのは PC など無い 50 年以上も前の時代で，建物の中に落ちる格子点で算定することになっていた．何度格子点が書いてある半透明の紙をずらしても，数値が想像したものより遥かに低く戸惑ったことを思い出す．そして，この 500 m × 500 m くらいの広さになると，建蔽率が 50% を超える地域を探すほうが実際には大変なことが，専門教育が進むにつれ身についていくものであった．

図を詳しくみると，建物に覆われてはいないが実際には使いものにならないような狭い空地がかなりある．面積の総計としてはある量となっているかもしれないが，人間の目はこれを無視し空地とは思わないために建蔽率を大きめに推定するのではないかと考えられる．もしこの考えが正しければ，正確に計測した“客観”的数値よりも使いものにならない空地を加味した“拡大建蔽率”のほうが現実の環境をよりよく表現しているといえないだろうか．このことに関係して形の科学会で研究発表をしたところ，医学の研究者から「病変に侵されて全面的にやられていると見える部分を詳しく観察すると，病変に侵された細胞は半分位なんですよ，これとよく似てますね」というコメントをいただいたことがある．

さてここで，この拡大建蔽率をきちんと理論化しよう．前出の図 10.3 と同じ建物を考え，動く領域 D_1 である円の半径 r を小さくすると，拡大領域が図 10.11 のように重ならなくなる．それでも Blaschke による積分幾何学の主公式は成立するので，式 (10.2) を再度書けば

$$E(\nu) = \frac{S_0}{S_\alpha}(\text{建蔽率}) + \frac{n}{S_\alpha}(\text{棟数密度})\pi r^2 + \frac{L_0}{S_\alpha}(\text{周長密度})r$$

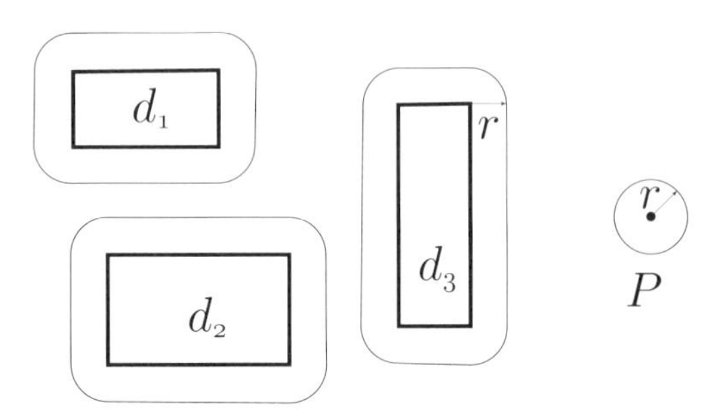

図 10.11　半径 r が小さくて重ならない拡大領域

となっている．そして図 10.11 の右に描いてある円を動かしてみれば，中心 P が拡大領域にあれば円と建物 d は交わっていて $\nu = 1$，そうでなければ $\nu = 0$ となり，それ以外の場合はない．そこで $\nu = 1$ のときの確率を $P(1)$，$\nu = 0$ のときの確率を $P(0)$ とすれば上式は

$$E(\nu) = 0 \times P(0) + 1 \times P(1) = P(1)$$

となり，これが図 10.11 における拡大領域（建物も含む）の面積を全体の面積で割ったものを表している．そこで建物を表す領域が凸で張り出し距離 r が小さくて拡大領域が重ならないという前提で，これを改めて拡大建蔽率 ζ_r と定義し

$$\zeta_r = \frac{S_0}{S_\alpha}(\text{建蔽率}) + \frac{n}{S_\alpha}(\text{棟数密度})\pi r^2 + \frac{L_0}{S_\alpha}(\text{周長密度})r \qquad (10.12)$$

とおくことにする．

この拡大建蔽率については次節で詳しく議論するが，吉祥寺本町の図 10.10 にこれをあてはめると，前にも述べたように建蔽率は 0.38，棟数密度は 42（棟/ha）(ただし境界と交わる建物は 0.5 と計算されている)，周長密度は 16(100 m/ha)（ただし推定値で，推定方法は後述）なので，張り出し距離 r を 1 m,2 m としたときの拡大建蔽率の推定値をそれぞれ $\hat{\zeta}_1$，$\hat{\zeta}_2$ として式 (10.12) を計算すると（実際の計算は長さの単位が 100 m なので $r = 0.01$，$r = 0.02$）

$$\hat{\zeta}_1 = 0.55, \qquad \hat{\zeta}_2 = 0.75$$

が得られる．これと推定値のヒストグラムをみると，$\hat{\zeta}_1$ は回答の平均値に近く，$\hat{\zeta}_2$ は回答の頻度が高かった数値に近いと言えなくもない．

10.6　建蔽率と棟数密度を結びつける主公式

先に，市街地の密集を表す尺度として直径 100 m の円と交わる建物の数を取り上げた．つぎに，今度は建物の周りにある使いものにならない空地を加味した拡大建蔽率を議論した．そして，このどちらにも理論的基礎として Blaschke の積分幾何学の主公式があり，式 (10.2) が導かれている．そして直径 100 m の円と交わる建物の数を議論するときは動く領域である円の半径が大きく，このときは棟数密度が大きな役割を果たしているし，拡大建蔽率のときは円の半径 r が小さく，周長密度が効いている．そして言うまでもないことながら，$r = 0$ のときは (10.2) は建蔽率そのものとなっている．

ところで，周長密度についてはデータを取るのがこれまでは難しかった．GIS の整備によって事情は変わってきているかもしれないが，著者がこの研究をしていたころは，自分で測るしか方法がなかった．建蔽率は基本的なものと考えられているし，棟数密度は建物を数えるだけで簡単である．そこで，周長密度を建蔽率と棟数密度で推定することを考えたい．建蔽率のもととなる建物に覆われた面積の総計が前と同じように S_0 で表されているとし，対象地域の建物が n 棟あったとすると，平均的な建坪は S_0/n となる．この平均的な建坪の形状がもし正方形なら一辺は $\sqrt{S_0/n}$ となるので周長は $4\sqrt{S_0/n}$ となり，これが n 棟なので，周長の総計 L_0 は

$$L_0 = n \times 4\sqrt{S_0/n} = 4\sqrt{nS_0} \tag{10.13}$$

となる．実際には建坪は正方形ではないし，しかも大きさも同じではないので，厳密には上のような関係が成立するわけではない．しかしどの程度の推定ができるのかを調べるために

$$L_0 = \gamma\sqrt{nS_0} \tag{10.14}$$

とおいて，前の図 10.1 における地区のデータ表 10.2 を基に上記 γ を計算すると地区 a,b,c,d の 4 地区では $\gamma \approx 4.3$，地区 d では $\gamma \approx 4.8$ であった．地区 d だけ値が著しく異なるのは図 10.1 をみると明らかだが，大規模な建物では境界が複雑で細かい凹凸が多い．使い物にならない空地を大雑把に出すためには，建物の凸包を求めてその長さを出す方が良いかもしれない．いくつかの例の細かい計算は省略するが，このときは周長は小さくなり，他の地区に近い値となる．また 4 地区で $\gamma \approx 4.3$ と安定していると言っても図 10.1 を調べただけであるし，4.3 になるという理論的根拠は残念ながらないので，式 (10.13) をそのまま用いることにする．す

ると

$$\frac{L_0}{S_\alpha} = 4\frac{\sqrt{nS_0}}{S_\alpha} = 4\sqrt{\frac{S_0}{S_\alpha}}\sqrt{\frac{n}{S_0}}$$

となるので，上の式と式 (10.2) において S_0/S_α を建蔽率 C，棟数密度 n/S_α を ρ とおき，この正方形仮定における棟数の期待値を $E_s(\nu)$ とすれば

$$E_s(\nu) = C + 4\sqrt{C\rho}\, r + \rho\pi r^2 \tag{10.15}$$

と建蔽率と棟数密度で棟数の期待値を表すことができる．また，建蔽率と棟数密度による拡大建蔽率の推定式も式 (10.12) より

$$\hat{\zeta}_r \sim C + 4\sqrt{C\rho}\, r + \rho\pi r^2 \tag{10.16}$$

と書くことができる．

10.7　拡大建蔽率の検証

前述の拡大建蔽率のところで $r = 1, 2$ m としたときの値と目で見ただけで推定したときの値とを比較してみた．ここでは感覚的ではなく，建物から r だけ張り出した部分を実際に計測しよう．図 10.12 の 1．から 9. は実測に用いた現実の街区（および，いくつかの街区を合わせたもの）であり，1989 年当時の川崎市都市計画基本図（1/2500）より座標を読み込んで作業したものである．地区は様々であるが，おもに住宅地よりそれぞれの棟数密度に対応するように選んだ．ところで，対象街区としては街区を囲む道路の中心線までをとっている．ちょっと考えると，街区を囲む道路を入れないほうがよいと思われるかもしれない．しかし，細街路まで含めないで議論をしようとすると，街区を非常に小さくとらなければならない．さらに，この街区のデータをもとに，もっと大きな地域の環境を議論する場合には，道路を入れておくと対象地域を簡単に加えていくだけでよいという利点がある．そして，これらの街区について張り出した距離 r を 1 m，2 m，5 m として作図した．図 10.12 では地域 7. について作成したものを一番下に図示してあり，(1) が 1 m，(2) が 2 m，(3) が 5 m を表している．そして建物に覆われた部分に r だけ張り出した部分をも入れて面積を測定した．なお，この図 (1),(2) をみれば $r = 1, 2$ m としたとき張り出した部分が境界を越えることがないので，境界条件の克服を考える必要がないことは明らかだろう（どちらの式を用いても同じ）．

結果は表 10.3 にまとめられている．まず推定に必要な建蔽率と棟数密度が計測

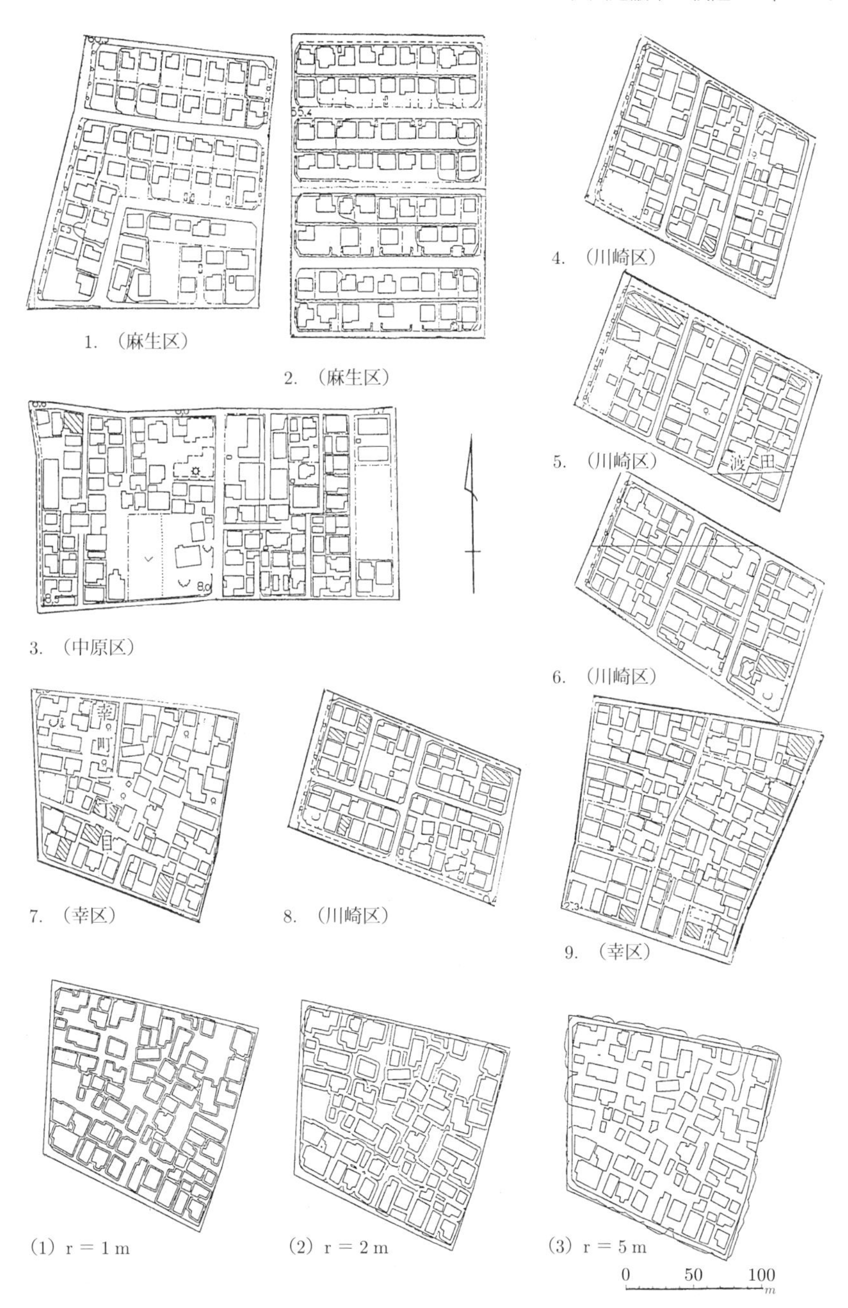

図 10.12　川崎市で計測した地区 1. から 9. と地区 7. の張り出し作図 (1),(2),(3)

表 10.3　川崎市の計測結果と計算した推定値

地区	建蔽率 C	棟数密度 ρ (棟/ha)	実測拡大建蔽率 $(r = 1\,\mathrm{m})\zeta_1$	推定拡大建蔽率 $(r = 1\,\mathrm{m})\hat{\zeta}_1$	実測拡大建蔽率 $(r = 2\,\mathrm{m})\zeta_2$	推定拡大建蔽率 $(r = 2\,\mathrm{m})\hat{\zeta}_2$
1.	0.21	31	0.32	0.32	0.45	0.45
2.	0.26	37	0.38	0.40	0.50	0.55
3.	0.32	49	0.47	0.49	0.60	0.70
4.	0.36	52	0.54	0.55	0.67	0.77
5.	0.40	57	0.58	0.61	0.70	0.85
6.	0.38	57	0.56	0.58	0.69	0.82
7.	0.39	60	0.61	0.60	0.75	0.85
8.	0.38	70	0.57	0.61	0.70	0.88
9.	0.50	82	0.70	0.78	0.85	1.12

され，つぎに張り出し距離 r が 1 m と 2 m のときの計測された実測拡大建蔽率がそれぞれ ζ_1，ζ_2 として載せてある．そして式 (10.16) による推定値 $\hat{\zeta}_1$ が r が 1 m のときは式上では長さの単位が 100 m なので $r = 0.01$ として求められ，同様に r が 2 m のときは式上で $r = 0.02$ として $\hat{\zeta}_2$ が求められている．これをみると r が 1 m のときは推定値 $\hat{\zeta}_1$ が現実の値 ζ_1 をよく説明していることが分かるであろう．ただ 1 つの地域 9. では例外的に差が大きく，これは棟数密度が 80 棟/ha を超えていて高密であり，距離 r が 1 m でも張り出した部分が重なってしまっていることによる．また r が 2 m のとき，地区 1. は棟数密度が 30 棟/ha 程度の密度なので推定値は実測値と同じ 0.45 でよく適合しているが，少し密度があがった地区 2. では $\zeta_2 = 0.50 < 0.55 = \hat{\zeta}_2$ と少し開き，あとは密度が高くなるにしたがって乖離がはなはだしくなる．これは張り出し部分の重なりが 2 m だとかなり多くなっていることを示している．したがって推定式 (10.16) は張り出し距離が 1 m で棟数密度が 70 棟/ha 程度までは有効であることが分かった．

なお，張り出し部分の重なりを考慮した拡大建蔽率の推定は可能で，文献 [20] では $r = 5\,\mathrm{m}$ のときも含め．これを基に有効空地を算出しているが，ここでの Blaschke の積分幾何学の主公式とは直接関係しないので割愛する．

10.8　棟数密度による拡大建蔽率や密集を表す尺度の推定

ところで，表 10.3 の棟数密度と拡大建蔽率 ζ_1 か $\hat{\zeta}_1$ を比べると，地区 1. から 7. までは拡大建蔽率を 100 倍するとほぼ棟数密度になっている．これは偶然起こっていることなのだろうか．ここで建蔽率を棟数密度で割ると 1 棟当りの領域の

表 10.4 川崎市における棟数密度と密集の尺度 ($r = 50$ m)

地区	1.	2.	3.	4.	5.	6.	7.	8.	9.
棟数密度 ρ(棟/ha)	31	37	49	52	57	57	60	70	82
尺度 $E_s(\nu)$(棟)	30	36	47	50	55	54	57	66	78

平均面積が出てくる．地区 1. から 7. まで計算すると 65 m^2 から 70 m^2 で平均が 68 m^2 なので，これを ha に変換すると 0.0068(ha/棟) となるから棟数密度の単位が棟/ha のときは

$$C \approx 0.0068\,\rho \tag{10.17}$$

となる．そこで，これを式 (10.16) に代入し，$r = 0.01$(1 m) とおくと

$$\begin{aligned}\hat{\zeta_1} &\sim 0.0068\,\rho + 4\sqrt{0.0068} \times 0.01\,\rho + \pi \times 0.01^2\,\rho \\ &\approx (0.0068 + 0.0033 + 0.0003)\,\rho \approx\ 0.01\,\rho \end{aligned} \tag{10.18}$$

が得られる，つまりある条件下では棟数密度を出してその単位が（棟/ha）ならば，それをそのまま % で表せば張り出しが 1m の拡大建蔽率の推定値となっているということである．

また式 (10.17) を式 (10.15) に代入して，$r = 0.5$(50 m) のときの密集の尺度を計算すると

$$\begin{aligned}E_s(\nu) &\approx 0.0068\,\rho + 4\sqrt{0.0068} \times 0.5\,\rho + \pi \times 0.5^2\,\rho \\ &\approx (0.007 + 0.165 + 0.785)\,\rho \approx 0.96\,\rho \approx\ \rho \end{aligned} \tag{10.19}$$

となり，半径 50 m の円と交わる棟数の期待値が棟数密度とほぼ等しいことが分かる．これを確かめるために表 10.3 の建蔽率と棟数密度のデータを用い，これと式 (10.15) で $r = 0.5$(50 m) とおいて半径 50 m と交わる棟数の期待値 $E_s(\nu)$ を計算し，これと計測した棟数密度 ρ を比べると，表 10.4 のようになる．式 (10.19) のとおり尺度 $E_s(\nu)$ のほうが少し小さいが，ほぼ同じであることは確かめられる．

また式 (10.17) のような検討はしていないが，初めのほうで述べた東京の例で表 10.2 から棟数密度を取り出し，半径 50 m の円と交わる棟数の期待値を表 10.1 からもってきて並べると，表 10.5 のようになる．これも両者がほぼ同じであることが分かるであろう．言うまでもないが，半径 50 m の円の面積は約 0.785 ha で 1 ha より小さい．もし建物のどこかに点を打ってこれが含まれるかどうかを数えれば，棟数密度には届かない数になることは明らかである．建物が点でなくてある広がりを持っているために，この 1ha より小さい円と交わる数が棟数密度と同じようになるわけである．

表 10.5　東京都における棟数密度と密集の尺度 ($r = 50$ m)

地区	(a)	(b)	(c)	(d)	(e)
棟数密度 ρ(棟/ha)	84	79	58	30	15
尺度 $E(\nu)$(棟)	81	83	57	31	17

10.9　おわりに

ここで述べたものは文献 [18], [19], [20] に書いたものを Blaschke の積分幾何学の主公式を軸に構成しなおしたものである．特に積分幾何学からみると，この場合は動く領域を円としているのでこの主公式を理解するのに例題としてふさわしい．そこで積分幾何学の主公式を学んでいなくてもこの公式が理解できるように，議論を進めたつもりである．ただ，これら論文の重要だと思われる点は，当時棟数密度がないがしろにされていることに警鐘を鳴らしたことであった．文献 [19] を書いて 30 年が経過したが，これに取り組んだ動機を分かってもらうため，この論文の「1. はじめに」と書いた部分を引用する．

> 都市計画の分野では市街地の物的環境を表す重要な指標として，これまでいろいろな局面で建蔽率が用いられてきた．これは都市計画における最も基本的な指標の 1 つと考えられており，これについて根本的な疑問が投げかけられたことはなかった．確かに，ある地区が建物によってどの位の割合で覆われているかというのは誰にでも分かりやすい指標であり，計測は難しいものの，明解で普遍的なものと考えられてきたことは諾ける．しかし本当にそうなのだろうか．もちろん，ある一定の物的環境を維持するための建築制限等を議論するような局部的な場合には，この建蔽率を用いるべきであろう．だが，ある程度の広がりを持った地域の平均的環境を議論する場合にも，この建蔽率が最も良いものなのだろうか．
>
> ここで，ある建て込んだ市街地（高密度で道路幅も狭い）の都市計画図（1/2500）を取り出し，これを縦横 2 倍ずつ拡大したものを考えよう．拡大前と拡大後では建蔽率は同じだが，地図から読み取れる物的環境は拡大した方がはるかに良い，このことは市街地の環境を表すのに，建蔽率というものが場合によっては適切でないことを意味する．建蔽率というものが単なる割合であり，スケールや密度と無関係な量であるためにこのようなことが起こるのである．
>
> そこで筆者は本論文において，ある大きさをもつ市街地の平均的環境を表す

> 指標として，単位面積あたりの棟数である棟数密度というものが建蔽率に劣らず重要であることを論じたい．棟数密度のほうが建蔽率よりも測るのがはるかに容易なのはもちろんだが，棟数密度を用いて市街地の相隣関係を具体的に示すことができること，同じ建蔽率なら棟数密度が高い方が有効に使える空地が少ないこと，さらには棟数密度から建蔽率をある程度推定できそうなこと，などを明らかにしたい．

このような考えのもと，翌年も文献 [20] を発表し，棟数密度のほうがはるかに重要な指標であり，市街地の平均的な物的環境を表現するには棟数と建坪の規模に関する情報（分布等）があればよいと結論づけた．いまから思うと，分析の地域は戸建ての住宅地か低層の地域に限られていて，もっと規模の大きい建物群を扱う場合は別な観点が必要になってくると考えられる．また GIS が進展してデータの収集や加工ははるかに容易になっているので，その辺のことで事態は変化していると言えるだろう．しかし，このような分析や作業の根本には，やはりここで議論された Blaschke による積分幾何学の主公式は不可欠であって，このことは時間がたっても変化しているわけではないと考えている．最後に，文献 [18] における現実の分析では地区の住宅ではない附属物の小さい建物も含まれていたので，これを書くにあたってこれらを排除した．そのため部分的に数値が多少違っていることを記しておく．

第 11 章
都市領域の距離分布

11.1 はじめに

都市を構成している様々な建造物は人工的に造られたものであり，これが壊れないように様々な分析がなされてきた．この成果は「構造力学」という分野にまとめられて今日までに至っており，これらの蓄積の上に立って，さらに技術的進歩が重ねられつつある．

ところで，この人工物は何らかの使用目的があって造られているわけだが，その利用からみた分析等は個々には何らかの形でやられてはいるものの，これが一般化されているとは言い難い．個々の建物についてはこれでよいのかもしれないが，大規模な建造物の集合である都市を考えるとき，利用から見た議論を基礎的部分から始めなければならない．そして，これが構造力学ほどではないにしても，この基礎の上にさらに発展が可能なようなものにするために，この基礎に関して議論し続けなければならないだろう．著者は，この基礎の 1 つが以下で展開するような距離分布と考え，様々な空間について論じてきた．ここでは，文献 [21] において展開した議論を積分幾何学の応用に焦点を当てて述べていく．

「距離分布」とは，与えられた空間のあらゆる 2 地点の移動を前提とした距離の全体分布ということになる．数式で表現すれば，図 11.1 のように与えられた領域 C の任意の 2 地点を P_1, P_2（ともにベクトル）とし，その距離を $D(P_1, P_2)$ で表示すれば，距離 r 以下の 2 地点のペアの量 $F(r)$ は

$$F(r) \ = \ \iint_{D(P_1,P_2)<r} \mathrm{d}P_1 \mathrm{d}P_2 \tag{11.1}$$

と表現できる．ここではあらゆる地点を平等に扱うことにしていて，地点のペアに対しても距離の重みをつけないので，上記の積分の r による最大値（全体量）は領域 C の面積を S とすると S^2 となっている．そして距離分布 (distribution of distances)」とは，上記 $F(r)$ を r で微分した

$$f(r) \ = \ \frac{\mathrm{d}F(r)}{\mathrm{d}r} \tag{11.2}$$

をさすものとする．すなわち，これは距離がちょうど r の 2 地点ペアの量を，密

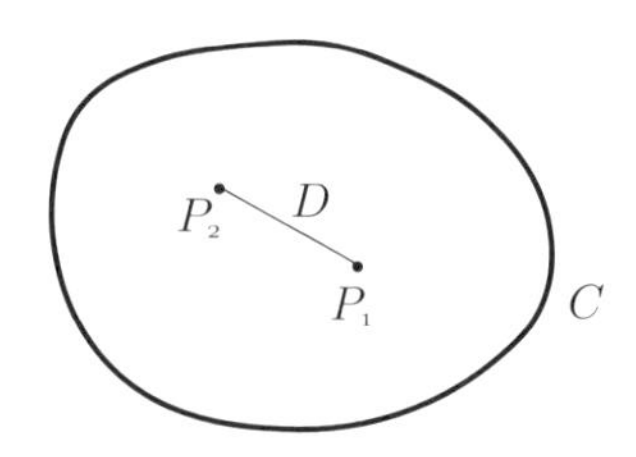

図 11.1　領域 C と 2 点 P_1, P_2

度（4 次元量を距離で割ったもの）で表現し

$$F(r + \Delta r) - F(r) \simeq f(r)\Delta r$$

となっている．

前記の式 (11.1) における表現は，概念的にははっきりとして分かりやすいが，実際にこれを計算することは容易ではない．式 (11.1) や (11.2) を陽に関数として表すことができる場合は限られており，2 点 P_1, P_2 が動く領域の形が円や長方形といった単純な場合がこれにあたる．実際の都市領域は角数の多い多角形で表される不定形なので，この距離分布を不定形でも算出できるようないくつかの工夫が必要になる．

そこで，まずどのような状況でも，式 (11.2) を計算できるように，以下で一般的な議論の枠組みを呈示し，つぎに，それに基づき非凸である領域における距離分布の計算法を示す．これには 2 点 P_1, P_2 がそれぞれ相異なる不定形の領域に存在する場合の計算法も含まれているので，これについても言及する．

以上により，与えられた領域を分割して，それぞれの領域の内々移動や領域にまたがる移動の距離分布の計算が可能となる．最後にこの理論的結果を現実の東京 23 区に応用し，OD データを基に東京 23 区内の現実の移動距離分布を推定し，従来から行われている方法と比較してみる．

11.2　線分上の距離分布

主題は 2 次元の平面領域における距離分布であるが，その基礎には 1 次元の線分上の距離分布があるので，まずそこからはじめることにする．図 11.2 の (a) のように長さ a の線分（直線分である必要はない）を考え，この線分上のあらゆる 2 点を人やものが動くものとする．このとき，2 点のペア (pair)(x_1, x_2) の距離が r 以内のものはどのくらいあるのだろうか．このようなことを議論するときは，よく用いられるように，図 11.2 の (b) のように 2 次元で x_1 軸 x_2 軸を考えて図の (a)

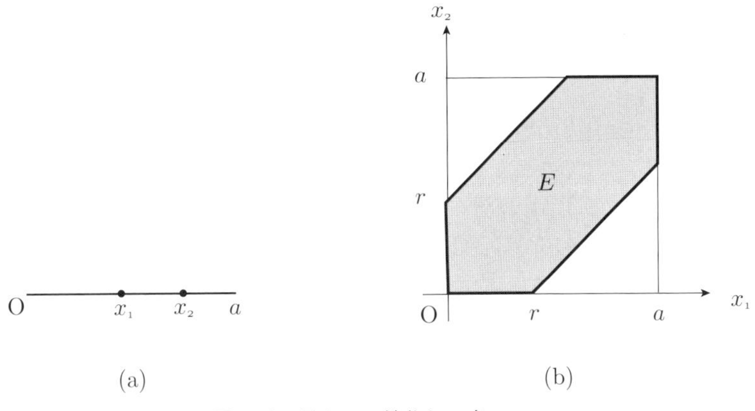

図 11.2 長さ a の線分と 2 点 x_1, x_2

で表現される 1 次元で 2 点の状態を図の (b) における 2 次元における 1 点で表すのがよい．そして 2 点の距離が $|x_1 - x_2| < r$ である領域は

$$x_1 \geq x_2 \text{ のとき } \quad x_2 \geq x_1 - r$$

$$x_1 < x_2 \text{ のとき } \quad x_2 < x_1 + r$$

なので，図 11.2 の灰色で示された領域 E となっている．そして x_1 と x_2 のあらゆるペアを同様に考慮するとしたら，2 点のペア (x_1, x_2) の距離が r 以内である量を $F(r)$ で表現すれば

$$F(r) = \iint_{|x_1 - x_2| < r} \mathrm{d}x_1 \mathrm{d}x_2 \tag{11.3}$$

と表すことができる．そして上式の $F(r)$ は図 11.2 の (b) における灰色領域 E の面積を表すことになり

$$F(r) = a^2 - (a - r)^2 = 2ar - r^2$$

となる．そこで，ちょうどペアの距離が r である量の密度は $F(r)$ を r で微分することにより得られ，長さ a の線分上の距離分布として

$$f(r) = 2(a - r) \tag{11.4}$$

が得られる．

11.3　平面上の距離分布

線分上での距離分布の導出と同じように考えるなら，平面上の2点は4次元空間の1点に対応させて考えることができる．しかし我々は4次元空間を認識できないため，平面における距離分布の計算は1次元における計算よりも見通しをたてづらい．先に述べた円の場合はCroftonの微分方程式を用いて，長方形の場合はGhoshの方法で求められるが（両方とも文献[12]にて詳述されている），方法として両者に共通のものはない．そこで，一般的な算出方法に結びつけるために，Croftonの定理3を導出する過程で出てくるp.48の変数変換の式(4.23)に注目する．そして，この式の説明にはp.49の図4.26が必要なので，再度これらを記して説明する．これは平面の領域Cの2点P_1, P_2に関する積分は，図11.3のようにこの領域Cを通る一様な直線gを固定したとき，この直線上の2点の座標t_1, t_2で

$$[\mathrm{d}P_1, \mathrm{d}P_2] = |t_2 - t_1|[\mathrm{d}G, \mathrm{d}t_1, \mathrm{d}t_2] \tag{11.5}$$

と変換することができる，というものである．ただし$\mathrm{d}G$は前にも述べたようにこの直線gに原点Oからおろした垂線の長さをp, 垂線の角度をθとしたときの$\mathrm{d}G = [\mathrm{d}p, \mathrm{d}\theta]$を表している．このように，直線ごとにその上の2点について距離の重み$|t_1 - t_2|$を考え，これを領域と交わる直線についてもれなく積分すれば，2次元上の2点を計算したことになる．

そこで，まず領域Cを通るある直線gを固定し，この直線上の領域内での距離の累積分布(cumulative distibution)を$F_g(r)$とすれば，固定された直線のこの領域Cの内部の長さをℓとして

$$\begin{aligned} F_g(r) &= \iint_{|t_1 - t_2| < r} |t_1 - t_2| \ \mathrm{d}t_1 \mathrm{d}t_2 \\ &= r^2 \ell \ - \ \frac{2}{3} r^3 \end{aligned} \tag{11.6}$$

が導かれる．これはもちろん重積分で求められるが，以下のように幾何学的にも算出できる．まず1次元のときの線分で$x \to t$, $a \to \ell$とおきかえれば上式の積分範囲は図11.2の(b)における灰色領域と同じである．ただ，その積分は一様だったけれど，今度は$|t_1 - t_2|$という関数を積分しなくてはならない．これを3次元表示したのが図11.4で，関数$|t_1 - t_2|$は$t_1 = t_2$のときは0で座標$(0, \ell)$と$(\ell, 0)$でℓとなっている．そこで積分する代わりに図11.4の体積を求めればよいので，ここでも求めたいものを引き算するほうがやさしい．まず$t_2 > t_1$の領域，すなわ

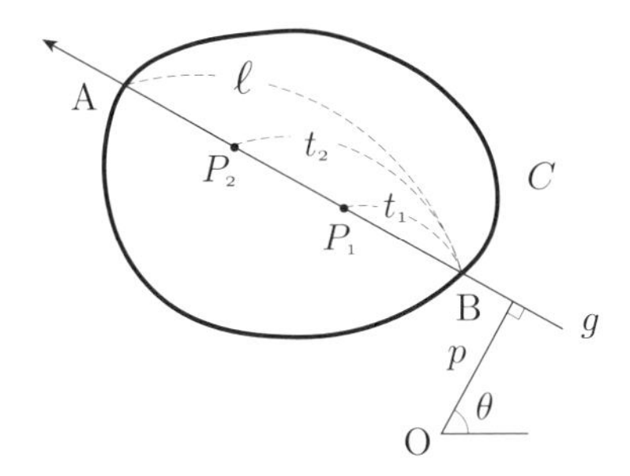

図 11.3　領域 C と直線 g 上の座標と p, θ

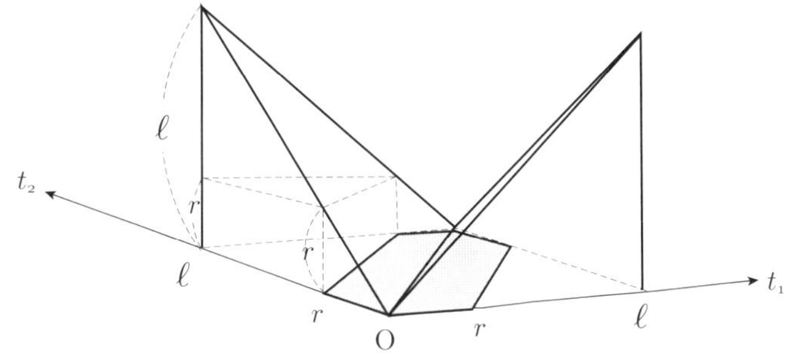

図 11.4　積分 (11.6) の図解

ち図 11.4 の左半分だけで計算し，残り $t_2 < t_1$ は同じなので 2 倍することにする．はじめに全体は底辺が直角 2 等辺 3 角形（等辺の長さが ℓ）で高さが ℓ の 3 角錐なので体積は $\ell^3/6$ である．つぎに，ここから底辺が直角 2 等辺 3 角形（等辺の長さが $\ell - r$）で高さが r の 3 角柱の体積 $r(\ell - r)^2/2$ を引き，さらに底辺が同じ直角 2 等辺 3 角形（等辺の長さが $\ell - r$）で高さが $\ell - r$ の 3 角錐の体積 $(\ell - r)^3/6$ を引くと $r^2\ell/2 - r^3/3$ が導かれる．これが前に述べたように図 11.4 の左半分だけなので，これを 2 倍すると式 (11.6) が得られる．　上記の積分は 1 つの直線 g に関するもので，この直線の領域内での長さを ℓ とすると距離 r が $r < \ell$ のときのものであった．逆に，ある距離 r を留めて，すべての直線を考えたとき $r < \ell$ の直線の場合は上式 (11.6) でよいが，$r > \ell$ の直線のときは $F_g(r)$ が累積なので，弦の距離 ℓ 内の r 以下の距離ペアすべて，すなわち図 11.4 の立体の全体積 $\ell^3/3$ を考慮しなければならない．すなわち直線の集合を r と ℓ との関係で

$$G_{r<\ell} = \{G|\ r < \ell\}, \quad G_{r>\ell} = \{G|\ r > \ell\} \tag{11.7}$$

とに分けると，領域 C 内の累積距離分布すなわち p.129 の式 (11.1) は

$$F(r) = \int_{G_{r<\ell}} \left(r^2\ell - \frac{2}{3}\, r^3 \right) \mathrm{d}G + \int_{G_{r>\ell}} \frac{1}{3}\,\ell^3\, \mathrm{d}G \tag{11.8}$$

となる．

ところで，前にも述べたように我々は距離の累積分布よりも距離 r のペアがどのくらいあるかということに興味があり，累積分布を r で微分したものを距離分布とよんで，これに重きを置いている．そこで式 (11.6) を先に r で微分すれば，ある固定された直線 g 上の距離分布が

$$f_g(r) \;=\; 2r\,(\ell \;-\; r) \tag{11.9}$$

と得られる．そして，これが成立するのは $0 < r < \ell$ の範囲であり，これ以外では $f_g(r) = 0$ となっている．またある r を固定して考えたとき，この r より小さい ℓ（弦）において距離分布を計算する必要はない．すなわち式 (11.8) の第 2 項に相当するものは必要ないので，距離分布の基本的な式を

$$f(r) = \int_{G_{r<\ell}} 2r\,(\ell - r)\mathrm{d}G \tag{11.10}$$

と書くことができる．また言うまでもないが，どの弦もつながっているので，ここまでの議論は凸領域について成り立つものである．

さてここで，後で行う計算の準備のため式 (11.6) を r で微分して式 (11.9) を得る部分を図解しておきたい．式 (11.6) は図解により簡単に求めることができた．ただ必ずしもそうでない場合があり，微分して得る距離分布を図解で求めてしまうほうが簡単な場合がしばしばあるのである．

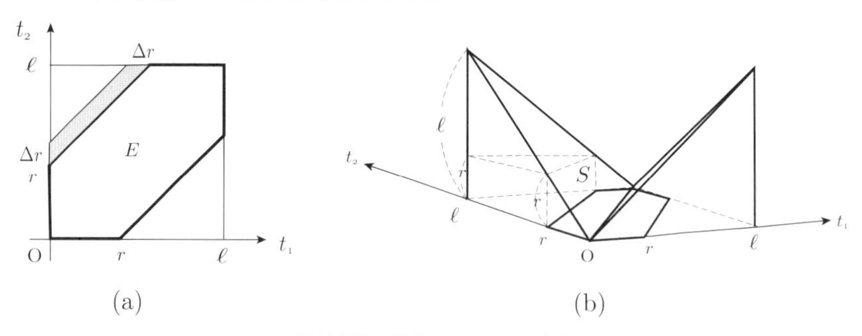

図 11.5　微分 (11.9) の図解

まず微分に必要な $F_g(r + \Delta r) - F_g(r)$ を図で示すと，上から見たのが図 11.5 の (a) の着色部分で高さが r であることは図 11.5 の (b) 立体図で分かるであろう．ただし $t_1 > t_2$ の部分でも同じものがあるが図では略しており，計算はしかるべき時に 2 倍することにする．図 11.5 の (a) の着色部分の面積は $(\ell - r)\Delta r - (\Delta r)^2/2$ であり，高さが $t_2 = t_1 + r$ の線上で r そして幅 Δr だけ増やした部分で $r + \Delta r$

なので，求めたい体積は $(\Delta r)^2$ の項を無視すると

$$F_g(r+\Delta r) - F_g(r) \approx 2(\ell - r)r\Delta r$$

となる．これより

$$f_g(r) = \lim_{\Delta r \to 0} \frac{F_g(r+\Delta r) - F_g(r)}{\Delta r} = 2\,r\,(\ell - r) \tag{11.11}$$

となり，先に求めた式 (11.9) が微分演算をすることなく求められたことになる．なお，これは図 11.5 の (b) において $t_2 = t_1 + r$ の線とそこから破線で立ち上がっている面 S を t_1 軸を垂直に伸ばした面に投影させた面積（実際は $t_1 > t_2$ の部分もあるので 2 倍）となっている．

11.4　領域が円の場合の距離分布

前節で求められた基本式 (11.10) は長さ ℓ も G の関数なので，実際に求めるのはそれほど簡単ではない．ただし領域 C が円のときは以下のように比較的容易に議論できる．まず領域の半径を α とすると，図 11.6 から明らかなように，一様な直線を考える点 O を円の中心に取れば，弦の長さ ℓ は直線におろした垂線の足の長さ p で

$$\ell = 2\sqrt{\alpha^2 - p^2}$$

と表すことができる．また $\ell = r$ のとき

$$p = \sqrt{\alpha^2 - r^2/4}$$

であることから，$r < \ell$ において p の範囲は

$$0 < p < \sqrt{\alpha^2 - r^2/4}$$

となる．ゆえに式 (11.10) の $G_{r<\ell}$ に関する積分は，p のこの範囲と $0 < \theta < 2\pi$ なので，式 (11.10) の右辺は

$$\int_{G_{r<\ell}} 2r(\ell - r)\,\mathrm{d}G = \int_0^{2\pi}\int_0^{\sqrt{\alpha^2 - r^2/4}} 2r\left(2\sqrt{\alpha^2 - p^2} - r\right)\mathrm{d}p\mathrm{d}\theta \tag{11.12}$$

と書くことができる．そして，これを計算すると円内の距離分布である

$$f(r) = 4\pi\alpha^2 r \arccos\frac{r}{2\alpha} - 2\pi\alpha r^2\sqrt{1 - \left(\frac{r}{2\alpha}\right)^2} \tag{11.13}$$

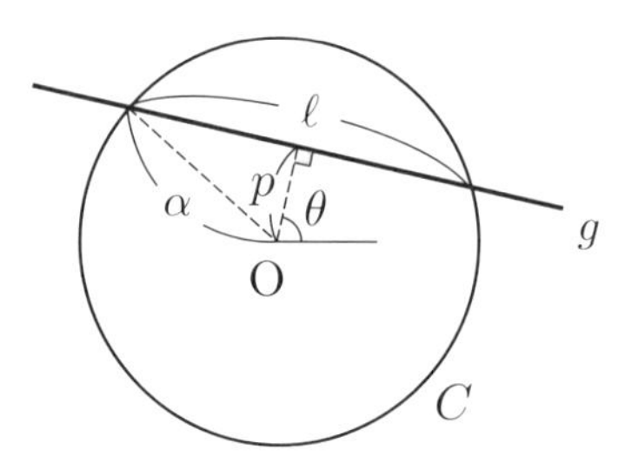

図 11.6　領域が円の場合

が得られ，Croftonの微分方程式で得られた結果（文献[12]）と一致する（図11.7の(b)の破線で表示）．ただし文献[12]では確率密度関数になっているので，上式(11.13)を面積の2乗すなわち$\pi^2\alpha^4$で割った形となっている．これをもとに期待値の算出が可能だが，p.51の式(4.28)で求めてあるので略す．

なお前述の式(11.8)を円の場合にあてはめると

$$\begin{aligned} F(r) &= \int_0^{2\pi}\int_0^{\sqrt{\alpha^2-r^2/4}} \left(2r^2\sqrt{\alpha^2-p^2}-\frac{2}{3}\,r^3\right)\mathrm{d}p\mathrm{d}\theta \\ &\quad + \int_0^{2\pi}\int_{\sqrt{\alpha^2-r^2/4}}^{\alpha} \frac{8}{3}\,(\alpha^2-p^2)^{3/2}\,\mathrm{d}p\mathrm{d}\theta \end{aligned} \tag{11.14}$$

となり，これから$F(r)$を求め，さらにrで微分すれば$f(r)$すなわち式(11.13)が得られるが，計算はこちらのほうがはるかに手間がかかる．

11.5　距離分布の近似計算

前節の円の場合では基本式(11.10)においてℓがpの関数として表せたので，積分することができた．しかし不定形領域においてはこのようなことは考えられない．そこで，式(11.10)を素朴に数値計算して距離分布の近似を求めよう．まず考えている領域に一様な直線g_iを分布させ，その領域内の長さ（弦の長さ）をℓ_iその直線が代表する直線の集合の測度をΔG_iとすれば，距離分布の近似式は

$$f(r) = \int_{G_{r<\ell}} 2\,r\,(\ell-r)\mathrm{d}G \approx \sum_i 2\,r\,(\ell_i-r)\,\Delta G_i = \sum_i 2\,r\,(\ell_i-r)\,\Delta p_i\,\Delta\theta_i \tag{11.15}$$

と表現することができる．

そこで，近似の程度を見るために距離分布が厳密に求められている半径αの円

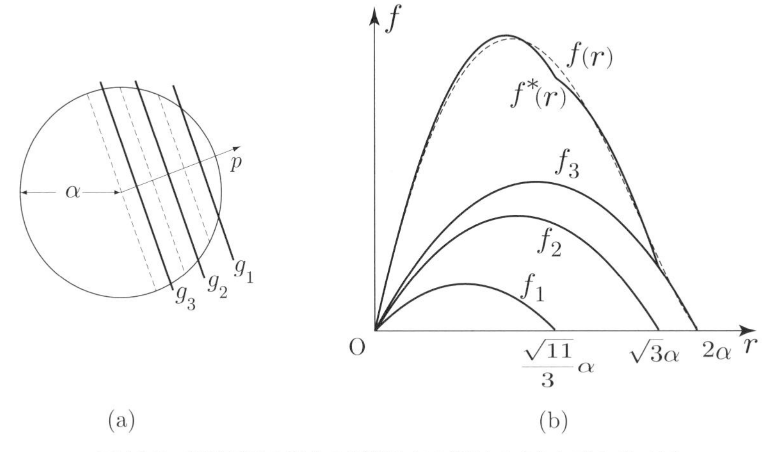

図 11.7　領域が円の場合の距離分布の近似 $f^*(r)$ と真の値 $f(r)$

を考え，一様な直線の代表として図 11.7 の (a) のように半径 α（p の範囲）を 3 等分割し（$\Delta p_i = 1/3\alpha$），3 本の直線 $g_i (i = 1, 2, 3)$ を考える．これらの直線の円内の長さ（弦の長さ）を ℓ_i とすると，

$$\ell_1 = 2\sqrt{\alpha^2 - \left(\frac{5}{6}\alpha\right)^2} = \frac{\sqrt{11}}{3}\alpha$$

$$\ell_2 = 2\sqrt{\alpha^2 - \left(\frac{3}{6}\alpha\right)^2} = \sqrt{3}\alpha$$

$$\ell_3 = 2\sqrt{\alpha^2 - \left(\frac{1}{6}\alpha\right)^2} = \frac{\sqrt{35}}{3}\alpha$$

と計算でき，これを基に各弦の距離分布は式 (11.9) より 2 次式 $2r(\ell_i - r)$ となる．そして，この円を通過する直線の全体量 $2\pi\alpha$（領域の周長）を 3 本の直線で代表させているので，$\Delta G = 2\pi\alpha/3$ の重みをつけると，各 i ごとの距離分布 $f_i(r)$ が

$$f_1(r) = \begin{cases} \dfrac{2\pi\alpha}{3} \cdot 2r\left(\dfrac{\sqrt{11}}{3}\alpha - r\right) & 0 < r < \dfrac{\sqrt{11}}{3}\alpha \text{ のとき} \\ 0 & \text{それ以外のとき,} \end{cases}$$

$$f_2(r) = \begin{cases} \dfrac{2\pi\alpha}{3} \cdot 2r\left(\sqrt{3}\alpha - r\right) & 0 < r < \sqrt{3}\alpha \text{ のとき} \\ 0 & \text{それ以外のとき,} \end{cases}$$

$$f_3(r) = \begin{cases} \dfrac{2\pi\alpha}{3} \cdot 2r\left(\dfrac{\sqrt{35}}{3}\alpha - r\right) & 0 < r < \dfrac{\sqrt{35}}{3}\alpha \text{ のとき} \\ 0 & \text{それ以外のとき} \end{cases} \tag{11.16}$$

となる．これを用い距離分布 $f(r)$ の近似式 $f^*(r)$ は

$$f^*(r) = f_1(r) + f_2(r) + f_3(r) \tag{11.17}$$

と得られる．式(11.16)の $f_1(r), f_2(r), f_3(r)$ とそれの足し算である近似式(11.17)（図の実線）を図示すると図11.7の(b)のようになり，これを理論式(11.13)の $f(r)$（図の破線）と比較すると，この近似はかなり良いことが分かるだろう．もっとも，これは円が角度 θ について一様であることにも依るのではあるが．

さて，円のときは直線を定める原点と円の中心を一致させると，角度 θ を変化させても変わらないので $\Delta p = 1/3\alpha$ とし，角度の全体 2π を乗じたたった3本で良好な近似を得た．しかし一般的な図形ではこのようなことは期待できないので，つぎに厳密な分布が分かっている長方形を基にして，直線の密度にあたりをつけよう．まず長辺が a 短辺が b の長方形における距離分布は，前述のようにGhoshにより求められていて，文献[12]より

$$f(r) = \begin{cases} 0 < r \leq b \text{ のとき} \\ \quad 2\pi ab\, r - 4(a+b)r^2 + 2r^3, \\ b < r \leq a \text{ のとき} \\ \quad 4ab\, r \arcsin\dfrac{b}{r} + 4ar\sqrt{r^2 - b^2} - 4ar^2 - 2b^2 r, \\ a < r < \sqrt{a^2+b^2} \text{ のとき} \\ \quad 4ab\, r\{\arcsin\dfrac{b}{r} - \arccos\dfrac{a}{r}\} + 4ar\sqrt{r^2-b^2} \\ \quad +4b\, r\sqrt{r^2-a^2} - 2r(r^2+a^2+b^2) \end{cases} \tag{11.18}$$

となっている（ただし確率密度関数ではなく，全体を面積の2乗 a^2b^2 としてある点に注意）．本来なら，ここで準乱数を用いて直線を発生させ，数値計算をすべきところであるが，勉強不足もあって p-θ 平面の格子点すなわち一定の角度で回転させた平行線を用いることにする．

これを図示すると，まず平行線は図11.8の(a)のように原点Oから角度を定め間隔 Δp で平行線を発生させ，ついで軸を $\Delta\theta$ だけ回転させて同じ平行線を発生さ

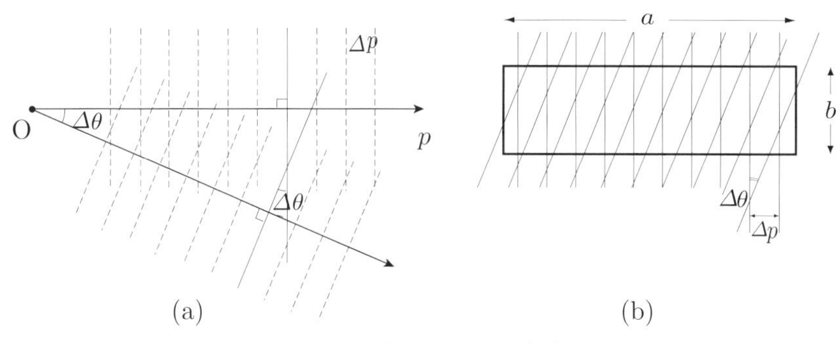

図 11.8 平行線の間隔 Δp と角度 $\Delta\theta$

せる．そして長辺が a 短辺が b である長方形に実際分布する直線を 2 方向だけ記すと図 11.8 の (b) のようになり，異なる平行線の交わる角度も $\Delta\theta$ となることは図 11.8 の (a) を見れば明らかだろう．この図では原点 O と軸 p を長方形の長辺と平行にとってあるが，これは説明のためで，実際にはいろいろなところにとって試してみた．結果等は文献 [21] に詳しいが，$\Delta p = a/20$，$\Delta\theta = \pi/16$ のときでこの長方形に分布する直線の本数が 250 本のときの結果が図 11.9 に示されているが，これなら一応の精度が得られたと考えられる．

ただし図 11.8 では細かくなるので双方 2 倍の $\Delta p = a/10$，$\Delta\theta = \pi/8$ が表示してある．採用した $\Delta\theta = \pi/16$ は直角を 8 等分した細かさであり，$\Delta p = a/20$ というのは図 11.8 の 2 倍の細かさで，それほど細かくしなくてもよいかもしれない．しかしこの後議論することになるが，2 つの分離した地域の距離分布も考慮しなければならないので，このときは a について図 11.10 のように計算対象地域を

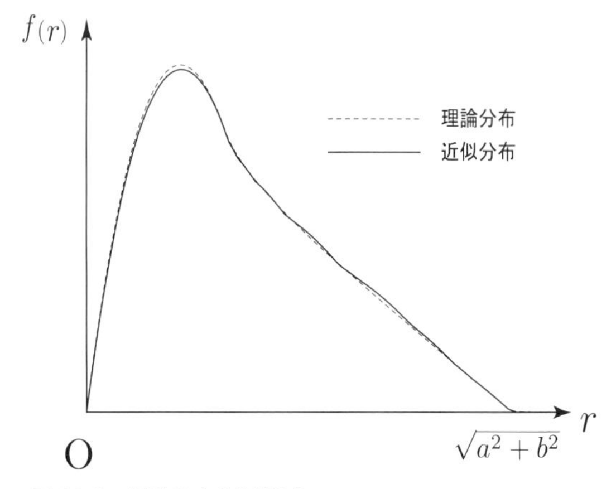

図 11.9 理論分布と近似式 ($\Delta p = a/20$，$\Delta\theta = \pi/16$)

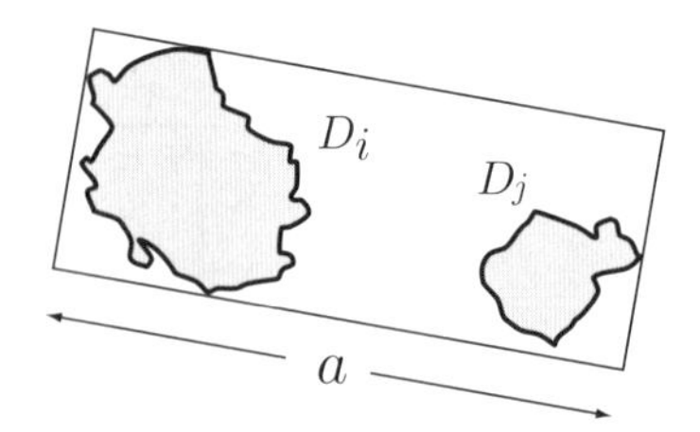

図 11.10　領域間の距離分布を数値計算するときの Δp の目安

覆うことができる長方形のうち，長辺が最も短くなるものの長辺の長さを用いることにしている．

11.6　平面における距離分布の一般論

ここで，これまでの距離分布の計算を一般論としてまとめておく．まず平面の距離分布を p.130 の図 11.1 から直接求めるのは難しいので，p.133 の図 11.3 のように直線 g をおく．そして，この g のうえで距離分布を求めるのだが，これはあとで dG で積分すれば平面での距離分布が得られるような分布 $f_g(r)$ であり，ここではこれを「直線 g 上の距離分布」とよぶことにする．そして平面における距離分布 $f(r)$ はこの直線 g 上の距離分布を用いて

$$f(r) = \int_{G_r} f_g(r)\mathrm{d}G \tag{11.19}$$

と表すことができる．そこでこれを「平面における距離分布の基本式」と名付けよう．ただし G_r は求めたい距離に関係する直線の集合を表していて，領域が凸の場合には G_r は p.133 の式 (11.7) の $G_{r<\ell}$ であり，直線 g 上の距離分布は式 (11.9) の $f_g(r) = 2r(\ell - r)$ であった．

誤解がないように言えば，この $f_g(r)$ は単純な線分における距離分布ではない．単純な場合には p.132 の式 (11.5) の重み $|t_2 - t_1|$ がつかないのである．そして領域が円の場合には上の基本式 (11.19) の計算は容易にできるが，そうでない場合には p.136 の式 (11.15) のように式 (11.19) の数値計算をせざるをえないし，領域が凸でない場合にも同じように数値計算する以外にはない．

11.6.1　非凸領域における距離分布

前述の p.134 の式 (11.9) は，計算に用いる直線が領域で分断されることがなく，すべて領域に含まれる場合のものであった．しかし図 11.11 のように対象領域が

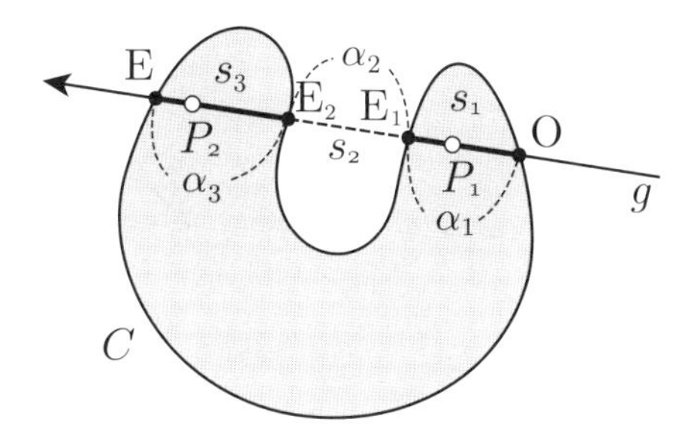

図 11.11 非凸領域と直線 g

凸でないとき，直線 g のある部分が領域の外に出てしまう場合がある．このような場合についても式 (11.5) を用いて距離分布を導出できることを示そう．

図 11.11 のように直線が領域によって 3 つの線分に分断される場合を考える．起点 O を定め，直線と領域の境界との交点を順番に $\mathrm{E}_1, \mathrm{E}_2, \mathrm{E}$ とし，線分 OE_1 を s_1，$\mathrm{E}_1\mathrm{E}_2$ を s_2，$\mathrm{E}_2\mathrm{E}$ を s_3 と名付ける．このとき式 (11.5) における P_1, P_2 がそれぞれどこにあるかで場合分けをする．まず P_1, P_2 が共に s_1 にあるときは，式 (11.9) より s_1 の長さを α_1 として距離分布 f_{11} は

$$f_{11}(r) = \begin{cases} 2\,r\,(\alpha_1 - r) & 0 < r < \alpha_1 \text{ のとき} \\ 0 & \text{それ以外のとき} \end{cases} \tag{11.20}$$

となる．同様に P_1 と P_2 が共に線分 s_3 にあれば，s_3 の長さを α_3 とすると，このときの距離分布を $f_{33}(r)$ とすれば

$$f_{33}(r) = \begin{cases} 2\,r\,(\alpha_3 - r) & 0 < r < \alpha_3 \text{ のとき} \\ 0 & \text{それ以外のとき} \end{cases} \tag{11.21}$$

が得られる．

さて，問題は P_1 が s_1 に P_2 が s_3 にあるような場合である．ここで s_2 の長さを α_2 とすれば，起点 O より $\mathrm{E}_1, \mathrm{E}_2, \mathrm{E}$ の座標はそれぞれ $\alpha_1, \alpha_1 + \alpha_2, \alpha_1 + \alpha_2 + \alpha_3$ となる．このとき前で述べたように，直線 g 上の座標を P_1 については t_1 軸，P_2 については t_2 軸で表すと，積分範囲は図 11.12 の (a) の着色部分で $0 < t_1 < \alpha_1, \alpha_1 + \alpha_2 < t_2 < \alpha_1 + \alpha_2 + \alpha_3$ となっている．ところで，この図 11.12 は $\alpha_1 < \alpha_3$ の場合である．$\alpha_1 > \alpha_3$ の場合は，起点 O を E のところに定めて座標の取り方を逆にし，t_1 と t_2 を入れ換えれば，$\alpha_1 < \alpha_3$ の場合と同じ議論ができるので $\alpha_1 < \alpha_3$ として一般性を失わない．

この場合の距離分布の累積である $F_g(r)$ は

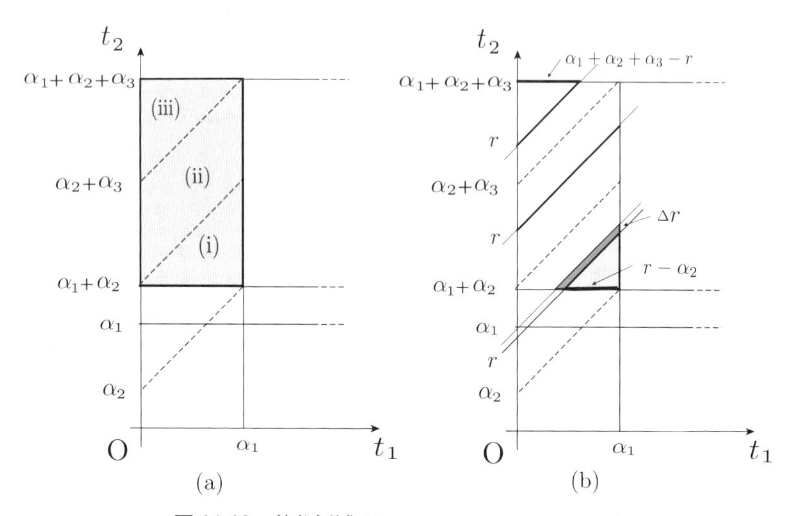

図 11.12　積分領域 ($P_1 \in s_1,\ P_2 \in s_3,\ t_2 > t_1$)

$$F_g(r) = \iint_{P_1 \in s_1, P_2 \in s_3, t_2 - t_1 < r} (t_2 - t_1)\ \mathrm{d}t_1 \mathrm{d}t_2 \tag{11.22}$$

と書くことができる．この積分の定義域は前にも述べたように図 11.12 の (a) の着色部分であり，そこに距離の不等式 ,$t_2 - t_1 < r$ が入るので，この不等式の境界である $t_2 = t_1 + r$ という直線がどこを通るかによって距離分布の計算が異なる．この直線と t_2 軸との交点はこれまでと同じように距離 r なのでこれによって分類すると図 11.12 の (a) のように $\alpha_2 < r < \alpha_1 + \alpha_2$ のときを場合 (i), $\alpha_1 + \alpha_2 < r < \alpha_2 + \alpha_3$ のときを場合 (ii)，$\alpha_2 + \alpha_3 < r < \alpha_1 + \alpha_2 + \alpha_3$ のときを場合 (iii) とよぶことにする．

まず (i) $\alpha_2 < r < \alpha_1 + \alpha_2$ のとき，式 (11.22) に相当する積分は，図 11.12 の (b) の灰色の領域において高さ $(t_2 - t_1)$ を考慮して行えばよい．しかしあとで r で微分することを考慮して，$r + \Delta r$ の領域から r の領域を引けば図 11.12 の (b) のより濃い灰色の部分となる．そして前述の p.134 の図 11.5 の図解のように微分した距離分布を求めようとすれば，これは塗りつぶした領域（直角 2 等辺三角形）の等辺の長さに，ここでの高さ r をかければよいこと分かる．等辺の長さは図 11.12 の (b) から明らかなように $r - \alpha_2$ なので，このときの距離分布を $f_{13}(r)$ とすれば

$$f_{13}(r) = r(r - \alpha_2) \tag{11.23}$$

が簡単に求められる．

つぎに (ii) $\alpha_1 + \alpha_2 < r < \alpha_2 + \alpha_3$ のときには，図 11.12 の (b) から直線 $t_2 =$

$t_1 + r$ の定義域における長さは変わらないので，t_1 軸への投影の長さは α_1 で高さは r なので，このときの距離分布は

$$f_{13}(r) = r\alpha_1 \tag{11.24}$$

となる．

最後に (iii) $\alpha_2 + \alpha_3 < r < \alpha_1 + \alpha_2 + \alpha_3$ のときは，やはり図 11.12 の (b) から求めたい距離は $\alpha_1 + \alpha_2 + \alpha_3 - r$ なので距離分布は

$$f_{13}(r) = r\,(\alpha_1 + \alpha_2 + \alpha_3 - r) \tag{11.25}$$

となる．これらをまとめると，式 (11.23),(11.24),(11.25) より

$$f_{13}(r) = \begin{cases} r\,(r - \alpha_2) & \alpha_2 < r \leq \alpha_1 + \alpha_2 \text{ のとき} \\ r\,\alpha_1 & \alpha_1 + \alpha_2 < r \leq \alpha_2 + \alpha_3 \text{ のとき} \\ r\,(\alpha_1 + \alpha_2 + \alpha_3 - r) & \alpha_2 + \alpha_3 < r < \alpha_1 + \alpha_2 + \alpha_3 \text{ のとき} \\ 0 & \text{上記以外のとき} \end{cases} \tag{11.26}$$

が導かれる．

さて残るのは P_1 が s_3 に P_2 が s_1 にある場合である．図 11.12 では省略されているが，これまでと同じように $t_1 > t_2$ の部分にも $t_2 = t_1$ を軸に対称のものがあり，$\alpha_1 + \alpha_2 < t_1 < \alpha_1 + \alpha_2 + \alpha_3$，$0 < t_2 < \alpha_1$ が定義域となっている．そこで，この場合の距離分布を $f_{31}(r)$ とすれば，これは $f_{13}(r) = f_{31}(r)$ となっている．以上により，図 11.11 における直線 g 上の距離分布は式 (11.20),(11.21),(11.26) を用いて

$$f_g(r) = f_{11}(r) + f_{33}(r) + f_{13}(r) + f_{31}(r) = f_{11}(r) + f_{33}(r) + 2\,f_{13}(r) \tag{11.27}$$

と表すことができ，これを図示すると図 11.13 のようになる．

11.6.2 離れている 2 地域間の距離分布

ところで，式 (11.26) は図 11.11 において凸でない部分の距離分布導出で算出されたものである．しかし議論の過程で明らかだが，これは図 11.14 のように分離している 2 地域間の距離分布を一様な直線を介して導出する際に主要なものとなる．

もし話の順序としてこちらが先なら，p.142 から p.143 までの議論をここでしな

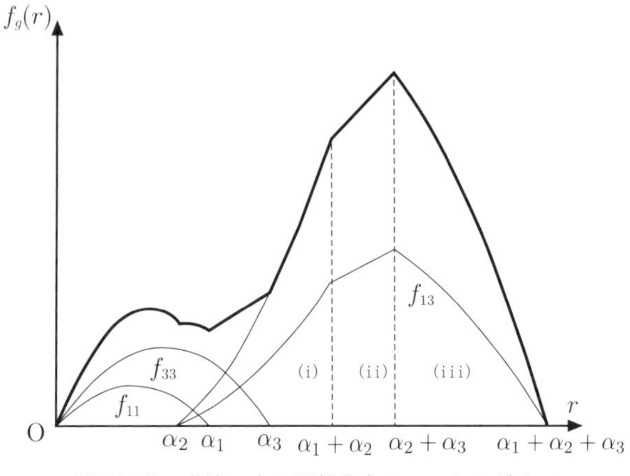

図 11.13　直線 g 上の距離分布 (11.27) のグラフ

ければならない．そこで，2 地域間の距離分布における重要な直線 g 上の距離分布 $f_g(r)$ の 1 つとして式 (11.26) を用いて

$$f_g(r) = 2\,f_{13}(r) \tag{11.28}$$

を挙げておく．またグラフは図 11.15 のようになる．ただし図 11.14 のように $\alpha_1 < \alpha_3$ だから成り立つので，いつも小さい区間のほうが α_1 となるように方向をつけておかなければならないのは，前に議論したとおりである．また，この式 (11.28) は往復で，片道しか考えない場合は

$$f_g(r) = f_{13}(r) \tag{11.29}$$

となることも付け加えておく．

さて図 11.14 は離れている 2 地域が最も簡単な凸の場合であった．実際には凸でない場合が多いので，理解しやすいように，このようなときの算出方針を冗長

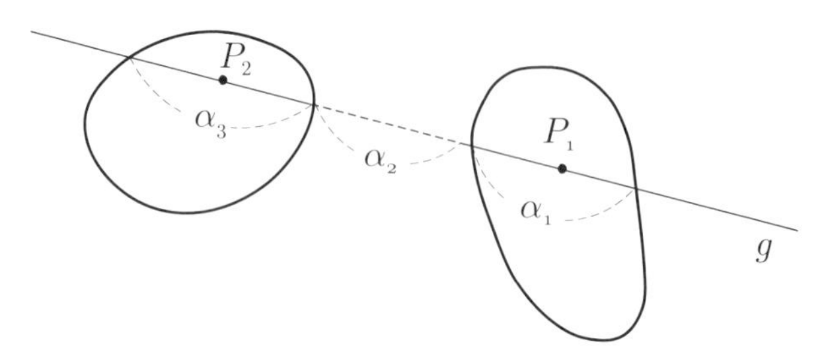

図 11.14　分離している 2 地域

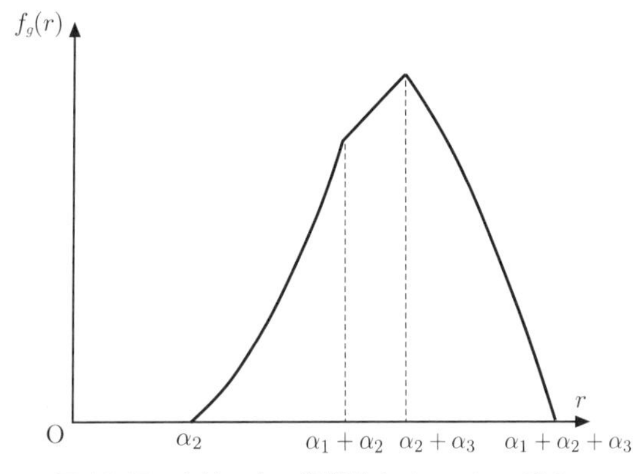

図 11.15　直線 g 上の距離分布 (11.28) のグラフ

にはなるが述べておこう．図 11.16 のように離れている地域 C_1, C_2 があり，これに図のように距離分布を算出するための直線 g が引かれているものとする．このとき直線 g と領域 C_1 と交わっている右の端を原点 O とし，矢印の方向に沿って領域の交点の g 上の座標を図 11.16 のように a_1, a_2, a_3, a_4, a_5 とする．そして，これらの座標で区切られた区間に図 11.16 のように s_1, s_2, s_3, s_4, s_5 と名前をつける．

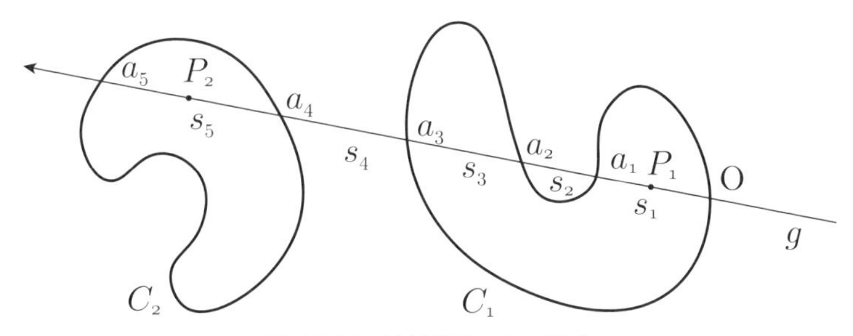

図 11.16　地域が凸でない場合

ここで議論するのは離れた 2 地域 C_1，C_2 間の移動なのでこれまでと同じように直線 g 上の点 P_1 の座標を t_1，P_2 の座標を t_2 として座標 (P_1, P_2) を表すと図 11.17 のようになり，ここでは灰色の部分だけ考えればよい．この図の領域を $P_1 \in s_i$，$P_2 \in s_j$ のとき D_{ij} で表すとすれば，灰色の部分は $D_{15}, D_{51}, D_{35}, D_{53}$ となる．前節で議論した $D_{13}, D_{31}, D_{11}, D_{33}$ に相当するものは領域の内々なので，当然のことながら，ここでの対象にはならない．

そこで図 11.17 の領域 D_{15} における距離分布は，$a_1 < a_5 - a_4$ なのでこれを図 11.14 に当てはめてみると

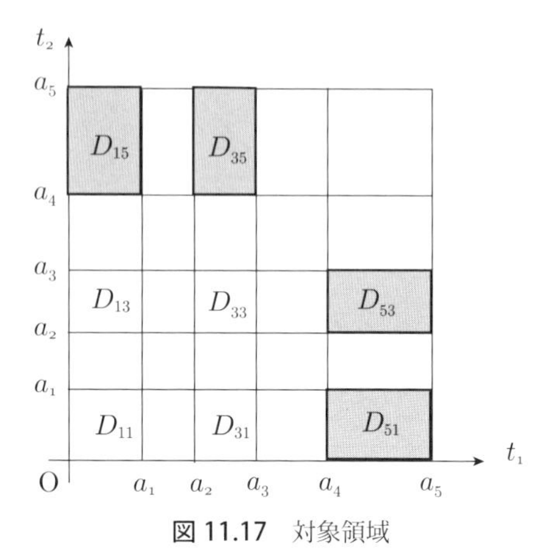

図 11.17　対象領域

$$
\begin{aligned}
\alpha_1 &= a_1 \\
\alpha_2 &= a_4 - a_1 \\
\alpha_3 &= a_5 - a_4
\end{aligned}
\tag{11.30}
$$

となるので，式 (11.26) より，この場合の距離分布を $f_{15}(r)$ とすると，領域 D_{51} における距離分布 $f_{51}(r)$ も等しいので

$$
f_{15}(r) = f_{51}(r) = \begin{cases} r\{r-(a_4-a_1)\} & a_4-a_1 < r \leq a_4 \text{ のとき} \\ r\,a_1 & a_4 < r \leq a_5 - a_1 \text{ のとき} \\ r\,(a_5 - r) & a_5 - a_1 < r < a_5 \text{ のとき} \\ 0 & \text{上記以外のとき} \end{cases}
\tag{11.31}
$$

となる．つぎに領域 D_{35} すなわち $P_1 \in s_3$，$P_2 \in s_5$ の場合は，このときも $a_3 - a_2 < a_5 - a_4$ であるから，これを図 11.14 に対応させてみると

$$
\begin{aligned}
\alpha_1 &= a_3 - a_2 \\
\alpha_2 &= a_4 - a_3 \\
\alpha_3 &= a_5 - a_4
\end{aligned}
\tag{11.32}
$$

なので，前と同じように式 (11.26) より，この場合の距離分布を $f_{35}(r)$ とすると，領域 D_{53} における距離分布 $f_{53}(r)$ も同じなので

$$f_{35}(r) = f_{53}(r) = \begin{cases} r\{r-(a_4-a_3)\} & a_4-a_3 < r \leq a_4-a_2 \text{ のとき} \\ r(a_3-a_2) & a_4-a_2 < r \leq a_5-a_3 \text{ のとき} \\ r(a_5-a_2-r) & a_5-a_3 < r < a_5-a_2 \text{ のとき} \\ 0 & \text{上記以外のとき} \end{cases} \tag{11.33}$$

が得られる．そこで図 11.16 における C_1 と C_2 間での直線 g 上の距離分布 $f_g(r)$ は

$$f_g(r) = f_{15}(r) + f_{51}(r) + f_{35}(r) + f_{53}(r) = 2f_{15}(r) + 2f_{35}(r) \tag{11.34}$$

となる．式を合併して 1 つにできなくはないが，このような場合が多く起こるので，数値計算上の加算を工夫したほうがよい．

11.7 東京 23 区における移動距離分布の推定

以上で一様な直線を介して距離分布の数値計算を計算するための準備はすべて揃ったことになる．つまり一様な直線 g_i 上で距離分布 $f_{g_i}(r)$ を求め，これに適切な重み $\Delta G_i (= \Delta p_i \Delta\theta_i)$ を乗じて加える，つまり

$$f(r) \approx \sum_i f_{g_i}(r)\,\Delta G_i = \sum_i f_{g_i}(r)\Delta p_i \Delta\theta_i \tag{11.35}$$

と表すことができる．そして距離分布 $f_{g_i}(r)$ は，これまで議論してきたように式 (11.9) と式 (11.28)（すなわち式 (11.26)）が基本で，これの組合せである式 (11.27) 等から数値計算することができる．

ところで「はじめに」で述べたように，いままで議論してきた距離分布には距離に関する重み，すなわち近いところには人は多く行き，遠いところはには行かないということは考えていない．それは移動手段等によっても変わるものであって，空間の特質を見るために克服すべき距離を同等に扱っているからに他ならない．しかし，ここでこの距離分布を使って実際の移動距離分布を推定してみよう．ただし実際の距離分布と書いたが，実際の鉄道や道路を使う距離分布ではない，様々な交通手段を用いて克服しなければならない直線距離の分布である．

これまで述べた距離分布は地域の面積に依存して一様に発生するトリップの直線距離の距離分布と考えてよい．そこで実例を東京 23 区にとり，東京 23 区の通勤 OD データに基づく重みを用いて現実の通勤移動距離分布を推定する．用いたデ

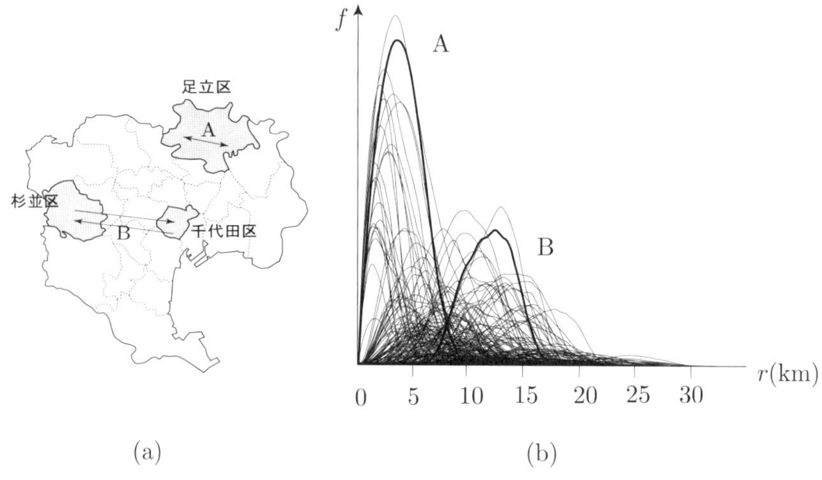

(a)　(b)

図 11.18　東京23区の各距離分布

ータは平成7（1995）年度国勢調査から東京23区内の通勤OD（総数3,463,502人）を抽出したもので，23区から2つとる組合せ253に内々の23を加えた276 ODペアに集計してある．なお通勤ODデータは対称ではないが，$i \to j$ と $j \to i$ を一緒にして $P_{ij}(i \leq j)$ としてあるものとする．そこで，まず276ペアの分布を確率密度関数のように総量を1になるように規準化する．つまり内々の距離分布であれば対象地域の面積を S_i として距離分布を S_i^2 で割り，分離している地域では2つの地域の面積を S_i, S_j とすると，式(11.28)のように往復であればこれを $2S_iS_j$ で割る（もっとも，片道であったら f_{13}/S_iS_j で規準化した分布では同じ)．そしてODペアの量 $P_{ij}(i \leq j)$ をかけることにより各分布の総量（積分値）が $P_{ij}(i \leq j)$ となるように変換できる．

このように東京23区の通勤ODの重みをつけた276ペア（内々移動も含む）の領域間の移動距離の分布を重ねて図示すると図11.18の(b)のようになる．図中の(b)の太線で表した分布は，Aが足立区内々の通勤距離分布とBが杉並区千代田区間の通勤距離分布である．そして図中の(a)ではそれを地図上で表してあるが，これを見ると区の形状から図11.10で示した分離した地域間はこのBであることが分かるであろう．図11.18のすべての分布を足し合わせ，これを全ODペアの量で割れば，東京23区全体の規準化された（総量を1にした）通勤移動距離分布が得られることになる．図11.19における連続曲線は，このようにして導出した東京23区における移動距離分布のグラフである．

一方，従来の方法で通勤距離分布を得ようとすれば，ODペアが各区の代表点（区役所）を行き来するとし，これに内々の補正（ゼロにならないような）や近隣

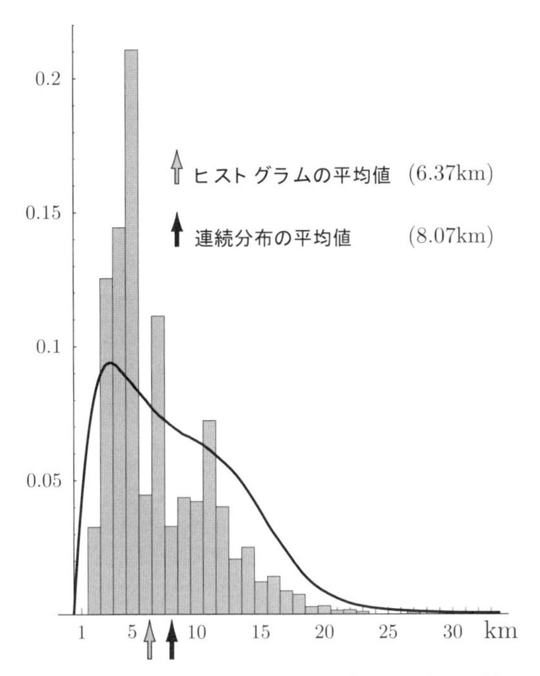

図 11.19　東京 23 区における移動距離分布の比較

区同士の距離の補正（詳しくは文献 [21]）を入れてヒストグラムとして求めることができる．こちらも規準化のために総量で割り（ただし連続量と比較する場合ヒストグラムの幅を考案して縦座標を決める必要があるが），ヒストグラムが同じく図 11.19 に示されている．

これをみると，平均値の違いが 1.7 km ほどあること，連続分布のほうが滑らかで裾野が広い分布をしていることが分かる．また東京都における区を単位とした地域分割は，図 11.18 の (a) を見ても明らかなように，大きさにかなりばらつきが存在する．そして大きい区同士のペアの（全体の）距離分布を考える場合，代表点間の距離に縮約することによって省略されてしまう部分を無視できないことが分かるだろう．またこの図には示されていないが，都心から離れた周辺の面積の大きい区では区役所が都心に近いほうに偏在しており，平均値を短くする要因にもなっていよう．

ところで，連続分布にも問題がないわけでない．区内や区をまたぐ移動の起終点は現実には区内では一様ではないことである．この方法では，起終点が一様に分布するとしても差しつかえない程度に細かく対象地域を分割すれば正しい分布が得られることは議論の過程から明らかであろう．しかし，図 11.19 に示した分布はこの一様性が保証されない点において真の分布とは異なっていることになる．とはいえ，より真の分布に近いと思われるものとして連続分布を導き，これをもとに従来の方法を評価できたことは収穫だと思っている．

11.8　おわりに

ここでは，これまで単純な図形でしか求められなかった距離分布について，数値的ではあるが厳密に導出する方法を示した．式 (11.1) と変数変換の式 (11.5) を用いれば，距離分布は一様な直線を介し関数型として式 (11.9)，あるいは式 (11.26) のように簡潔な 2 次式と 1 次式の足し算（厳密には積分）で表現できるのである．このことは，つまるところ 4 次元の計算を次元を落として 2 次元の計算にできるということを示しており，もっと活用すべきものと考えられる．

前節では現実の移動を扱っているので式 (11.1) に対応するものとして地点 P_1 から P_2 に移動する量を密度 $\mu(P_1, P_2)$ で表し，本来

$$F(r) \ = \ \iint_{D(P_1,P_2)<r} \mu(P_1, P_2)\, \mathrm{d}P_1 \mathrm{d}P_2 \tag{11.36}$$

として議論すべきものであった．前半で $\mu(P_1, P_2) = 1$ としていたのは，現実をシミュレートするものではなく，著者が論じてきたように，あくまで移動から見た空間そのものの性質を論じるという意図によるものである．この東京 23 区の計算実例では，i 区の領域を D_i，その面積を S_i，区 i と区 j 間の移動人数を P_{ij} で表すと（ここでは前と違って P_{ij} と P_{ji} は別に扱うが，計算を簡単にする過程で同じものになる）

$$\mu(P_1, P_2) = \frac{P_{ij}}{S_i S_j} \quad (P_1 \in D_i,\ P_2 \in D_j \text{ のとき，} i = j \text{ の場合も含む}) \tag{11.37}$$

とおいた式 (11.36) を計算したことになる．つまり 4 次元の領域をいくつかの部分領域に分け，実際の調査データを用いてそれぞれに上記式 (11.37) のような重みをつけたことに他ならない．結果として得られた予想外に滑らかな分布の 2 つの “こぶ” は，ある意味で昔から変わらない普遍的な近距離通勤と，都心 3 区（あるいは新宿も含む）への通勤移動の合成により生じるものと推察でき，従来の方法ではとてもこのような予想はできないと考えられる．

なお，ここでの課題は本来，距離分布を用いて様々な都市空間を系統的に論ずる中に含まれるべきものである．ただ積分幾何学の基本的な変数変換 (11.5) に深くかかわるところがあるので，ここでも論ずることにした

第 12 章

開放性の尺度・Croftonの定理1の拡張

応用編の多くは，初めに挑戦したい問題があり，それを追求する過程で積分幾何学の定理や法則を応用するというものである．しかし，ここでは p.35 から p.37 にかけての Crofton の定理 1 すなわち式 (4.2),(4.4),(4.5) の続きとして，領域の数を増やした場合について理論的に論じていく．

12.1　領域が 3 つの場合

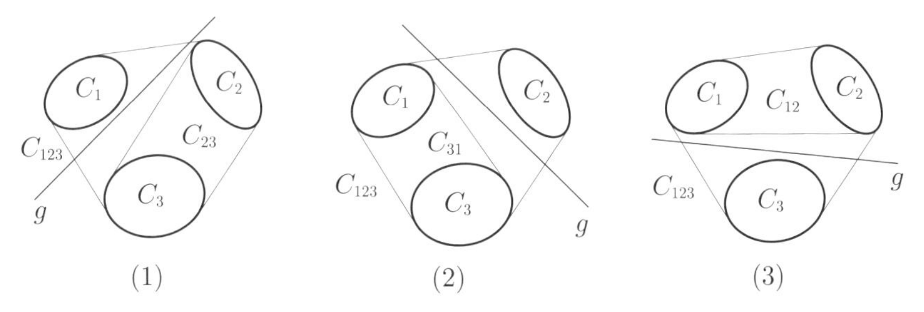

図 12.1　領域 C_1, C_2, C_3 のどれとも交わらない直線 g

まずここで，凸領域が 3 つの場合について考えてみよう．前にも述べたように領域が凸でないときは，その凸包を取って議論をしても直線が通る場合は同じなので，凸としても一般性を失うことはない．そこで 3 つの凸領域を図 12.1 のように C_1, C_2, C_3 とし，これらをすべて含む最小凸領域（凸包）を C_{123}，2 つの凸領域 C_i, C_j をともに含む最小凸領域を C_{ij} で表すものとする．そして C_{123} を通る直線のうちで C_1, C_2, C_3 のどれをも通らない直線 g の集合を G_ϕ とすると，g はこれから述べるいずれかの場合に含まれる．

第 1 の場合，g は図 12.1 の (1) のように 3 つの領域を C_1 と C_2, C_3 に分割し C_1, C_{23} のどちらをも通らない．

第 2 の場合，g は図 12.1 の (2) のように C_2 と C_3, C_1 に分割し，C_2, C_{31} のどちらをも通らない．

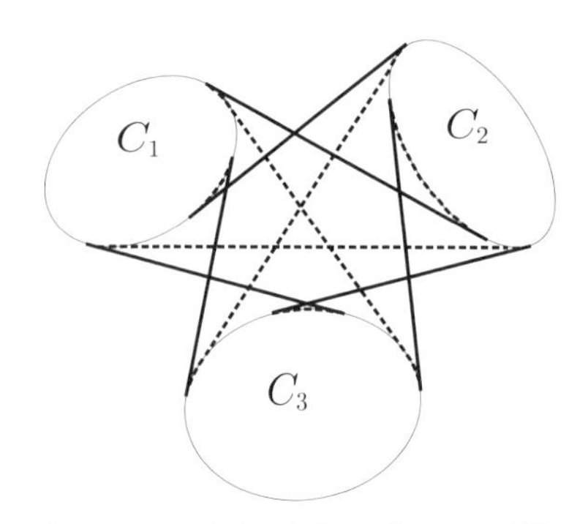

図 12.2　式 (12.2) の図示，実線はプラス，破線はマイナス

第3の場合，g は図 12.1 の (3) のように C_3 と C_1, C_2 に分割し C_3, C_{12} のどちらをも通らない．

そこで，この3つの場合に応じて直線の集合をそれぞれ $G_{\phi 1}, G_{\phi 2}, G_{\phi 3}$ とおくと，これらは互いに素である．これは図 12.1 を見ても明らかだが，一応証明しておこう．

ここで $G_{\phi 1}, G_{\phi 2}$ をとり，$G_{\phi 1} \cap G_{\phi 2} \neq \emptyset$ と仮定すれば，$g \in G_{\phi 1} \cap G_{\phi 2}$ なる g が存在する．すると g は $g \in G_{\phi 1}$ から C_{23} を通らない．同様に $g \in G_{\phi 2}$ から C_{31} を通らない．すると明らかに g は C_{123} を通らないことになってしまう．そこで $G_{\phi 1} \cap G_{\phi 2} = \emptyset$ であり，他の組合せも同じである．以上のことから，G_ϕ はつぎのように

$$G_\phi = G_{\phi 1} + G_{\phi 2} + G_{\phi 3}$$

と直和に分解される．

ところで $G_{\phi i} (i = 1, 2, 3)$ の測度は p.37 式 (4.4) から相異なる i, j, k について

$$m(G_{\phi i}) = L(C_i, C_{jk}) - L(C_i) - L(C_{jk}) \tag{12.1}$$

となるから，G_ϕ の測度すなわち3つの領域を通り抜ける直線の集合の測度は

$$\begin{aligned} m(G_\phi) &= m(G_{\phi 1}) + m(G_{\phi 2}) + m(G_{\phi 3}) \\ &= L(C_1, C_{23}) + L(C_2, C_{31}) + L(C_3, C_{12}) \\ &\quad -\{L(C_{12}) + L(C_{23}) + L(C_{31}) + L(C_1) + L(C_2) + L(C_3)\} \end{aligned} \tag{12.2}$$

と導かれる．結局この測度はいくつものエンドレスバンドや領域の境界の長さを，加えたり引いたりしたもので，このときプラスとマイナスで相殺される部分を省き，残る長さのうちプラスの部分を太い実線，マイナスの部分を太い破線で表すと，図 12.2 のようになる．この図の実線の部分の長さから破線の部分の長さを引

けば式 (12.2) の値となる．

つぎに 3 個の領域 C_1, C_2, C_3 のすべてを通る直線の集合を G_{123} とし，その測度 $m(G_{123})$ を求めてみよう．いま考えている直線の全体は領域 C_{123} を通る直線なので，その測度は周長 $L(C_{123})$ である．ここで C_i を通る直線の集合（他も通っても通らなくても）を G_i，また 2 つの領域 C_i, C_j を通る直線の集合（残る領域 1 つを通っても通らなくても）を G_{ij} とし，これらの関係を図示すると図 12.3 のようになる．注意したいことは例えば G_1 には C_1 とだけ交わるもの，C_1 と C_2 だけと交わるもの，C_1 と C_3 だけに交わるもの，C_1, C_2, C_3 のすべてと交わるものが含まれている．このことを図 12.3 の破線で一部右に抜き書きしている．これに注意して図 12.3 における包除関係を考えると

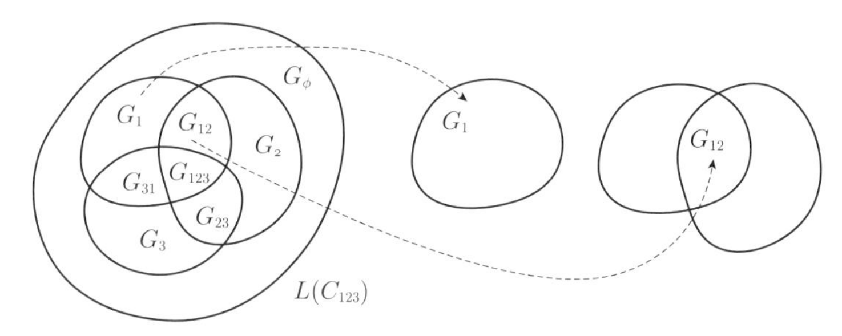

図 12.3　直線の集合の包除概念図

$$m(G_\phi) = L(C_{123}) - \{m(G_1) + m(G_2) + m(G_3)\}$$
$$+\{m(G_{12}) + m(G_{23}) + m(G_{31})\} - m(G_{123}) \tag{12.3}$$

が成り立つ．そして，これまで議論してきたように $m(G_i) = L(C_i)(i = 1, 2, 3)$ であり，また Crofton の定理 (4.2) より

$$m(G_{12}) = L(C_1, C_2) - L(C_{12})$$
$$m(G_{23}) = L(C_2, C_3) - L(C_{23})$$
$$m(G_{31}) = L(C_3, C_1) - L(C_{31})$$

となっている．さらに，領域のどれとも交わらない直線の集合の測度 $m(G_\phi)$ は式 (12.2) で求められているので，これらを式 (12.3) にいれて整理すると 3 つの領域すべてと交わる直線の集合 G_{123} の測度が

$$m(G_{123}) = L(C_{123}) + L(C_1, C_2) + L(C_2, C_3) + L(C_3, C_1)$$
$$-\{L(C_1, C_{23}) + L(C_2, C_{31}) + L(C_3, C_{12})\} \tag{12.4}$$

と導出される．

これを前と同じようにプラスの部分を実線，マイナスを破線とし，領域の境界上で相殺される部分は省略して図示すると，図 12.4 のようになる．これをみると領域の境界を離れた部分でもプラスとマイナスがペアとなっているので，式 (12.4) の $m(G_{123})$ は 0 となっていることが分かる．図からも C_1, C_2, C_3 と同時に交わる直線は無いことが分かるであろう．

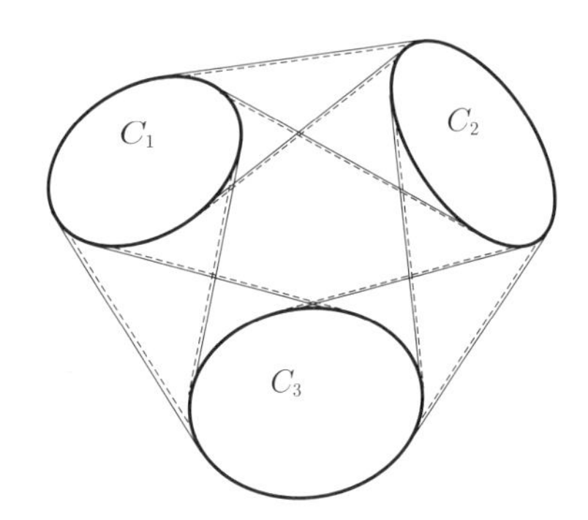

図 12.4　式 (12.4) の図示，実線はプラス，破線はマイナス ($m(G_{123}) = 0$ のとき)

では領域の配置が変わって図 12.5 のようになると，図から分かるように領域 C_3 と領域 C_{12} が交わっているので前にも議論したように

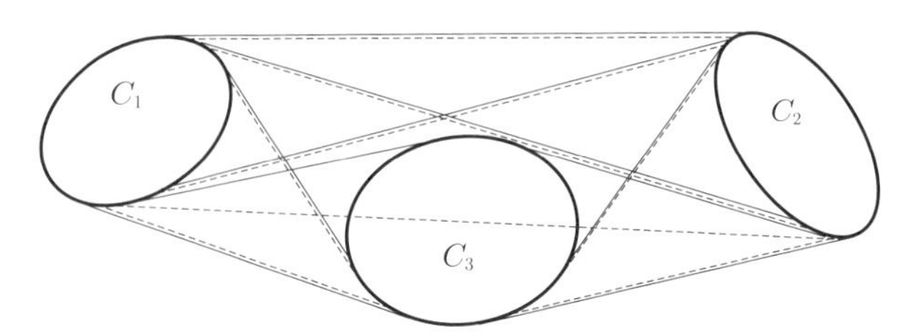

図 12.5　式 (12.4) の図示，実線はプラス，破線はマイナス ($m(G_{123}) \neq 0$ のとき)

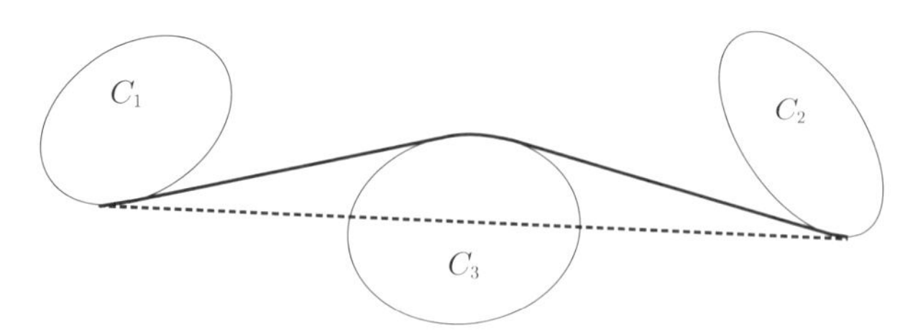

図 12.6　式 (12.4) の値，実線はプラス，破線はマイナス ($m(G_{123}) \neq 0$ のとき)

$$L(C_3, C_{12}) = L(C_3) + L(C_{12})$$

とおかなければならない．そして，前と同じように式 (12.4) を実線はプラス，破線はマイナスで表示すると，前と同じようにはならずに相殺されない部分が残る．これを分かりやすく示すと図 12.6 のようになり，実線（プラスの部分）には直線部分以外に領域 C_1, C_3, C_2 の境界の一部が含まれている．一方，破線は直線となっていて式 (12.4) は 0 ではないことが分かる．以上のことから，ちょうど 1 個の領域とだけ交わる直線の集合の測度や 2 個の領域とだけ交わる直線の集合の測度も計算できるが，長くなるので略す．

12.2 領域が n 個の場合

領域の数を 2 個，3 個と増やしてきたが，ここで一般的に n 個の場合について考えよう．前でも見てきたように，3 個のときでさえすべての領域を通る直線が存在するのはやや歪んだ配置であった．領域の数が多くなればなるほど実際にはどの領域とも交わらない直線の集合に意味がある場合が多くなる．そこで凸領域が n 個あってそれらを $C_1, C_2, \ldots, C_n$ で表すものとする．また N を 1 から n までの整数の集合とし，N' を N の部分集合とする．そして $k \in N'$ なる C_k すべてを含む最小凸領域（凸包）を $C_{N'}$ で表すものとすると，ここでの主題は C_N を通る直線のうちで，どの領域とも交わらない直線の集合 G_ϕ の測度に関するものである．

まず N を空でない 2 つの集合に分割して，一方を N_i, 他方を $\bar{N}_i$ とし，これを分割 i と名づける．相異なる分割の仕方が m 通りとすると，n 個から j 個 $(j \neq 0)$ とる組合せと n 個から $n-j$ 個 $(n-j \neq 0)$ とる組合せの中にちょうど同じ分断がペアで存在することと，二項定理

$$\sum_{j=0}^{n} \binom{n}{j} = 2^n$$

より

$$m = \frac{1}{2} \sum_{j=1}^{n-1} \binom{n}{j} = 2^{n-1} - 1 \tag{12.5}$$

が成り立つ．

そして分割 i によって生じた C_{N_i} と $C_{\bar{N}_i}$ について図 12.7 のようにそのどちらも通らない直線 g_i が考えられ，この集合を G_i で表す（$G_i = \emptyset$ の場合は C_{N_i} と

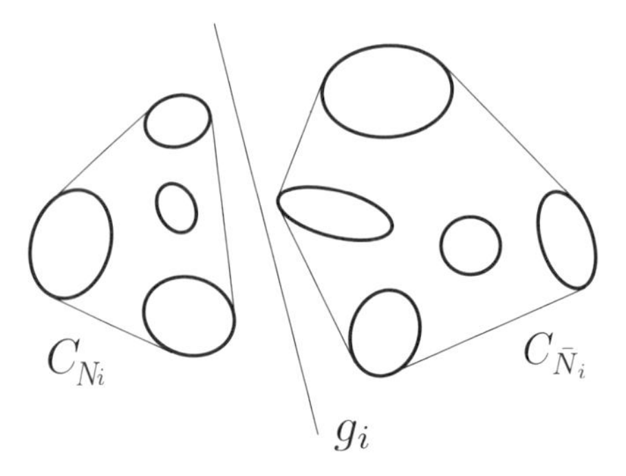

図 12.7 分割 i と直線 g_i

$C_{\bar{N}_i}$ が交わっているときで，このときは前にも議論したように測度の式が 0 になるので問題ない）．同じように分割 j に対応して直線 g_j の集合 G_j を考えることができる．もし $G_i \cap G_j \neq \emptyset$ とすると $g \in G_i \cap G_j$ なる g が存在する．すると g は $C_{N_i}, C_{\bar{N}_i}, C_{N_j}, C_{\bar{N}_j}$ のすべてを通らない．このような g は C_N を通る直線の中には存在しない．したがって $i \neq j$ なるすべての i, j に対して $G_i \cap G_j = \emptyset$ が成り立つ．そこで，G' を直和として

$$G' = G_1 + G_2 + \cdots + G_m$$

とおく．ところで $g \in G_\phi$ なる g はかならず n 個の凸領域を 2 つに分割するから，$g \in G_i$ となる i が存在する．そこで $g \in G'$ となるから $G_\phi \subseteq G'$ が成り立つ．一方 $g \in G'$ なる g はかならずいずれかの G_i に含まれ，G_i に含まれる直線はどの領域をも通らない．よって $g \in G_\phi$ となり，$G' \subseteq G_\phi$ が成立する．

以上から $G' = G_\phi$ となり，上の式から

$$G_\phi = G_1 + G_2 + \cdots + G_m \tag{12.6}$$

が導かれる．そして G_i の測度は式 (12.1) より

$$m(G_i) = L(C_{N_i}, C_{\bar{N}_i}) - L(C_{N_i}) - L(C_{\bar{N}_i})$$

と表されるので，G_ϕ の測度すなわち通り抜ける直線の集合の測度は

$$m(G_\phi) = \sum_{i=1}^{m} \{L(C_{N_i}, C_{\bar{N}_i}) - L(C_{N_i}) - L(C_{\bar{N}_i})\} \ (m = 2^{n-1} - 1) \tag{12.7}$$

となる．これは前の $n = 2$ のときの式 (4.4)，$n = 3$ のときの式 (12.2) を含んでいることはいうまでもない．

12.3　実例の計算，開放性の尺度

前の節で求めた測度の式 (12.7) は式としては簡潔に表現されている．しかし実際に計算する場合にはアルゴリズムを別に考えなくてはならない．それを議論する前段として，地区内で交わらないで端から端まで通り抜ける直線の集合 G_ϕ の測度 $m(G_\phi)$ を開放性の尺度として計算しよう．これは実際に地区の開放性を表す指標として提案したものだが，ここでは計算例として，地区の中の建物があるとないとでこの測度 $m(G_\phi)$ がどのくらい違うのかを計算してみる．

いま図 12.8 のように 10×10 の対象領域に建物を表す領域 C_i があって図の (a) では C_1, C_2, C_3 があり，そこへ図の（b）のように新たに領域（建物）C_4 が加わったものとする．このとき領域 C_{123}（前と同じように C_1, C_2, C_3 を含む凸包を表す）を通る直線の内で建物のどれとも交わらないで端から端まで通り抜ける直線が，C_4 が加わったことによりどのくらい減少するのだろうか．前の節では交わらない直線を領域の分断ごとに議論したが，ここでは直線が通り抜ける C_{123} の境界に注目する．図 12.8 の (a) における C_{123} と (b) における C_{1234} は同じなので，この境界で領域に含まれない区間（細い破線）を図のように I_1, I_2, I_3 とし，これを通り抜ける直線ごとに計算していくことにする．まず図 12.8 の (a) の場合を計算する．

(a1) 直線が I_1, I_2 と交わる場合

このときは C_{13} と C_2 との分割なので，このときの通り抜ける直線の集合を G_{12} とすると

$$m(G_{12}) = L(C_{13}, C_2) - L(C_{13}) - L(C_2) = \sqrt{73} + 2\sqrt{13} - 8 - \sqrt{37}$$

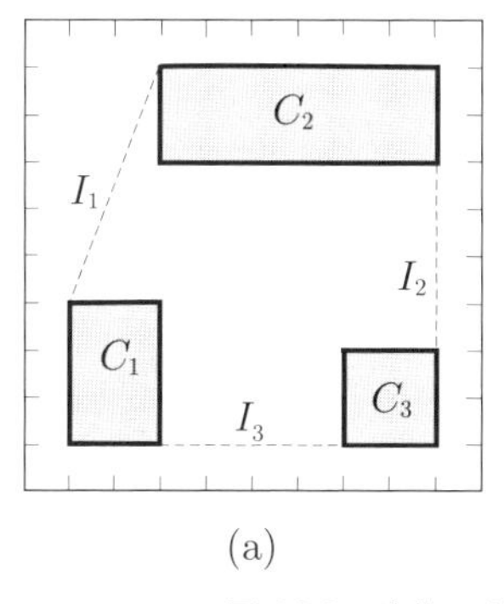

(a)

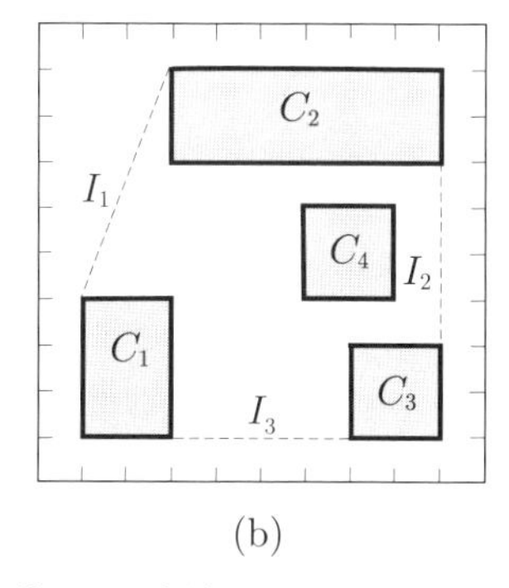

(b)

図 12.8　建物の配置 (a) に C_4 が加わった場合 (b)

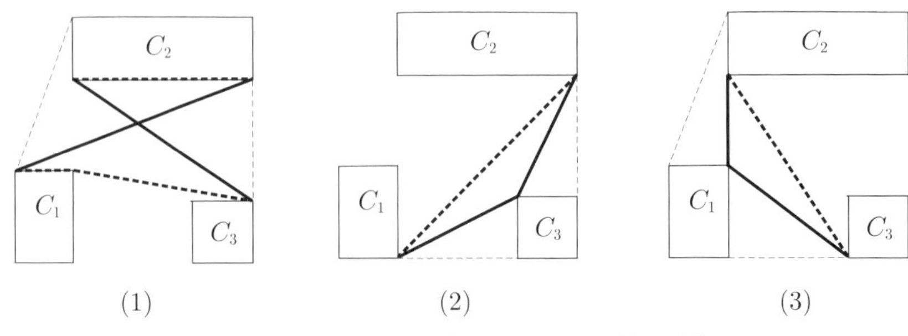

図 12.9　平面図 (a) の各場合における測度の計算

となり，これをプラスを太い実線，マイナスを太い破線で表すと図 12.9 の（1）のようになる．

(a2) 直線が I_2, I_3 と交わる場合

このときは C_{12} と C_3 との分割なので，このときの通り抜ける直線の集合を G_{23} とすると

$$m(G_{23}) = L(C_{12}, C_3) - L(C_{12}) - L(C_3) = 4\sqrt{5} - 6\sqrt{2}$$

となり，これを図示すると図 12.9 の（2）のようになる．

(a3) 直線が I_1, I_3 と交わる場合

このときは C_1 と C_{23} との分割なので，このときの通り抜ける直線の集合を G_{13} とすると

$$m(G_{13}) = L(C_1, C_{23}) - L(C_1) - L(C_{23}) = 8 - 2\sqrt{13}$$

となり，これを図示すると図 12.9 の（3）のようになる．

以上により，図 12.8 の (a) の場合で通り抜ける直線の集合 $G_{\phi a}$ の測度が

$$m(G_{\phi a}) = m(G_{12}) + m(G_{23}) + m(G_{13}) = \sqrt{73} + 4\sqrt{5} - \sqrt{37} - 6\sqrt{2} \approx 2.92 \tag{12.8}$$

と得られる．

つぎに図 12.8 の (b) の場合を計算する．

(b1) 直線が I_1, I_2 と交わる場合

このときは意味のある分割が 2 つあり，1 つは C_{134} と C_2 との分割で，他の 1 つは C_{13} と C_{24} との分割である．そこで，このときの前者の分割に対応する通り抜ける直線の集合を G_{12-1} とし，後者の直線の集合の測度を G_{12-2} とする．すると前者については

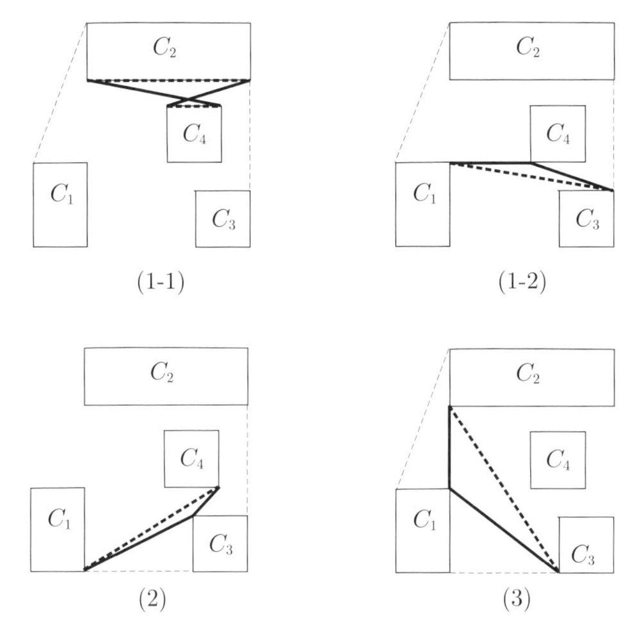

図 12.10 平面図 (b) の各場合における測度の計算

$$m(G_{12-1}) = L(C_{134}, C_2) - L(C_{134}) - L(C_2) = \sqrt{26} + \sqrt{10} - 8$$

となり，これを図示すると図 12.10 の (1-1) のようになる．

また後者については

$$m(G_{12-2}) = L(C_{13}, C_{24}) - L(C_{13}) - L(C_{24}) = 3 + \sqrt{10} - \sqrt{37}$$

となり，これも図示すると図 12.10 の (1-2) のようになる．

(b2) 直線が I_2, I_3 と交わる場合

このときの分割のうち C_{12} と C_{34} との分割は両者が交わってしまうので通り抜ける直線はない．意味のあるのは C_{124} と C_3 の分割なので，このときの通り抜ける直線の集合を G_{23} とすると

$$m(G_{23}) = L(C_{124}, C_3) - L(C_{124}) - L(C_3) = \sqrt{2} + 2\sqrt{5} - \sqrt{34}$$

となり，これを図示すると図 12.10 の (2) のようになる．

(b3) 直線が I_1, I_3 と交わる場合

このとき C_4 は C_{23} に含まれているので，意味のある分割は C_1 と C_{234} である．このときの通り抜ける直線の集合を G_{13} とすると

$$m(G_{13}) = L(C_1, C_{234}) - L(C_1) - L(C_{234}) = 8 - 2\sqrt{13}$$

となり，これを図示すると図12.10の（3）のようになるが，この場合C_4が邪魔しないので，C_4がなかったときの図12.9の（3）と全く同じである．

これまでの結果より，図12.8の(b)の場合の通り抜ける直線の集合$G_{\phi b}$の測度が

$$\begin{aligned} m(G_{\phi b}) &= m(G_{12-1}) + m(G_{12-2}) + m(G_{23}) + m(G_{13}) \\ &= 3 + \sqrt{26} + 2\sqrt{10} + 2\sqrt{5} + \sqrt{2} - \sqrt{37} - \sqrt{34} - 2\sqrt{13} \approx 1.19 \end{aligned} \tag{12.9}$$

と計算される．

以上により，図12.8においてC_4が加わったことで建物群を通り抜ける直線の測度が式(12.8)から式(12.9)に減少したことになり，比率は$m(G_{\phi b})/m(G_{\phi a}) \approx 0.41$と約4割に減ったことになる．これは直感ではなかなか会得できないものであろう．なお図12.8の(b)の計算過程でC_{1234}の境界にC_4は入っていなかった．したがってC_4を軸にした分割を考える必要がなかった．これが現実的なアルゴリズムにつながっていく．また(b1)のところでも分かるように，複数個の分割に対応する直線が境界の同じ区間を通ることも分かるであろう．

12.4 通り抜ける直線の測度を計算するアルゴリズム

前にも述べたように，p.156の理論式(12.7)は式としては簡潔に表現されているが，大部分の分割ではそれぞれの凸包が交わっていて通り抜ける直線は存在しない．そこで前の実例のように，確実に通り抜ける両端の区間に注目して計算する．前の平面図(b)の計算実例では領域数が$n = 4$であった．式(12.5)より分割の数は$m = 7$となるが，区間をもとにした実例では計算回数が4であった．理論的な分割の数は2^nのオーダーだが，大雑把にいえば領域が平面に偏らず分布していれば区間の数のオーダーは$\sqrt{n}$であり，したがって区間の組合せの数はnのオーダーとなる．

ここで前と同じようにn個の凸領域$C_i (i = 1, 2, \ldots, n)$があって1から$n$までの整数の集合を$N = \{1, 2, \ldots, n\}$とし，$N$の部分集合$N'$を用いた$C_{N'}$は$k \in N'$なる$C_k$すべてを含む凸包を表すものとする．まず$N$の部分集合で$C_N = C_{N'}$が成り立つような$N'$を考え，その中で元の数がもっとも小さいものを$B$とおく．すると$C_N$の境界は明らかに$b \in B$なる$C_b$の境界の部分と，これらを結

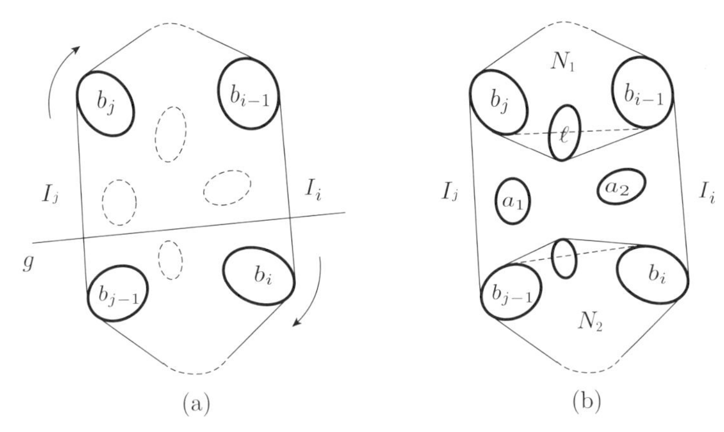

図 12.11 通り抜ける区間を基にした分割（ただし領域 C については添え字のみを表示）

んでできる線分とで構成される．そこで図 12.11 の (a) のようにこの境界を構成する線分に任意のものから時計回りに番号をつけ，$I_1, I_2, \ldots, I_k$ で表す．また図 12.11 の (a) のように I_i が接している 2 つの凸領域のうち，時計が進むほうの領域を C_{b_i}，そうでないほうを $C_{b_{i-1}}$ とすると（ただし $b_0 = b_k$）

$$B = \{b_1, b_2, \ldots, b_k\}$$

となる．領域 C_N を通って領域 $C_i(i = 1, 2, \ldots, n)$ のどれとも交わらない直線の集合 G_ϕ に属する直線 g はかならず $I_1, I_2, \ldots, I_k$ のうちの 2 本を通るから，これを図 12.11 の (a) のように I_i と I_j とする（ただし $i < j$）．そして I_i と I_j を通って通り抜ける直線は少なくとも B を 2 つの集合に分割する．それを B_1, B_2 とすると

$$B_1 = \{b_j, b_{j+1}, \ldots, b_k, b_1, b_2, \ldots, b_{i-1}\}$$
$$B_2 = \{b_i, b_{i+1}, \ldots, b_{j-1}\}$$

となる．そこでこれらをもとに，つぎのように N_1 と N_2 をつくる．まず $N_1 = B_1$ として C_{N_1} を考え，C_{N_1} に含まれる領域の添え字を N_1 に入れ，さらに C_{N_1} と交わる領域を図 12.11 の (b) のようにたとえば C_ℓ とすれば，その添字である ℓ を集合 N_1 の中に入れ，また新たな C_{N_1} をつくっていく．こうして同じ手続きを繰り返し，入る元がなくなるまでつづける．また N_2 に関しても $N_2 = B_2$ として同じことを繰り返す．もし繰り返している過程や N_1 と N_2 が決定した段階で C_{N_1} と C_{N_2} が交われば，I_i と I_j を通って G_ϕ に属する直線は存在しないので，つぎの線分の組合せに移ることになる．したがって以下，図 12.11 の (b) のような

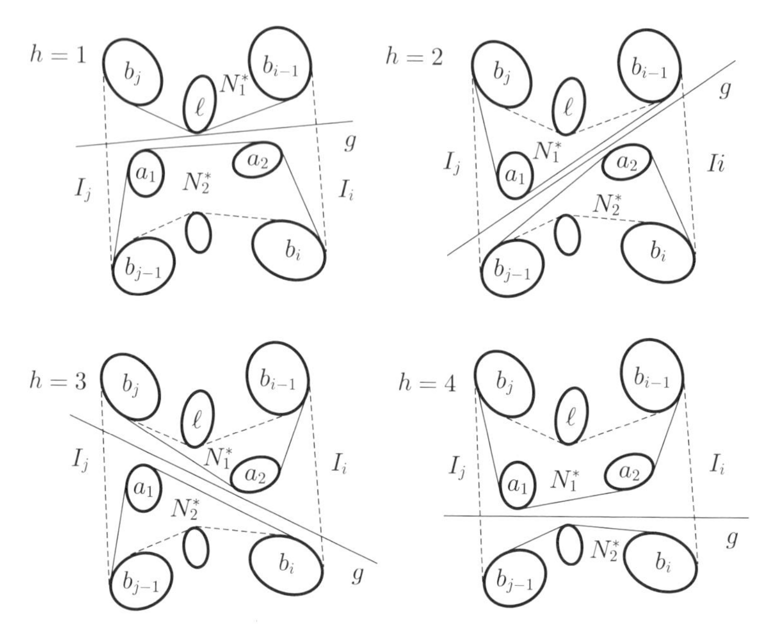

図 12.12　分割 $h = 1, 2, 3, 4$（ただし領域 C については添え字のみを表示）

$C_{N_1} \cap C_{N_2} = \emptyset$ である場合を考えればよい．すると N に属するもののうちで，N_1 にも N_2 にも含まれないものが 1 つも存在しないか，何個か存在する場合がある．まず 1 つも存在しない場合は，この分割で通り抜ける直線の測度を計算すればよい．つぎに何個かある場合はこの個数を p とし，これらの集合を N_3 とおいて

$$N_3 = \{a_1, a_2, \ldots, a_p\}$$

とする．例として載せてある図 12.11 の (b) の場合には $p = 2$ である．

ここで，もし $N_1 - B_1$ や $N_2 - B_2$ に含まれる元を 1 つでも N_1 と N_2 とで入れ換えると，C_{N_1} と C_{N_2} は交わる．このときは N_3 の元が N_1 や N_2 にどう合併しようと $C_{N_1} C_{N_2}$ は交わるので，これに対応する分割では G_ϕ に属する直線は存在しない．そこで，N_3 の元の所属のみについて考えればよい．N_3 の元の数は p で，1 つの元は N_1 か N_2 のどちらかと合併するかで 2 通りあるから，すべての場合の数は 2^p となる．そこで場合に番号 h をつけ，N_3 の元で場合 h のとき N_1 と合併するものの集合を N_{1h}（$\emptyset$ の場合もあり），N_2 と合併するものを N_{2h}（$\emptyset$ の場合もあり）で表す．そして合併後の集合を N_1^*，N_2^* で表示すると，N の意味ある分割は $N_1^* = N_1 + N_{1h}$，$N_2^* = N_2 + N_{2h}$ となる．図 12.11 の (b) の例では $p = 2$ なので h は 1 から 4 までであり，これを図示すると図 12.12 のようになる．

以上から G_ϕ に属する直線で I_i と I_j をともに通る直線の集合を $G_{\phi ij}$ で表すと，この測度は

$$m(G_{\phi ij}) = \sum_{h=1}^{2^p} \{L(C_{N_1^*}, C_{N_2^*}) - L(C_{N_1^*}) - L(C_{N_2^*})\},$$

$$\text{ただし } N_1^* = N_1 + N_{1h},\ \ N_2^* = N_2 + N_{2h},$$

$$N_3 = N - (N_1 + N_2) = N_{1h} + N_{2h} \tag{12.10}$$

と表すことができる．ここで ij の組合せと相異なる $i'j'$ の組合せについて考えよう．組合せ ij のときの B_1, B_2 に対応して $i'j'$ のときのそれを B_1', B_2' とする．すると，少なくとも $i \neq i'$ か $j \neq j'$ のどちらかは成り立つ．そこで B の B_1, B_2 の分割と B_1', B_2' の分割が同じになることはない．そして $b \in B$ なる b は対象地域全体 C_N の境界の一部を構成する上で，どのような ij の組合せの N_3（境界を構成していない）にも含まれることはない．ゆえに ij と $i'j'$ とでは N の同じ分割が現れることはないので

$$G_{\phi ij} \cap G_{\phi i'j'} = \emptyset$$

が成り立つ．そこで ij の組合せすべてにわたって $G_{\phi ij}$ を加え，これを

$$G' = \sum_{i<j} G_{\phi ij}$$

とおく．ところで $g \in G_\phi$ なる g は必ずいずれかの $I_i, I_j (i < j)$ を通るから，$g \in G'$ で $G_\phi \subseteq G'$ が成り立つ．逆に $g \in G'$ なる g はどれかの ij の組合せ $g \in G_{\phi ij}$ に含まれるから $g \in G_\phi$ となる．それゆえ $G' \subseteq G_\phi$ となり，$G' = G_\phi$ が成り立つ．以上により

$$G_\phi = \sum_{i<j} G_{\phi ij}$$

となるので G_ϕ の測度は

$$m(G_\phi) = \sum_{i<j} m(G_{\phi ij}) \tag{12.11}$$

となり，式 (12.10) で示した計算法にもとづいて，ij の組合せすべてにわたって加え合わせれば，求める測度が得られる．

12.5　おわりに

ここでは Crofton の定理 1 を領域が 2 つではなく一般的に n 個の場合に拡張し

て論じた．領域が $n = 3$ のときには交わる領域の個数に応じた直線の集合の測度にも意味があると思い，これについて導出した．しかし領域の数が大きくなると，交わる領域の個数に意味がある場合はあまりなく，応用の面からはどれとも交わらない，言わば通り抜ける直線の量を測ることに意味がある場合が多い．そこで，その理論とアルゴリズムに力点をおいて書いたつもりである（文献 [5], [18]）.

当初，著者は通り抜ける直線で建物が建っている地区の開放性を分析しようと試みた．前述の「実例計算，開放性の尺度」のような限定された場合はうまくいくが，地域が広かったり，ある程度たて込むと，直線の通り抜けでは差異をあまりクリアーに出すことができない．そして，このような場合には，距離分布から開放性についてアプローチするほうが的確な場合が多いと思うようになった．そこで，これについては別な機会に論ずることにしたい．

第13章 Croftonの定理2の応用

この章ではCroftonの定理2の応用例を3つ述べることにする．応用と言っても，最初と3番目のものは理論に留まっていて実際の都市や地域に応用したものではない．当初「4.2節 Croftonの定理2」の後に置いていたが，分量が多くなって理論編のバランスが悪くなった．内容は応用への示唆や興味を湧き立たせるものを含んでいると思われるので，あえて応用編に移すことにした．

13.1 直線によって分割された領域数の期待値

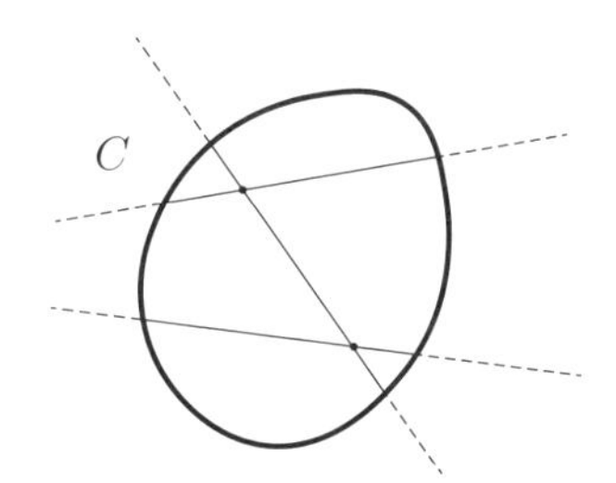

図13.1 直線によって分割された領域

まず凸領域Cがあって図13.1のように一様にランダムなm本の直線がCと交わっているとする．するとCは，これらの直線によっていくつかの小領域に分割される．そこでmが分かっているとき，分割された領域の数の期待値を求めることができる（文献[22]）．まず領域C内の直線同士の交点の数をn，直線によって分割された領域の数をkとする．ここでグラフ理論のオイラーの公式を用いる．すなわち平面グラフで頂点の数をN_v，辺の数をN_e, 領域の数をN_rとすると

$$N_v - N_e + N_r = 2 \tag{13.1}$$

が成立する．ここでの問題では領域数はC内となっている．一方，上の公式ではC外の無限の領域も1つと数えられているので$N_r = k + 1$となっている．そしてm本の直線がCの境界と交わるのは2回なので，公式における頂点数は$N_v = n + 2m$となる．また各頂点での次数（頂点と直接結ばれた辺の数）はC内の直線

同士の交点で 4，直線と C の境界との交点で 3 なので，これをすべて足すと各辺が 2 回数えられるのでこれを 2 で割り，$N_e = (4n + 3 \cdot 2m)/2 = 2n + 3m$ が得られる．これらをオイラーの公式 (13.1) に入れると

$$k = m + n + 1 \tag{13.2}$$

が導かれる．

ここで m 本の直線 $g_1, g_2, \ldots, g_m$ によってできる交点について考えよう．任意の $g_i, g_j (i \neq j)$ によって C 内にできる交点の数を n_{ij} で表示すると，これは 0 か 1 の値しかとらない．交点が C 内にある確率すなわち $n_{ij} = 1$ の確率は p.41 の式 (4.15) から C の面積を S，境界の長さを L とすると $2\pi S/L^2$ である．したがって n_{ij} の期待値 $E(n_{ij})$ は

$$E(n_{ij}) = \frac{2\pi S}{L^2}$$

となる．全体の交点数 n は

$$n = \sum_{i \neq j} n_{ij}$$

となるから，n の期待値 $E(n)$ は

$$E(n) = \sum_{i \neq j} E(n_{ij}) = \binom{m}{2} \frac{2\pi S}{L^2} \tag{13.3}$$

となる．ところで n_{ij} と n_{ik} すなわち g_i と g_j の交点と g_i と g_k の交点とは g_i 上にあるという点で互いに独立とはいえないだろうが，上式は期待値なのでさしつかえない．よって式 (13.2) と (13.3) から k の期待値は

$$E(k) = m + m(m-1)\frac{\pi S}{L^2} + 1 \tag{13.4}$$

と導出される．領域が円のときは前に議論したように $2\pi S/L^2 = 1/2$ なので，この期待値は

$$E(k) = \frac{1}{4} m(m+3) + 1$$

となる．

13.2　直線を用いた道路網と交差点

つぎに前の応用例と同じように図 13.2 のように凸領域 C があって，その面積を

S，境界の長さを L とする．領域 C と交わる直線が何本かあるとき，この直線同士によってできる交点の数から直線の領域内での長さの総計を推定しよう（文献[14]）．

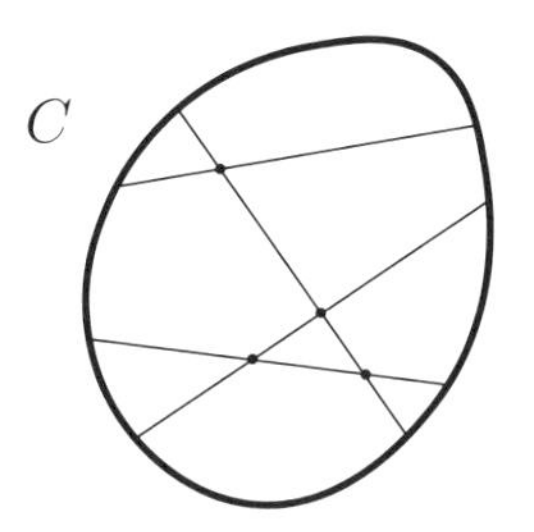

図 13.2　交点数と長さ

まず直線の本数の推定値を $\hat{m}$ で表すと，前節の式 (13.3) から現実の交点数 n によって $\hat{m}$ の関係式が

$$\hat{m}(\hat{m}-1) = \frac{L^2}{\pi S} n \tag{13.5}$$

これを $\hat{m}$ に関する 2 次方程式として解くと煩雑な式になるだけなので，以下の不等式

$$(\hat{m}-1)^2 < \hat{m}(\hat{m}-1) < \hat{m}^2$$

と，先の式 (13.5) から

$$\hat{m} - 1 < L\sqrt{\frac{n}{\pi S}} < \hat{m}$$

が得られ，これより

$$L\sqrt{\frac{n}{\pi S}} < \hat{m} < L\sqrt{\frac{n}{\pi S}} + 1$$

が成り立つ．ところで直線 1 本のこの領域内での長さの期待値は式 (4.12) より $\pi S/L$ である．よって $\hat{m}$ 本の直線の領域内での長さ Λ の推定値を $\hat{\Lambda}$ とすると

$$\hat{\Lambda} = \hat{m}\pi S/L$$

となるので，これと前の不等式から $\bar{\ell} = \pi S/L$（1 本の長さの期待値）とおくと

$$\sqrt{n\pi S} < \hat{\Lambda} < \sqrt{n\pi S} + \bar{\ell}$$

が得られる．不等式の右側にある $\bar{\ell}$ は n と無関係な量だから，n が大きくなると上式から漸近的な推定式として

$$\hat{\Lambda} \sim \sqrt{n\pi S} \tag{13.6}$$

が導かれる．この推定式には領域の情報としては面積だけが残っている．もちろん導出の過程で領域は凸でなければならないが，形には依存していない点を強調しておきたい．推定式は不偏ではないが，全体の面積さえ知っていれば交点を数えるだけで長さの推定ができるし，式が簡単なため記憶しやすい利点もある．試みに領域を半径 10 の円とし，1 回の本数を 10 として試みた 4 回の結果を表 13.1 に示す．まあ推定の精度はこの程度で，この式に関連した具体的な応用例は「第 8 章 道路網と交差点」で述べている．

表 13.1　円における試行例

試行	I	II	III	IV
交点数 n	19	21	20	23
推定値 $\sqrt{n\pi S}$	136.9	144.0	140.5	150.7
実測値 Λ	157.1	136.3	139.3	168.5

ところで式 (13.6) は直線に関するものであった．道路のような曲線を対象にすると「第 8 章 道路網と交差点」で出ているように，Poincaré の公式を基に微分方程式をたて，これを解くとこの式 (13.6) を等式で導くことができる．これについては p.91 の式 (8.4) のところを参照していただきたい．

13.3　直線の交点の確率密度関数

ここで Crofton の定理 2（p.43 の式 (4.18)) をもう一度書くと，いま図 13.3 の (a) のように凸領域 C があって，一様な直線が独立に 2 本この領域をとおるとき，この 2 直線の交点に関して

$$L^2 = 2\pi S + 2\int_{\Omega - C} (\omega - \sin\omega)\mathrm{d}Q$$

が成り立つ．ただし領域 C の周長を L，面積を S とする．上式の意味するところは，領域 C を通る 1 つの直線の測度は周長 L なので，直線のペアの測度全体は左辺で表されていて $L \times L$，そのうち右辺の第 1 項は交点が領域 C 内にある直線のペアの測度で $2\pi S$，右辺第 2 項は領域 C の外側 $\Omega - C$ では，交点の密度が領域 C を点 Q から見る角度 ω で $2(\omega - \sin\omega)$ と表される，というものである．

理論編の「4.2 節 Crofton の定理 2」では，領域 C の外側 $\Omega - C$ における式を導出するのにかなりのスペースを割いた．さらに別証明まで書いたのは導出の過程

2つが興味深かったからである．そして，これ（$\Omega - C$ における式）に関する本格的応用には残念ながらまだ至ってはいない．しかし今後に期待して，交点の確率密度関数だけはここで求めておきたい．

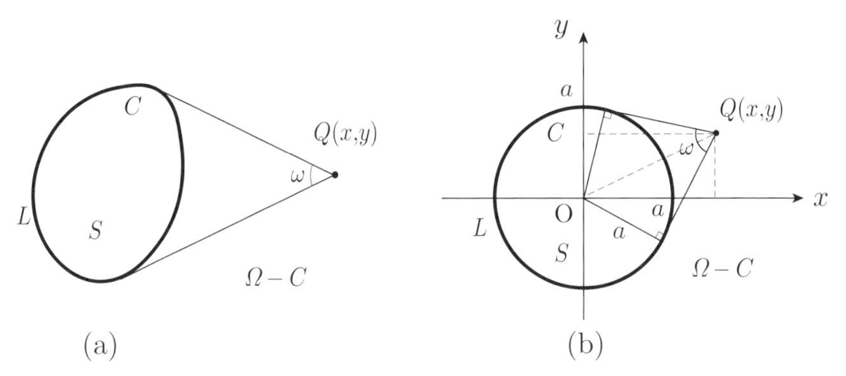

図 13.3 Crofton の定理 2 の説明

13.3.1 円を通る直線の交点の確率密度関数

まず領域 C の内部に小さな面積 s の凸領域をとると，これが C 内のどこであっても，この小領域に交点を有する直線のペアの測度は $2\pi s$ となっている．このことに留意して Crofton の定理 2 の両辺を L^2 で割り，全体を確率 1 にして目的にかなうように書き換えると

$$1 = \int_C \frac{2\pi}{L^2}\,\mathrm{d}Q + \int_{\Omega - C} \frac{2(\omega - \sin\omega)}{L^2}\,\mathrm{d}Q \tag{13.7}$$

が得られる．

ここで，具体的に領域 C を図 13.3 の (b) のように原点 O を中心とした半径 a の円とすると，ω と x, y との関係が

$$\sin\frac{\omega}{2} = \frac{a}{\sqrt{x^2 + y^2}}, \quad \cos\frac{\omega}{2} = \frac{\sqrt{x^2 + y^2 - a^2}}{\sqrt{x^2 + y^2}} \tag{13.8}$$

となるので

$$\sin\omega = 2\sin\frac{\omega}{2}\cos\frac{\omega}{2} = \frac{2a\sqrt{x^2 + y^2 - a^2}}{x^2 + y^2} \tag{13.9}$$

が得られる．また式 (13.8) より

$$\omega = 2\arcsin\frac{a}{\sqrt{x^2 + y^2}} \tag{13.10}$$

なので，これらと $L = 2\pi a$ を式 (13.7) に代入すると

$$1 = \int_C \frac{1}{2\pi a^2}\,\mathrm{d}x\mathrm{d}y + \int_{\Omega - C} \frac{1}{\pi^2 a^2}\left(\arcsin\frac{a}{\sqrt{x^2+y^2}} - \frac{a\sqrt{x^2+y^2-a^2}}{x^2+y^2}\right)\mathrm{d}x\mathrm{d}y \tag{13.11}$$

が求められる．以上により，半径 a の円と交わる独立で一様にランダムな 2 直線によってできる交点の確率密度関数 $f(x,y)$ は

$$f(x,y) = \begin{cases} \dfrac{1}{2\pi a^2} \\ \quad (\sqrt{x^2+y^2} \leq a \text{ のとき}) \\ \dfrac{1}{\pi^2 a^2}\left(\arcsin\dfrac{a}{\sqrt{x^2+y^2}} - \dfrac{a\sqrt{x^2+y^2-a^2}}{x^2+y^2}\right) \\ \quad (\sqrt{x^2+y^2} > a \text{ のとき}) \end{cases} \tag{13.12}$$

と導かれる．そして $f(x,y)$ の中心 O を通る断面として x 軸で切ったもの $f(x,0)$ は，図 13.4 のようになっている．これを f 軸で回転させれば確率密度関数 (13.12) の全貌は分かるであろうが，これを立体で示すと図 13.5 のようになる．なおこれから円の部分の高さは $1/2\pi a^2$，底辺は面積 πa^2 であり，これからこの円柱部分の確率を計算すると

$$\frac{1}{2\pi a^2} \times \pi a^2 = \frac{1}{2}$$

となり，p.41 の式 (4.15) の議論の結果と一致する．なお図 13.3 より角度 ω の範囲は $0 \leq \omega \leq \pi$ なので，$\arcsin X$ の主値 $-\pi/2 \leq \arcsin X \leq \pi/2$ とは合わない．そこで ω を出すのに，式 (13.9) からではなく $0 \leq \omega/2 \leq \pi/2$ なので式 (13.8) を用いている点に注意されたい．

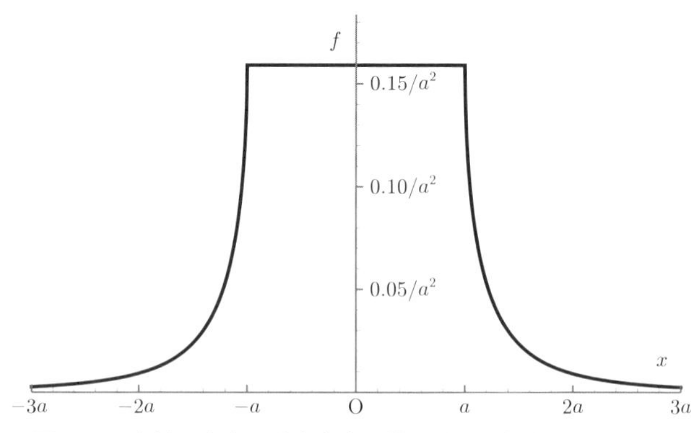

図 13.4　直線の交点の確率密度関数の断面（領域が円の場合）

まず図 13.3 の (a) と式 (13.7) をみて一般論を言えば，直線が分布する領域 C

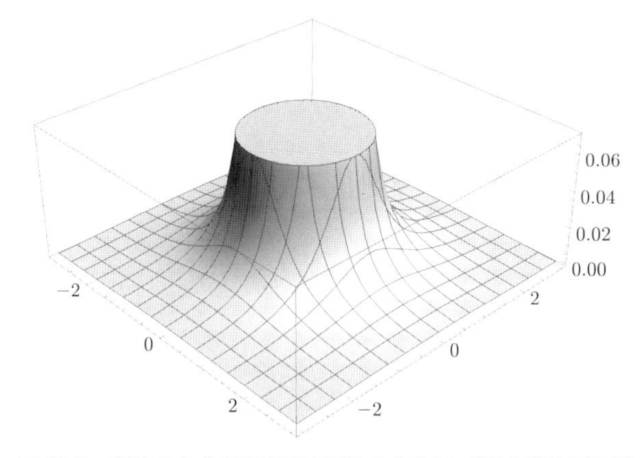

図 13.5 直線の交点の確率密度関数の立体図（領域が円の場合）

の交点の分布は一様である．そして C の外では，前にも述べたように ω の関数 $2(\omega - \sin\omega)$ によって減衰していくのである．領域 C が表舞台（都市）と思えば，そこでの何らかの作用が裏舞台（外側）に及んでいることを関数で表している．領域 C が凸であれば成り立つが，前にも言ったように凸でないときでも凸包をとればよい．ただ C が幾何学的に単純ではない場合には，分布を出すには数値計算に依るしかないであろう．ただこれを想像しやすくするために，単純な半径 a の円の場合について，式 (13.12) とその分布形図 13.4 を求めてみた．我々は平面における都市や地域を対象としていろいろなことを考えるのであるが，2 次元の確率密度関数では正規分布以外には見るべきものが少ない．ここでの分布は直線の交点という幾何学的には分かりやすいものの分布であり，我々はこの分布からもっと考えるべきことが多いのではないかと思っている．

13.3.2 直線分を通る直線の交点の確率密度関数

さて，先ほどの関数は領域が円という等方性の高いものであった．そこで今度は等方性がないものとして直線分（ある意味で表舞台がない）で同じように確率密度関数を求めてみよう．図 13.6 のように y 軸の $-a$ から a までの長さ $2a$ の線分を通る 2 直線の交点に着目する．

まず角度 ω については点 Q と座標 $(0, a)$，$(0, -a)$ を結ぶ三角形に余弦定理を適用すると

$$\begin{aligned}4a^2 &= \{x^2 + (y-a)^2\} + \{x^2 + (y+a)^2\} \\ &\quad -2\sqrt{x^2+(y-a)^2}\sqrt{x^2+(y+a)^2}\cos\omega\end{aligned}$$

となり，これから

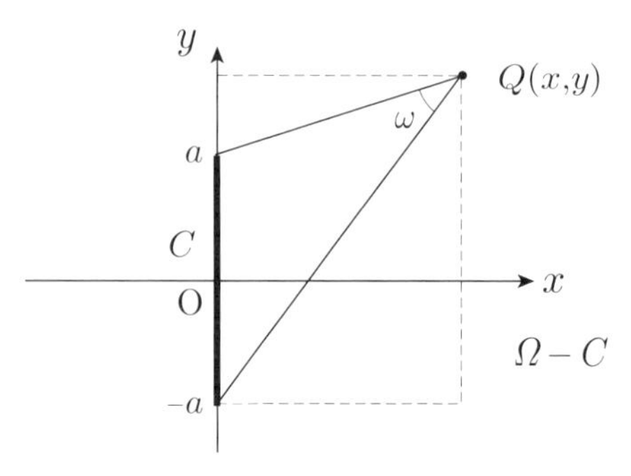

図 13.6　領域 C が直線分のとき

$$\omega = \arccos \frac{x^2 + y^2 - a^2}{\sqrt{x^2 + (y-a)^2}\sqrt{x^2 + (y+a)^2}} \tag{13.13}$$

が得られる．そこで $\arccos X = \arcsin \sqrt{1 - X^2}$ を用いて計算すると

$$\sin \omega = \frac{2a|x|}{\sqrt{x^2 + (y-a)^2}\sqrt{x^2 + (y+a)^2}} \tag{13.14}$$

が導かれる．右辺の絶対値 $|x|$ はすべての象限で成り立つために $\sqrt{x^2} = |x|$ としてあるからである．なお式 (13.13) のように ω を arccos で表したのは主値が $0 \leq \arccos X \leq \pi$ で ω の範囲 $0 \leq \omega \leq \pi$ と同じだからである．

ここで Crofton の定理において $S = 0$ であることに注意し，この式 (13.14) と直線分と交わる直線の測度は長さの2倍であることに注意して，$L = 4a$ を式 (13.7) にいれると，長さが $2a$ の直線分と交わる独立で一様にランダムな2直線によってできる交点の確率密度関数 $f(x, y)$ が

$$f(x,y) = \frac{1}{8a^2}\left(\arccos \frac{x^2 + y^2 - a^2}{\sqrt{x^2 + (y-a)^2}\sqrt{x^2 + (y+a)^2}} \right.$$
$$\left. - \frac{2a|x|}{\sqrt{x^2 + (y-a)^2}\sqrt{x^2 + (y+a)^2}}\right) \tag{13.15}$$

と求められる．ただし線分 C すなわち $x = 0$ かつ $-a \leq y \leq a$ の範囲は除くものとする．

そこでこれを前と同じように x 軸で切った断面 $f(x, 0)$ を求めると式 (13.15) より

$$f(x,0) = \frac{1}{8a^2}\left(\arccos \frac{x^2 - a^2}{x^2 + a^2} - \frac{2a|x|}{x^2 + a^2}\right) \tag{13.16}$$

となる．これより $f(0,0)=\pi/(8a^2)$ となるが，点 $(0,0)$ は定義域から外れるので極限値と考えればよい．これにより断面 $f(x,0)$ は図 13.7 のようになっている．

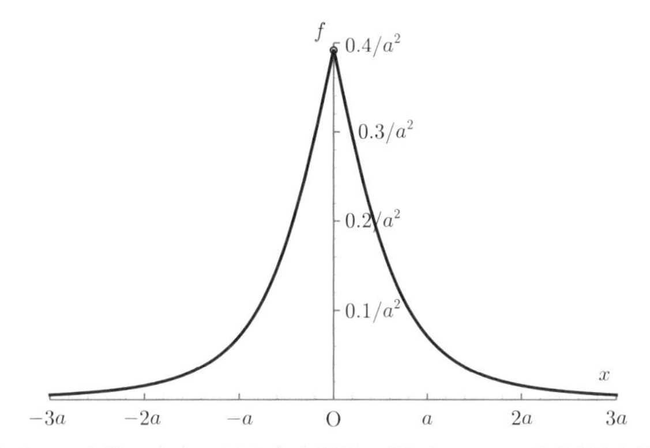

図 13.7　直線の交点の確率密度関数の断面 $f(x,0)$（領域が直線分の場合）

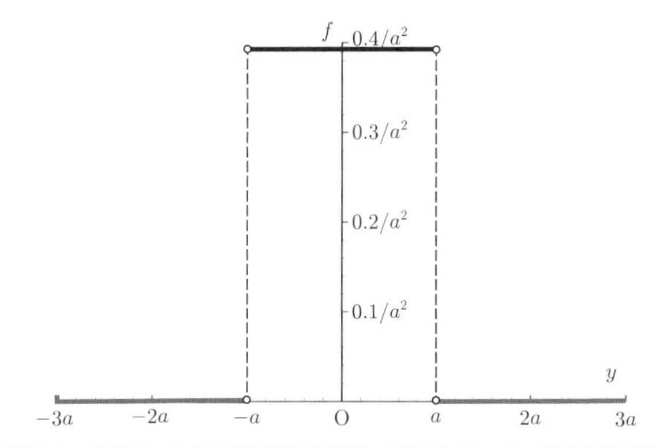

図 13.8　直線の交点の確率密度関数の断面 $f(0,y)$（領域が直線分の場合）

つぎに y 軸で切った断面 $f(0,y)$ を求めると式 (13.15) より

$$f(0,y)=\frac{1}{8a^2}\arccos\frac{y^2-a^2}{|y^2-a^2|} \tag{13.17}$$

が得られる．これより $y^2-a^2>0$ すなわち $y<-a$ か $y>a$ のときは

$$f(0,y)=\frac{1}{8a^2}\arccos 1=0$$

となる．これは図 13.6 をみれば明らかであろう．また $y^2-a^2<0$ すなわち $-a<y<a$ のときは

$$f(0,y) = \frac{1}{8a^2}\arccos -1 = \frac{\pi}{8a^2}$$

が得られる．この場合は前の議論と同じように，定義域外ではあるがやはり極限値として意味がある．以上により断面 $f(0,y)$ は図 13.8 のようになる．

これまで求めた x 軸の断面図 13.7 と y 軸の断面図 13.8 とをみると，領域が円であったときより等方性が失われているように見える．しかし図 13.9 のように半径が a の円周上（ただし $y \neq \pm a$）では，角度 ω が $\pi/2$ で一定であることは図 13.9 から幾何学的に分かる．また式 (13.15) に $x^2+y^2=a^2$（ただし $y \neq \pm a$）を代入しても

$$f(x,y) = \frac{1}{8a^2}\left(\frac{\pi}{2} - 1\right)$$

と一定の値が得られる．

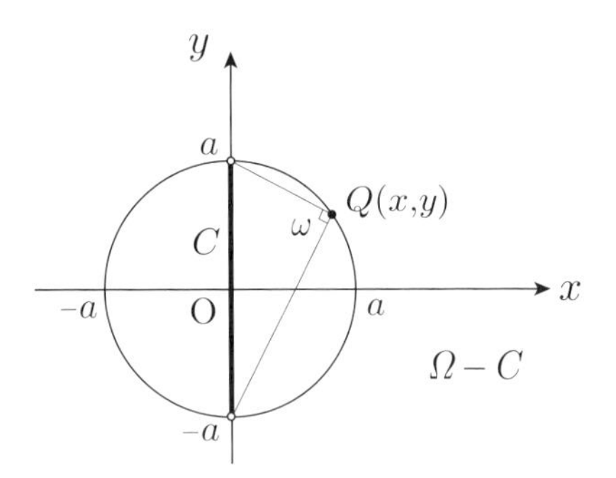

図 13.9　半径 a の円周上での一定の値

そこで，さらにこの分布を調べるために式 (13.15) の ω が一定，すなわち

$$\frac{x^2+y^2-a^2}{\sqrt{x^2+(y-a)^2}\sqrt{x^2+(y+a)^2}} = c$$

とおいて両辺を 2 乗して整理すると

$$(1-c^2)(x^2+y^2-a^2)^2 = 4c^2a^2x^2$$

となる．これより

$$\sqrt{1-c^2}(x^2+y^2-a^2) = \pm 2cax$$

となるが，ここで $x^2+y^2-a^2$ と c が同じ符号であることに注意すれば複号の上 $(+)$ は $x>0$ のときで下 $(-)$ は $x<0$ のときとなっている．これらにより ω が一定すなわち確率密度関数 (13.15) が一定の軌跡である等高線は

$$\left(x \mp \frac{ca}{\sqrt{1-c^2}}\right)^2 + y^2 = \frac{a^2}{1-c^2} \tag{13.18}$$

となり，円周の一部であることが分かる．上式で $x = 0$ とすると $y = \pm a$ となるので，この円は c の値によらず $(0, \pm a)$ を通ることが分かる（もっとも確率密度関数としては定義域からはずれるが）．もう少し詳しく書くと $x > 0$ のとき中心が $(ca/\sqrt{1-c^2}, 0)$ で半径が $a/\sqrt{1-c^2}$ であり，$x < 0$ のときは中心が $(-ca/\sqrt{1-c^2}, 0)$ で半径が $a/\sqrt{1-c^2}$ と y 軸に対称な図形となっている．そして $c = 0$ のときは図 13.9 の円に対応している．

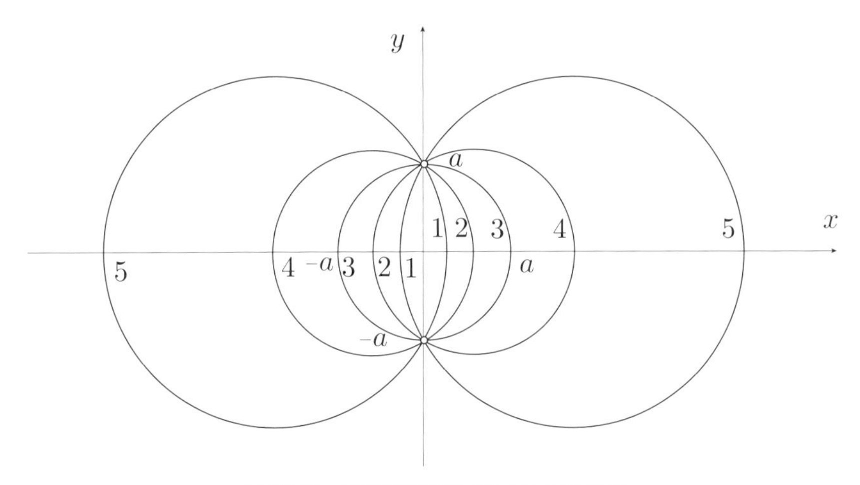

図 13.10 確率密度関数 (13.15) の等高線

$$\begin{aligned}
1:\ \omega &= \frac{5}{6}\pi, & f(x,y) &= \frac{1}{8a^2}\left(\frac{5}{6}\pi - \frac{1}{2}\right) \\
2:\ \omega &= \frac{2}{3}\pi, & f(x,y) &= \frac{1}{8a^2}\left(\frac{2}{3}\pi - \frac{\sqrt{3}}{2}\right) \\
3:\ \omega &= \frac{1}{2}\pi, & f(x,y) &= \frac{1}{8a^2}\left(\frac{1}{2}\pi - 1\right) \\
4:\ \omega &= \frac{1}{3}\pi, & f(x,y) &= \frac{1}{8a^2}\left(\frac{1}{3}\pi - \frac{\sqrt{3}}{2}\right) \\
5:\ \omega &= \frac{1}{6}\pi, & f(x,y) &= \frac{1}{8a^2}\left(\frac{1}{6}\pi - \frac{1}{2}\right)
\end{aligned} \tag{13.19}$$

そこで，ω を $\pi/6$ 刻みで変化させ等高線を書くと図 13.10 のようになる．これをみると，例えば $x > 0$ の範囲の等高線 1 と 2 は $x < 0$ の範囲の等高線 5 と 4 にそれぞれ対応させると，真上から見れば同じ円である．しかし，f の値が違ってい

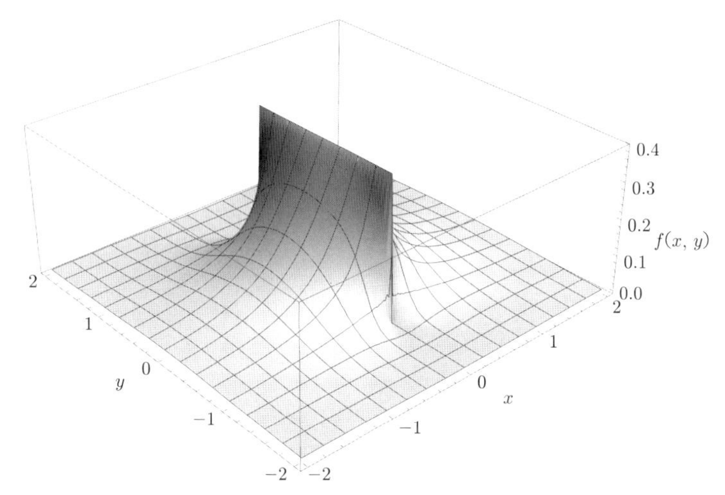

図 13.11 直線の交点の確率密度関数の立体図（領域が直線分の場合）

ることに注意されたい．等高線1から5までについて数値を示すと式(13.19)のようになっている．そして以上のことから，全体を俯瞰したいために確率密度関数(13.15)の立体図を示すと図13.11のようになる．

さて，この節の議論では交点の分布を確率密度関数の形で示したが，全体量を1と基準化しなくてもL^2として議論して差しつかえない．それどころか，複数の領域にまたがって様々な事を考えるときは，相対量ではなく直線のペアの測度そのもので議論したほうがよいと思われる．例えば確率にしないで測度の密度のままであれば，円のときの最も高い値と線分の場合の最も高い値は$2\omega = 2\pi$で同じである．そして両者の差を出せば別な分布を導くこともできる．ただこの議論に慣れていないと，密度で議論するのは確率密度の場合が多いので混乱が生ずる恐れがある．そこで慣れているであろう確率密度の形で議論した．ところで前の理論編でこのCroftonの定理2の証明を2通り述べた．興味深いと書いたが1つは基礎にCroftonの定理1があって直感的であり，もう1つはきちんとした積分で出すものである．応用の際には，両方を知っていて場合によって使い分けたほうが，都合が良いことが多いのではないかと考えている．ただ応用編に書くべき成果が乏しいのが残念であった．

13.4 おわりに

応用編の各章で書いたものは，ほとんど著者の査読付き論文や学会等で発表したものを基礎にしている．しかし唯一例外なのは，この章の「13.1 節直線によって分割された領域数の期待値」である．ただ，これは Santaló の論文 [22] を読んで面白かったから紹介しているわけではない．かつて凸領域 C を通る直線の交点が領域内にある確率が，C の面積を S，境界の長さを L とすると $2\pi S/L^2$ で表されることに感激し，ここで書いたものと同じ結論を出して自慢していたのだった．どこにも発表していないうち，Santaló の業績リストから前述の文献 [22] をみつけ取り寄せてみた．文献はスペイン語で書かれていたが，数式だけで全く同じことをやっていることがすぐ分かった．私が生まれるよりも前に発表された論文だったのである．

この章のはじめに書いたように，当初これと 2 番目のものは理論編に載せようと思っていた．しかしこれら 2 つの節の内容は，Crofton の定理 2 の領域 C 内での結果しか使っていない．どうしても C の外側の領域についても，直前で述べたように応用的な話題がほしい．そして，これこそ課題として残っていると長い間思ってきた．そこで少し応用的話題に乏しいが，独立した応用編の 1 つの章として書くことにした．

第 14 章

2つの円領域と交わる一様な直線の集合の測度

14.1　はじめに

都市や地域を考えるとき，空間の基本的な量としてはまず面積が重要である．そこにいる人間を面積で割れば人口密度を表すことができるし，施設などの配置を考える場合には広さ（面積）が重要であることは論をまたない．そして面積とは「一様な点集合の測度」ということができる．では 2 つの領域の相互関係，例えば 2 つの領域を結びつける交通網や行き来するものの量などを議論するとき，基礎となる量はなんだろうか．それが，ここでの主題となる「2 つの領域と交わる一様な直線の集合の測度」ではないかと著者は考えている．

ここではまず 2 領域を円としたときの厳密な値を出し，これの近似式を導出すると，重力モデルに似た式が導出されることを示したい．

14.2　2 つの領域と交わる一様な直線の集合の測度

いま図 14.1 のように 2 つの領域 C_1 と C_2 があって，この 2 つの領域に糸をかけ，1 つは図 14.1 の実線のように交差するものとし，その長さを $L(C_1, C_2)$，他の 1 つは図の破線のように交差しないものとし長さを $L(C_{12})$ とする．すると，この 2 つの領域に同時に交わる一様な直線の集合 G_{12} の測度は p.35 の Crofton の定理 1 である式 (4.2) より

$$m(G_{12}) = L(\mathrm{C}_1, \mathrm{C}_2) - L(C_{12}) \tag{14.1}$$

と表される．すなわち，この測度は図 14.1 において糸をギュッと縮めたときの実線の糸の長さと破線の糸の長さの差で表すことができる．そこでこの 2 つの領域を半径がそれぞれ α, β の円とし，その中心をそれぞれ $\mathrm{O}_1, \mathrm{O}_2$ とする．そして前記の糸を縮めたとき，これらの円と糸が接する点を図 14.2 のように A,B,C,D,E とする．すると前述の 2 つの円と交わる一様な直線の集合の測度 M は糸の長さの

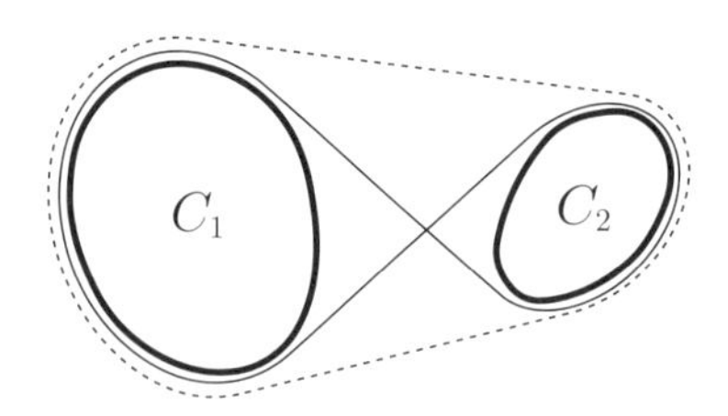

図 14.1　2 つの領域 C_1 と C_2

差で表されるので，2 つの円の対称性を考慮すると

$$M = 2\,\overset{\frown}{\mathrm{AB}} + 2\overline{\mathrm{BC}} + 2\,\overset{\frown}{\mathrm{DE}} - 2\overline{\mathrm{AE}} \tag{14.2}$$

となる．

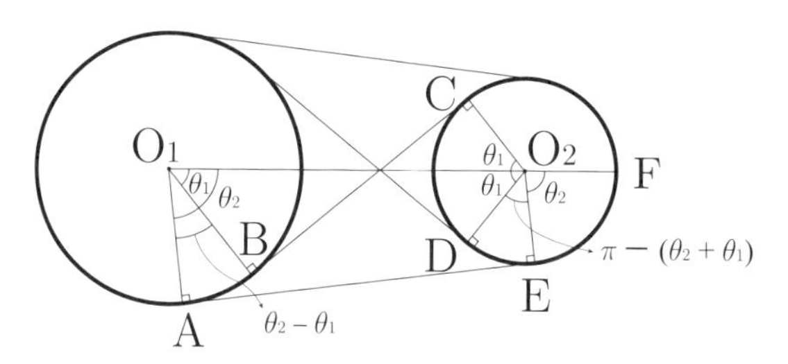

図 14.2　2 つの円

まず直線 BC については，図 14.3 のように 2 つの円の中心 $\mathrm{O}_1, \mathrm{O}_2$ 間の距離を r とすると，図 14.3 における $\overline{\mathrm{BC}}$ と太い破線の長さが等しいので

$$\overline{\mathrm{BC}} = \sqrt{r^2 - (\alpha + \beta)^2} \tag{14.3}$$

が得られる．つぎに直線 AE については，図 14.4 より明らかなように $\overline{\mathrm{AE}}$ と図の太い破線が同じ長さなので

$$\overline{\mathrm{AE}} = \sqrt{r^2 - (\alpha - \beta)^2} \tag{14.4}$$

となる．図では $\alpha > \beta$ となっているが，半径の大きいほうを α とすることで一般性を失うことはない．

ここで図 14.2 のように $\angle \mathrm{BO_1O_2} = \theta_1$，$\angle \mathrm{AO_1O_2} = \theta_2$ とすると $\angle \mathrm{O_1O_2D} = \theta_1$ となり，また線分 $\mathrm{O_1O_2}$ を先に延ばして図 14.2 のように半径 β の円と交わる点を F とすると $\angle \mathrm{EO_2F} = \theta_2$ となる．そして図 14.3 と図 14.4 より

$$\theta_1 = \arccos\frac{\alpha + \beta}{r}, \quad \theta_2 = \arccos\frac{\alpha - \beta}{r}$$

となるので，弧 AB については

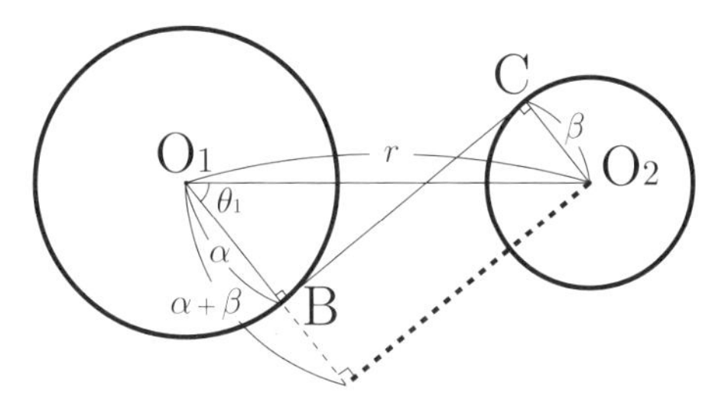

図 14.3　直線 $\overline{\mathrm{BC}}$ と角度 θ_1 の説明

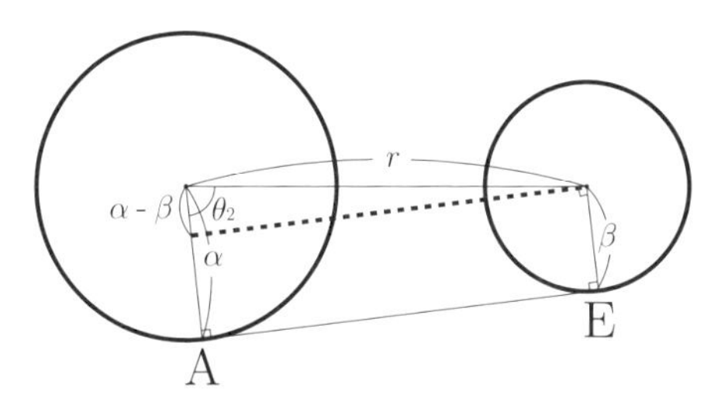

図 14.4　直線 $\overline{\mathrm{AE}}$ と角度 θ_2 の説明

$$\begin{aligned}\overset{\frown}{\mathrm{AB}} &= \alpha(\theta_2 - \theta_1) \\ &= \alpha\left(\arccos\frac{\alpha-\beta}{r} - \arccos\frac{\alpha+\beta}{r}\right) \end{aligned} \tag{14.5}$$

が成り立つ．同様に，弧 DE についても図 14.2 より

$$\begin{aligned}\overset{\frown}{\mathrm{DE}} &= \beta\{\pi - (\theta_2 + \theta_1)\} \\ &= \beta\left\{\pi - \left(\arccos\frac{\alpha-\beta}{r} + \arccos\frac{\alpha+\beta}{r}\right)\right\} \end{aligned} \tag{14.6}$$

が得られる．

以上の式 (14.3),(14.4),(14.5),(14.6) を式 (14.2) に代入すると，求めたい測度 M が

$$\begin{aligned}M = \ & 2\sqrt{r^2-(\alpha+\beta)^2} - 2\sqrt{r^2-(\alpha-\beta)^2} \\ & -2(\alpha+\beta)\arccos\frac{\alpha+\beta}{r} + 2(\alpha-\beta)\arccos\frac{\alpha-\beta}{r} + 2\beta\pi \end{aligned} \tag{14.7}$$

と導かれる．

14.3　測度の近似式

前節で求めた式は厳密なものであるが，距離 r や領域の大きさ α, β が測度にどう関係しているのか見えづらい．そこで

$$\sqrt{r^2 - (\alpha+\beta)^2} = r\sqrt{1 - \left(\frac{\alpha+\beta}{r}\right)^2}$$

と変形して，これに

$$\sqrt{1-x^2} = 1 - \frac{1}{2}x^2 - \frac{1}{8}x^4 - \cdots$$

を用い，さらに

$$\arccos x = \frac{\pi}{2} - x - \frac{1}{6}x^3 - \cdots$$

を使うと，測度 M の近似式が

$$M \sim \frac{4\alpha\beta}{r} + \frac{2\alpha\beta(\alpha^2+\beta^2)}{3r^3}$$

と得られる．さらに半径 α, β に比して距離 r が大きければ，上式の第2項を無視して

$$M \sim \frac{4\alpha\beta}{r} \tag{14.8}$$

と，きれいな結果が得られる．これは重力モデルに似た近似式であると言えよう．そこで例として $\alpha = 3, \beta = 2$ とし，距離 r を5（2つの円が接するとき）から増やしていって図示すると，図14.5のようになる．これをみると，r が大きくなると近似が良くなることが分かるであろう．

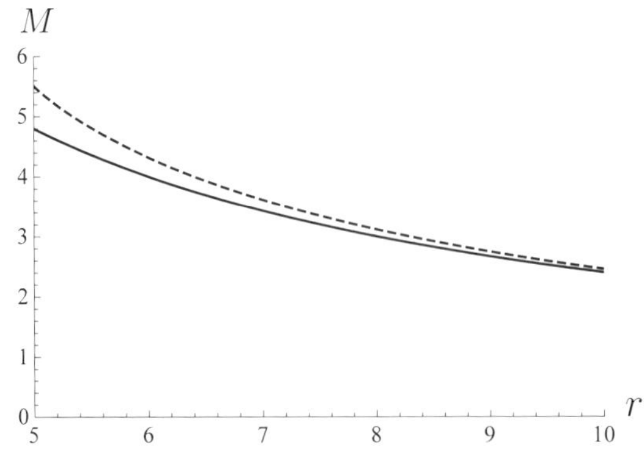

図14.5　式(14.7)（破線）と近似式(14.8)（実線）（$\alpha = 3, \beta = 2$）

14.4 線分領域の場合の測度と近似

式（14.8）は領域が円の場合の厳密な式（14.7）の数式の上での近似だった．ここでは図形上での大まかな近似とも言うべきこの2つの円を，図14.6のように直径と同じ線分で置き換え，この2線分と交わる一様な直線の集合の測度を求めよう．図14.6のように2つの線分の中心を円の場合の中心と同じ O_1, O_2 とし O_1 と O_2 の間の距離を同じく r とする．そして線分の端点を図14.6のようにA,B,C,Dとし，この2線分と交わる直線の集合の測度を N とすると，Croftonの定理 (14.1) より

$$N = \overline{\mathrm{AC}} + \overline{\mathrm{BD}} - \overline{\mathrm{AD}} - \overline{\mathrm{BC}} = 2\overline{\mathrm{BD}} - 2\overline{\mathrm{AD}} \tag{14.9}$$

となる．そして図14.6から明らかなように

$$\overline{\mathrm{BD}} = \sqrt{r^2 + (\alpha + \beta)^2}, \quad \overline{\mathrm{AD}} = \sqrt{r^2 + (\alpha - \beta)^2}$$

となるので，これと式 (14.9) より

$$N = 2\sqrt{r^2 + (\alpha + \beta)^2} - 2\sqrt{r^2 + (\alpha - \beta)^2} \tag{14.10}$$

が得られる．そして前と同じように

$$\sqrt{r^2 + (\alpha + \beta)^2} = r\sqrt{1 + \left(\frac{\alpha + \beta}{r}\right)^2} \tag{14.11}$$

と変形して，これに

$$\sqrt{1 + x^2} = 1 + \frac{1}{2}x^2 - \frac{1}{8}x^4 + \cdots \tag{14.12}$$

を用い，また $\sqrt{r^2 + (\alpha - \beta)^2}$ の項にも同様なことを施すと，測度 N の近似式が

$$N \sim \frac{4\alpha\beta}{r} - \frac{2\alpha\beta(\alpha^2 + \beta^2)}{r^3}$$

と得られる．さらに α, β に比して距離 r が大きければ上式の第2項を無視して

$$N \sim \frac{4\alpha\beta}{r}$$

と式（14.8）と全く同じ式が得られる．そして，これと式（14.10）さらには式 (14.7) を比べると図14.7のようになる．

これをみると，式 (14.10)（下の破線）と式 (14.7)（上の破線）にはかなり乖離があり，図形的に円領域を直線で近似するのは無理がある．しかし近似式 (14.8)

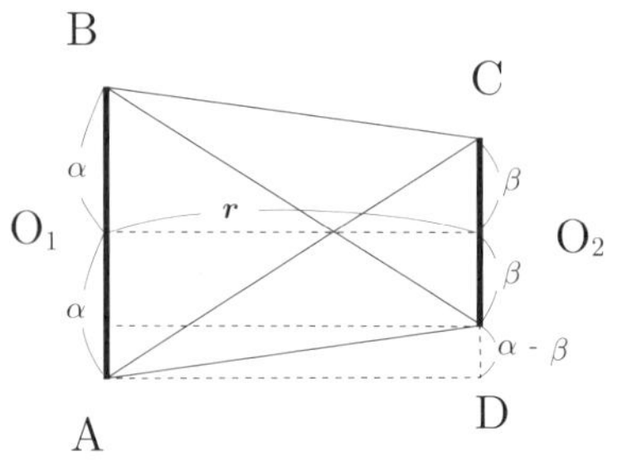

図 14.6　円を直線で近似した場合

が両者の中間にあることから，円領域が中心点を結ぶ直線の方向にもっとつぶれた楕円形のようなものであれば，この近似式 (14.8) は有効であろうと予想できる．

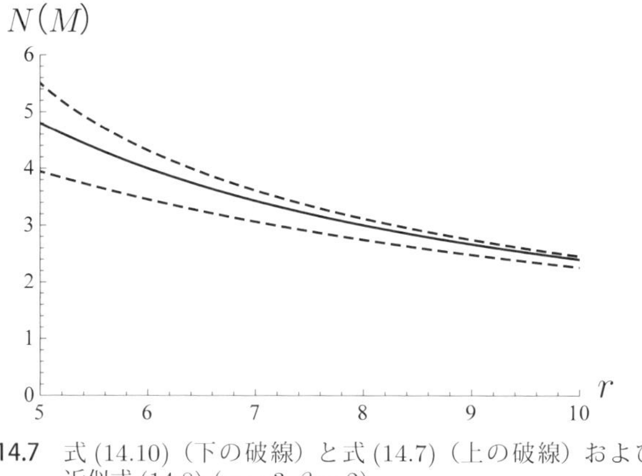

図 14.7　式 (14.10)（下の破線）と式 (14.7)（上の破線）および近似式 (14.8) ($\alpha = 3, \beta = 2$)

14.5　東京都区部での例

ここで東京都の区部を 1 つの領域とし，実例で様々な計算をしてみよう．まず，これらの凸包を求め，2 つの交わらない凸包をとって式 (14.1) における 2 種類の糸の長さから，この 2 つの凸領域と交わる直線の集合の測度を計算する．例としてとった 2 つの組合せを図で示すと千代田区と杉並区の場合が図 14.8 で，もう 1 つが千代田区と品川区で，これは図 14.9 に示してある．まず 2 つの領域にエンドレスバンドをかける．交差するほうと交差しないほうの長さの差は両図で太い実線と破線の差で示されるので，これを計算した結果が図の中で M として表されている．つぎに各凸包の面積を計算して，これと同じ面積の円の半径を求め，これを

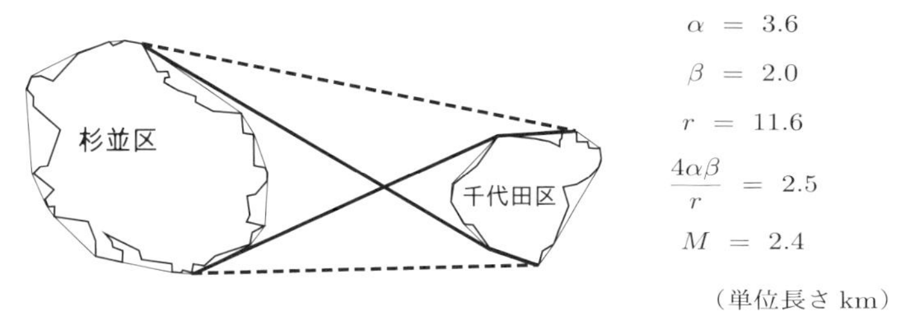

図 14.8　杉並区と千代田区に交わる直線の集合の測度 M と近似式（14.8）

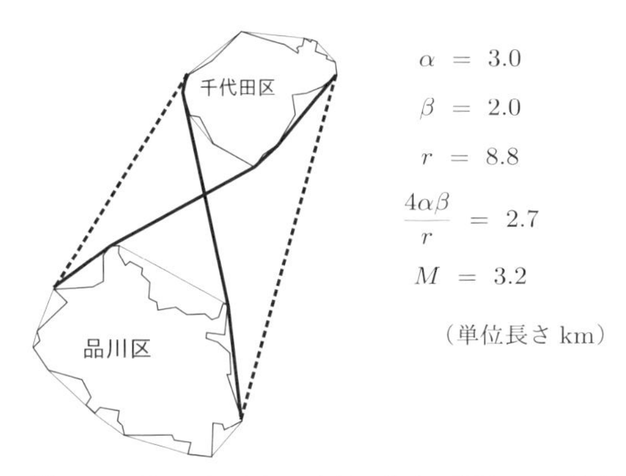

図 14.9　千代田区と品川区に交わる直線の集合の測度 M と近似式（14.8）

半径の推定値とし，これも図の中で大きいほうを α，小さいほうを β として表されている．そして両地域の重心を求め重心間の距離を r としている．以上によって近似式（14.8）の計算ができるのでこの結果も図中に示されている．これをみると，千代田区と杉並区の場合は領域を円と見立てた近似式がよく適合しているが，千代田区と品川区の場合はそれほどでもない．これは品川区が円であるよりは細長く中心間に垂直の方向で領域が長いので，計算された半径はかなり小さいものになってしまう．そこで品川区における長いほうの長さが約 7 km なのでこれから半径を $\alpha^* = 3.5$ とすれば $4\alpha^*\beta/r = 3.2$ となって，実際の測度と同じ値となる．

ここで断わっておくが，これは近似式 (14.8) を現実の領域における計算の近似に用いるために議論したのではない．これまでの議論から分かるように，図 14.8 や図 14.9 の実線や破線の長さを測るのに比べ，領域の面積や重心を出して重心間の距離を出すほうがはるかに面倒である．少し用語に問題があったかもしれないが，近似式 (14.8) の「近似」は 2 つの円領域の厳密な結果 (14.2) の数式上の近似である．ただ，この式が近似ではあるがこの 2 つの領域と交わる直線の測度をきれいな形で表しているので，ここで議論したわけである．なお，実際の東京都の区部におけるデータは文献 [23] で用いられていることもあり，この著者から提供していただいた．

14.6　おわりに

はじめに議論した面積は図を見れば直感的に量の分かるものである．また 2 つのものの大小を目で確かめることもできる．しかし 2 つの領域と交わる直線の集合の測度については糸の長さの差という明確な測り方が分かっているが，これが何に依存するかは直感ではよく分からない．単純化された円という図形における数式上の近似ではあるが式（14.8）の形は明確であり，この測度を理解する上で助けになると考えている（文献 [24]）．

地域間の流動量などで，古くからほとんど何の根拠もなく重力モデルが用いられてきた．ここで得られたものは，近似ではあるが意味のある量から導出されたことを強調しておきたい．

第 15 章
公園等の面的施設配置

15.1　はじめに

都市の施設配置を問題とするとき，施設と利用者との距離に着目して論ずることが多い．小学校のように利用者（児童）と施設との対応が一意に定まっている場合には，このような距離での議論には意義があり，これについては様々に論じられている．公園や緑地などの面的施設を問題とするとき，この議論を点的施設から面的施設に拡張すれば，すべての人からその人にとって最も近い公園や緑地までの距離の分布は容易に計算することができる．すなわち公園や緑地の縁辺から距離 r 以内にある領域を求め，この領域の境界の長さと境界における人口密度が推定できればよい．

しかし公園や緑地のような施設の場合には利用者と施設との対応は一意には定まらず，利用者はどの公園や緑地も利用する可能性がある．しかも緑地は，住人が直接利用しなくても近くにあることで環境にも貢献している．つまり公園や緑地の価値は普通そこにあるだけで意味のある「存在価値」と，それを使用する「利用価値」とに分類されている．はじめに，この 2 つの価値を単純に一緒にして考えるなら，ある人にとって，その人を中心とする，ある定められた半径の円内に公園や緑地の「量」がどのくらいあるか，という視点から問題をみていこう．もちろん半径の大きさは公園や緑地が小規模で近隣を対象にしたものか，大規模なもので広い範囲に提供されるものかによって変わることになる．

15.2　面積による尺度

まずはじめに「量」を面積とした場合について論じよう．図 15.1 のようにいくつかの閉曲線に囲まれた領域 D_0 があって，これらが公園や緑地を表しているものとする．人が住んでいる任意の地点 $p(x, y)$ で半径 r の円を描くと，この円には図 15.1 の灰色で示された領域（公園や緑地）が含まれる．この面積を $s(x, y)$ とし，点 $p(x, y)$ における人口密度を $\rho(x, y)$ であるとすれば，s の対象領域 D における

1人当りの平均値 $E(s)$ は

$$E(s) = \frac{\int_D s(x,y)\rho(x,y)\mathrm{d}x\mathrm{d}y}{\int_D \rho(x,y)\mathrm{d}x\mathrm{d}y} \tag{15.1}$$

と表すことができる．そこで，この式が求められれば公園や緑地の配置を分析する1つの尺度となりうるだろう．しかし点における人口密度をもとにした計算は難しく，格子点等の離散点で $s(x,y)$ を計測し，人口データとしてはメッシュデータなどを用いて近似的に求めるしか方法はない．

図 15.1 半径 r の円と公園や緑地

もし対象地域 D で人口密度が一様だったり，一様でなくても夜間人口の多い少ないことよりも各点を平等に扱ったほうが分析目的に適合する場合には，領域 D の面積を S とすると，式(15.1)は

$$E(s) = \frac{\int_D s(x,y)\mathrm{d}x\mathrm{d}y}{S} \tag{15.2}$$

となる．ただし地点を平等に扱うときには1地点当りの期待値となっている．

さて，ここで先の半径 r の円に囲まれた領域を D_1 とし，公園や緑地を表す領域を D_0 として，これらにSantalóの定理1を適用することを考えよう．領域 D_1, D_0 の面積をそれぞれ S_1, S_0 とすると p.62 の Santalóの定理1(5.22)は

$$\int_{D_1 \cap D_0 \neq \emptyset} s(x,y)\,\mathrm{d}K_1 = 2\pi S_0 S_1 \tag{15.3}$$

となっている．積分領域が $D_1 \cap D_0 \neq \emptyset$ を満たさないとこれは成立しないので，半径 r の円 D_1 が領域 D_0 と交わるときの，円 D_1 の中心 p の位置の集合を図15.2のように

$$D_r = \{\, p \mid D_1 \cap D_0 \neq \emptyset \} \tag{15.4}$$

とおく．もし考えている領域 D が $D \supset D_r$ と上記 D_r を完全に含んでいれば，点

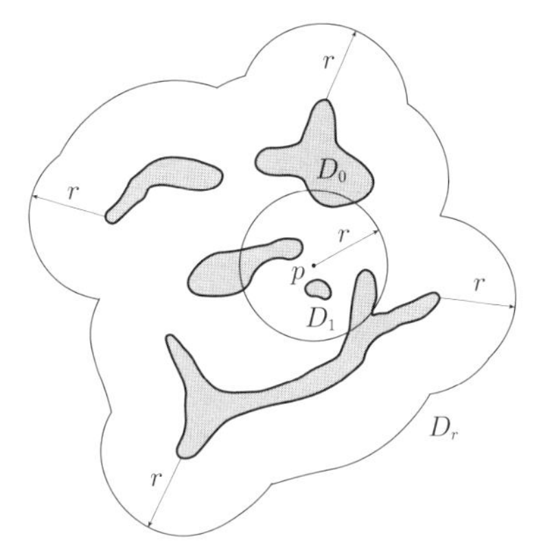

図 15.2 領域 D_r 式 (15.4)

p が D_r の外側にある，すなわち $p \in (D - D_r)$ のときは $s(x,y) = 0$ なので，式 (15.3) は

$$\int_{D_1 \cap D_0 \neq \emptyset} s(x,y)\,\mathrm{d}K_1 = \int_0^{2\pi} \left\{ \int_{p \in D} s(x,y)\mathrm{d}x\mathrm{d}y \right\} \mathrm{d}\theta = 2\pi S_0 S_1$$

となる．そこで上式と $S_1 = \pi r^2$ から

$$\int_D s(x,y)\mathrm{d}x\mathrm{d}y = \pi r^2 S_0 \tag{15.5}$$

が得られる．これと式 (15.2) より，1 地点当りの面積の期待値は

$$E(s) = \frac{\pi r^2 S_0}{S} \tag{15.6}$$

と導かれる．この式の右辺は公園や緑地率（公園や緑地の面積/総面積）に半径 r の円の面積を乗じたもので，きわめて常識的な結果である．そして期待値 $E(s)$ は公園や緑地である領域 D_0 のパターンには依存せず面積のみに関係することが分かった．したがって $D \supset D_r$ という境界条件が満たされている場合で，期待値 $E(s)$ のみからみれば，公園や緑地の総面積さえ大きければよい，という単純な結果が導かれる．

ただここで注意したいのは，単純で平凡な結果としてもこれは Santaló の定理 1 があるからこそ厳密な結果を簡単に導けたのである．このことを，われわれはきちんと理解しておくことが必要であろう．

ところで現実には緑地は考えている領域の境界近くに多く存在し，先に述べた境界条件 $D \supset D_r$ を満たすのは難しい場合が多い．そこで領域 D_r の中で，今計算をしようとしている領域 D に含まれない領域を E とすると，これは図 15.3 の灰色の部分で表され，式で書くと

図 15.3　境界条件 $D \supset D_r$ が成立しないとき

$$E = D_r - (D \cap D_r) \tag{15.7}$$

となる．そして，この部分で式 (15.5) にくいちがいが生ずる．つまり，この E での積分を入れないと Santaló の定理 1 は成立しないので

$$\int_D s(x,y)\mathrm{d}x\mathrm{d}y + \int_E s(x,y)\mathrm{d}x\mathrm{d}y = \pi r^2 S_0 \tag{15.8}$$

となっている．ところで領域 E における積分を理論的に計算するのは難しい．そこで領域 E に離散的に点 (x_i, y_i) をとり，ここから半径 r の円の中の D_0（公園や緑地）の面積を測定してこれを $s_i(x_i, y_i)$ とすれば

$$\int_E s(x,y)\mathrm{d}x\mathrm{d}y \approx \sum_i s_i(x_i,y_i)\Delta x_i \Delta y_i \tag{15.9}$$

と近似値が得られる．これを用いると，式 (15.8) より

$$\int_D s(x,y)\mathrm{d}x\mathrm{d}y \approx \pi r^2 S_0 - \sum_i s_i(x_i,y_i)\Delta x_i \Delta y_i \tag{15.10}$$

となるので，境界条件を考慮する補正を入れた期待値の近似式が

$$E(s) \approx \frac{\pi r^2 S_0}{S} - \frac{1}{S}\sum_i s_i(x_i,y_i)\Delta x_i \Delta y_i \tag{15.11}$$

と導かれる．

15.3　周長による尺度

前節では半径 r の円に含まれる公園や緑地の面積に関する尺度を議論した．文献 [25] によれば「緑地の縁辺が大切である」とある．そこでつぎに「量」として半径 r の円に含まれる公園や緑地の境界の長さ（周長）を採ることにしよう．縁辺ということからすると半径 r の円の部分を入れることは多少問題かもしれないが，これを入れないと以下のような展開ができないので，円の部分を含めることにする．

いま図 15.1 のように灰色で示された領域の境界の長さ（周長）を $\ell(x,y)$ とする．前と同じように半径 r の円に囲まれた領域を D_1 とし，公園や緑地を表す領域を D_0 としてこれらに周長に関する定理を適用することを考えよう．領域 D_1, D_0 の面積をそれぞれ S_1, S_0，周長をそれぞれ L_1, L_0 とすると，p.66 の Santaló の定理 2 である (5.25) は

$$\int_{D_1\cap D_0\neq\emptyset} \ell(x,y)\mathrm{d}K_1 = 2\pi(S_1L_0 + S_0L_1) \tag{15.12}$$

となっている．図 15.2 と全く同様に式 (15.4) で領域 D_r を定義し，境界条件 $D \supset D_r$ を満たしていれば $p \in (D - D_r)$ のとき $\ell(x,y) = 0$ なので，式 (15.12) は

$$\int_{D_1\cap D_0\neq\emptyset} \ell(x,y)\,\mathrm{d}K_1 = \int_0^{2\pi} \left\{\int_{p\in D} \ell(x,y)\mathrm{d}x\mathrm{d}y\right\}\mathrm{d}\theta = 2\pi(S_1L_0 + S_0L_1)$$

となる．そこで上式と $S_1 = \pi r^2$，$L_1 = 2\pi r$ から

$$\int_D \ell(x,y)\mathrm{d}x\mathrm{d}y = \pi r^2 L_0 + 2\pi r S_0 \tag{15.13}$$

が得られる．これより，1 地点当りの周長の期待値は

$$E(\ell) = \frac{\pi r^2 L_0 + 2\pi r S_0}{S} \tag{15.14}$$

と導かれる．これをみると期待値は面積 S_0 にも依存するが，半径 r が大きくなると公園や緑地の境界の長さ L_0，すなわち縁辺が重要になってくることが分かる．

ところで，現実には先に述べたように境界条件 $D \supset D_r$ を満たすのは難しい場合が多い．そこで前とまったく同じように式 (15.14) の補正をすることができる．前と同じように領域 D_r の中で，領域 D に含まれない領域を E とすると，これは図 15.3 の灰色の部分で表されている．そして面積の場合と同じように，この部分で式 (15.13) にくいちがいが生ずるので

$$\int_D \ell(x,y)\mathrm{d}x\mathrm{d}y + \int_E \ell(x,y)\mathrm{d}x\mathrm{d}y = \pi r^2 L_0 + 2\pi r S_0 \tag{15.15}$$

となっている．そこで，前と同じように領域 E に離散的に点 (x_i, y_i) をとり，ここから半径 r の円の中の領域 D_0 の境界（円の部分も含む）の長さを測定して，これを $\ell_i(x_i, y_i)$ とすれば

$$\int_E \ell(x,y)\mathrm{d}x\mathrm{d}y \approx \sum_i \ell_i(x_i, y_i)\Delta x_i \Delta y_i \tag{15.16}$$

と近似値が得られる．これを用いると，式 (15.15) より

$$\int_D \ell(x,y)\mathrm{d}x\mathrm{d}y \approx \pi r^2 L_0 + 2\pi r S_0 - \sum_i \ell_i(x_i, y_i)\Delta x_i \Delta y_i \tag{15.17}$$

となるので，境界条件を考慮した期待値の近似式が

$$E(\ell) \approx \frac{\pi r^2 L_0 + 2\pi r S_0}{S} - \frac{1}{S}\sum_i \ell_i(x_i, y_i)\Delta x_i \Delta y_i \tag{15.18}$$

と導かれる．

15.4 個数による尺度

これまで 公園や緑地を「面積」や「周長」でとらえてきたが，ここでは領域の「個数」すなわち半径 r の円の中に何個の公園や緑地が含まれているかという数 ν を問題とする．これまで用いてきた図 15.1 の例では $\nu = 4$ となっている．ただ，この個数 ν が公園や緑地の「量」とどう対応するかという点で問題はある．半径 r の円である動く領域 D_1 に含まれる公園や緑地の面積が大きくても 1 つのつながった領域であれば 1 つ，逆に面積がそれほどでなくても小さく分割されたものがあれば数としては大きな値となる．したがって，この個数 ν の議論は個々の大きさが同じような街区の近隣公園のようなものに分析対象を限定したほうがよいかもしれない．

さて，前と同じように任意の点 $p(x, y)$ で半径 r の円を描くと，この円に含まれる公園の数が定まるので，これを $\nu(x, y)$ とおく．最初の面積の議論のときと同じように人口密度 $\rho(x, y)$ を考慮すれば $\nu(x, y)\rho(x, y)\mathrm{d}x\mathrm{d}y$ で積分しなければならないが，人口のデータが小さい領域では得られない場合も多く，ここでは「周長」の場合と同じように 1 地点当りの期待値を求めることにする．

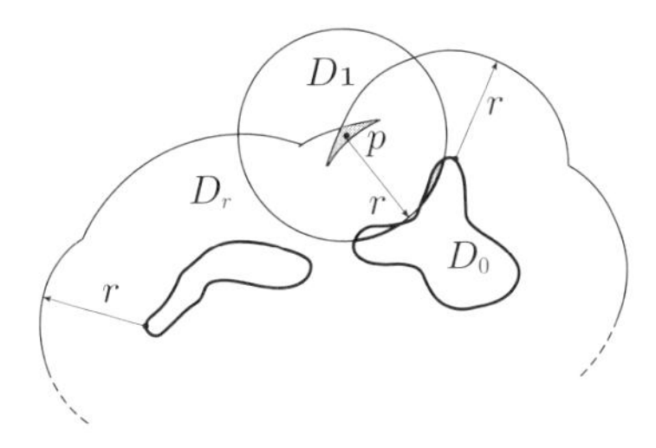

図 15.4　1 つの公園や緑地が 2 個 ($\nu = 2$) と数えられるとき

まず前と同じように境界条件 $D \supset D_r$ が満たされていて公園や緑地である領域 D_0 が n 個の領域から成り立っているとする（図 15.1 では $n = 5$）．このとき Blaschke による積分幾何学の主公式から導かれた p.78 の式 (6.14) より

$$\int_{D_1 \cap D_0 \neq \emptyset} \nu(x, y)\mathrm{d}K_1 = 2\pi(S_0 + n\pi r^2) + 2\pi r L_0 \tag{15.19}$$

が成り立つ．ただし式 (6.14) のときは n 個の領域は凸だったので同じ領域は 1 個としか数えられないが，ここでは凸とは限らないので，1 つの領域が複数個と数えられることがある．そのような例を図 15.4 で示す．理論的には ν はいくつでもとりうるわけであるが，実際にはせいぜい $\nu = 2$ であって，そのようなことが起こる円の中心 p の範囲は図 15.4 の灰色部分のように小さい．この図の中でも領域 D_0 と交わる半径 r の円の中心 p の領域の境界が滑らかではない部分に同じように存在する．ただし境界の滑らかでない部分で 2 つの別な領域と交わっている場合もある．

境界条件 $D \supset D_r$ が満たされている場合は $p \in (D - D_r)$ のとき $\nu(x, y) = 0$ なので積分範囲を $D_1 \cap D_0 \neq \emptyset$ から $p \in D$ まで広げることができる．そこで式 (15.19) は

$$\int_{D_1 \cap D_0 \neq \emptyset} \nu(x, y)\mathrm{d}K_1 = \int_{p \in D} \nu(x, y)\mathrm{d}K_1 = 2\pi(S_0 + n\pi r^2) + 2\pi r L_0 \tag{15.20}$$

となるので，領域 D における半径 r の円に含まれる 1 地点当りの領域数の期待値 $E(\nu)$ は

$$E(\nu) = \frac{\int_D \nu(x, y)\mathrm{d}K_1}{\int_D \mathrm{d}K_1} = \frac{S_0 + n\pi r^2 + rL_0}{S} \tag{15.21}$$

となる．これをみると，r の大きさでなにが効くかということは変わるが，面積 S_0，周長 L_0 に加え，公園や緑地の領域数 n が新たに加わったことが分かるであろう．なお前の期待値の式 (15.6) と (15.14) の導出のときは D_1 が円なので分子における $\mathrm{d}K_1$ の積分のうち $\mathrm{d}\theta$ を先にやっても 2π がでてくるだけなので，分母の

計算には dθ の計算なしで済ませて dxdy だけにした．これは上式と同じことをやっていることに気づいてほしい．また式 (15.21) は形から見れば「第10章 市街地の分析」における p.108 の式 (10.1) と同じである．これは境界条件を克服した式であるが，市街地の個々の住宅を対象とした時のように，同じような市街地が続くといったような境界条件の克服は公園や緑地には期待できない．そこで，この章のこれまでと同じような境界条件の克服を考えていく．ただし面積や周長の場合関数が連続なので，離散で近似するしかなかったが，ここでは個数 ν は整数なのでもう少し理論的に扱うことができる．

境界条件 $D \supset D_r$ が満たされていないと言っても先に例をとった図 15.3 のような場合はあまりにも簡単すぎるので，図 15.5 のように領域 D の境界がもっと公園や緑地を表す領域 D_0 に近いところを通るような場合を例にとり議論を進めよう．まず領域 D_0 を構成する n 個の領域を $d_1, d_2, \ldots, d_n$ とし，図 15.5 の 2 つの領域を d_i と d_j とする．そして領域 d_i と交わる半径 r の円の中心 p の領域を d_{ir} とし d_j についても d_{jr} を同様に定義すれば，これらは

$$d_{ir} = \{\, p \,|\, D_1 \cap d_i \neq \emptyset \},\quad d_{jr} = \{\, p \,|\, D_1 \cap d_j \neq \emptyset \} \tag{15.22}$$

と表現され，これらを図示すると図 15.5 のようになっている．ただし d_{jr} の対象領域 D の外側についてはさきほど示した d_j を 2 つと数える領域も d_{jr} の内部に書いてある．

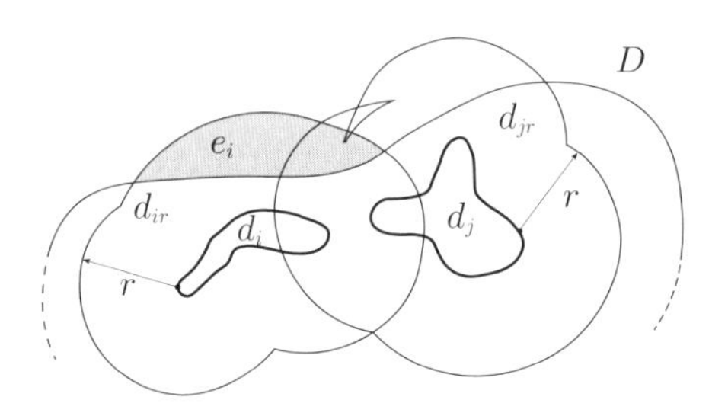

図 15.5　領域 d_{ir},d_{jr} と境界条件を満たさない e_i

まず 1 つの領域 d_i のみに着目して境界条件を満たさない領域を e_i とすれば，これは

$$e_i = d_{ir} - (D \cap d_{ir}) \tag{15.23}$$

と記すことができ，図 15.5 の灰色部分で表されている．そして，この部分で式 (15.20) の計算に含まれない部分を考えていけばよい．そして動く領域 D_1 が円なので $\mathrm{d}K_1 = [\mathrm{d}x, \mathrm{d}y, \mathrm{d}\theta]$ の dθ の部分の積分を 0 から 2π まで先にしておくことにする．一般論としては D_1 の中心 p が $p \in e_i$ のとき d_i との関係のみで ν を考え，

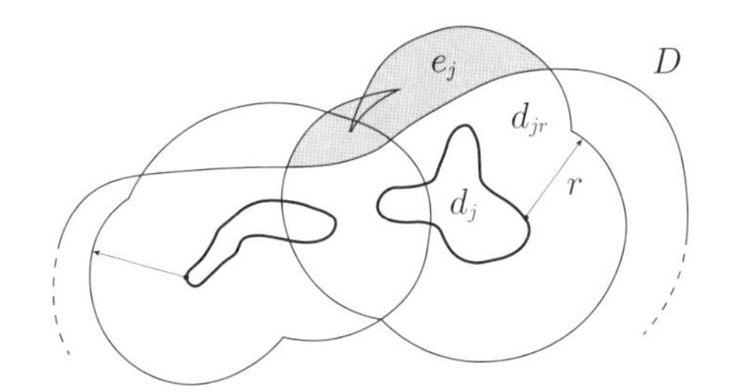

図 15.6　領域 d_j, d_{jr} と境界条件を満たさない e_j

$\nu \geq 1$ の領域の面積を s_{i1}，$\nu \geq 2$ の領域の面積を s_{i2}，以下十分大きい数 m までを考える．こうすると $\nu = k$ の領域の面積が $s_{i1}, s_{i2}, \ldots, s_{ik}$ の中に 1 つずつ含まれ，計 k 個となることが分かるであろう．そこで領域 e_i においては

$$\int_{e_i} \nu(x, y)\mathrm{d}x\mathrm{d}y = s_{i1} + s_{i2} + \cdots + s_{im} \tag{15.24}$$

が成り立つ．現実の図 15.5 ではこの場合 $\nu = 1$ のみなので s_{i1} 以外は 0 となっている（くどいようだが d_j との関係は考えない）．ここで，一般的に

$$s_i = \sum_{k=1}^{m} s_{ik} \tag{15.25}$$

とおけば，式 (15.24) は

$$\int_{e_i} \nu(x, y)\mathrm{d}x\mathrm{d}y = s_i \tag{15.26}$$

と表すことができる．

さて領域 d_i に関係した境界条件を満たさない e_i は簡単すぎたので図 15.6 のように d_j に移ろう．今度は領域 d_j との関係のみを考え，式 (15.22) で示される領域 d_{jr} のうちで境界条件を満たさない領域は

$$e_j = d_{jr} - (D \cap d_{jr}) \tag{15.27}$$

となり，これを灰色で示すと図 15.6 のようになる．この場合 $\nu = 2$ の部分があるので

$$\int_{e_j} \nu(x, y)\mathrm{d}x\mathrm{d}y = s_j = s_{j1} + s_{j2} \tag{15.28}$$

となっている．そして図 15.5 と図 15.6 の灰色の領域の共通部分すなわち $e_i \cap e_j$ を示すと，図 15.7 の着色の部分のようになる．この領域は領域 d_i と d_j と交わって $\nu = 2$ となっている部分と d_i と 1 つ，d_j と 2 つと計 $\nu = 3$ の部分があるが，それぞれが図 15.5 および e_i の式 (15.26) と図 15.6 および e_j の式 (15.28) に分解

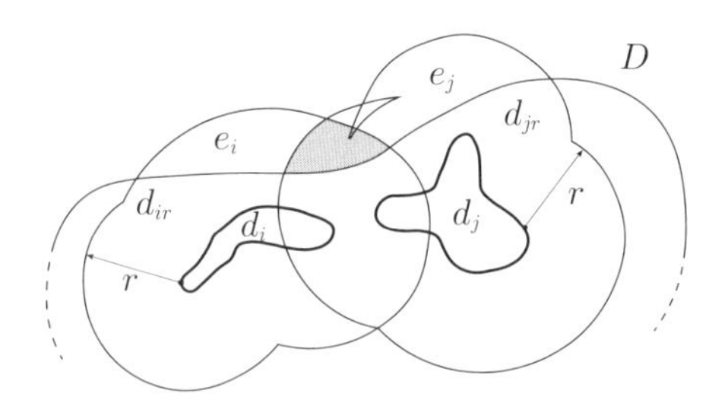

図 15.7　境界条件を満たさない領域 e_i と e_j の共通部分 $e_i \cap e_j$

されて入っていることが分かるであろう．

以上により，対象地域 D をはみ出して境界条件を満たさない領域 $e_i (i = 1, 2, \ldots, n)$ について，重複などに煩わされる必要がなく個々に計算して合計すればよいことが分かった．そこで，式 (15.20) より

$$\int_D \nu(x,y)\mathrm{d}x\mathrm{d}y + \sum_{i=1}^{n}\int_{e_i}\nu(x,y)\mathrm{d}x\mathrm{d}y = S_0 + n\pi r^2 + rL_0 \tag{15.29}$$

となり，これと式 (15.26) より

$$\int_D \nu(x,y)\mathrm{d}x\mathrm{d}y = S_0 + n\pi r^2 + rL_0 - \sum_{i=1}^{n} s_i \tag{15.30}$$

が得られる．これより，境界条件を考慮した1地点当りの公園や緑地の個数の期待値が式 (15.21) に補正の項を入れて

$$E(\nu) = \frac{S_0 + n\pi r^2 + rL_0}{S} - \frac{1}{S}\sum_{i=1}^{n} s_i \tag{15.31}$$

が導かれる．言うまでもないが，これは近似式ではない．

15.5　誘致圏による方法

前節で補正のためには面積を測定せざるをえないことになった．どうせ面積を測るなら積分幾何学から離れるが素朴な方法で個数の期待値を得る方法がある．この場合，少し欲張れば分散も出すことが可能なので，ここで論じたいと思う．なお積分幾何学を用いて分散を求められる状況もないわけではないが，主要な定理などから直に導くことはできない場合が多い．

さて前節で定義した式 (15.22) を領域 d_j に関するものについてもう一度書くと

$$d_{jr} = \{\, p \mid D_1 \cap d_j \neq \emptyset \,\} \tag{15.32}$$

であり，半径 r の円 D_1 が 1 つの公園や緑地 d_j と交わるときの円の中心 p の領域であった．見方を変えればこれは公園や緑地から距離 r 以内にある誘致圏と考えることができる．この場合公園や緑地は凸でなくても 1 つと数えるのが自然なので，誘致圏の中に図 15.4 のように 2 つ以上と数える領域があっても，これを区別しないで全部 1 つと数えることにする．そしてこの誘致圏に確率変数 ν_j を導入して，任意の点がこの誘致圏 d_{jr} に含まれれば $\nu_j = 1$，そうでなければ $\nu_j = 0$ としよう．すると任意の点が $d_1, d_2, \ldots, d_n$ のうちの何個の誘致圏に含まれるか，すなわち逆に任意の点で半径 r の円を描いたとき，何個の公園や緑地と交わるかを ν とすると

$$\nu = \nu_1 + \nu_2 + \cdots + \nu_n \tag{15.33}$$

と表される．

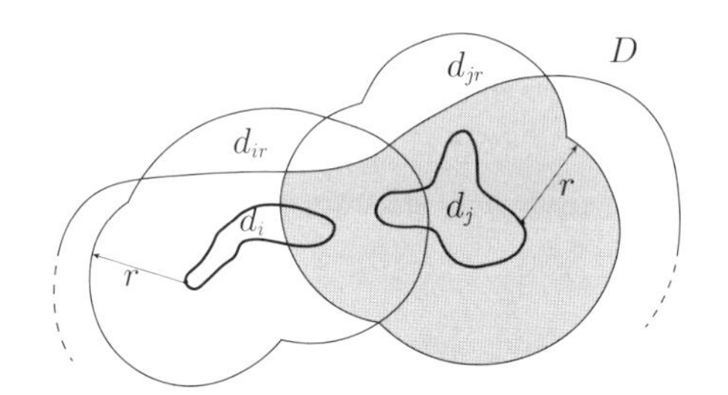

図 15.8　公園や緑地 d_j の誘致圏 d_{jr} と領域 $d_{jr} \cap D$

ところで ν_j の値は 1 か 0 なので $\nu_j = 1$ の確率を $P(1)$，$\nu_j = 0$ の確率を $P(0)$ とおくと ν_j の期待値 $E(\nu_j)$ は

$$E(\nu_j) = 0 \cdot P(0) + 1 \cdot P(1) = P(1)$$

となり，先に議論した境界条件も考慮すれば，これは任意の地点が図 15.8 の灰色の部分にある確率を意味する．そこで領域 $d_{jr} \cap D$ の面積を $m(d_{jr} \cap D)$ とすると

$$E(\nu_j) = \frac{m(d_{jr} \cap D)}{S}$$

となる．ただし S は以前と同じように対象領域 D の面積 $m(D)$ を表しているものとする．

以上により，式 (15.33) における ν の期待値 $E(\nu)$ は

$$E(\nu) = \sum_{j=1}^{n} E(\nu_j) = \frac{1}{S}\sum_{j=1}^{n} m(d_{jr} \cap D) \tag{15.34}$$

と導かれる．もし公園や緑地 $d_1, d_2, \ldots, d_n$ がすべて凸であれば d_j の面積を s_{0j}，周長を ℓ_{0j} とし，図 15.6 のように境界条件を満たさない領域 e_j の面積は領域が凸なので $s_j = s_{j1}$ となり

$$m(d_{jr} \cap D) = s_{0j} + \pi r^2 + r\ell_{0j} - s_j$$

となっている．そこで $S_0 = \sum_{j=1}^{n} s_{0j}$，$L_0 = \sum_{j=1}^{n} \ell_{0j}$ とすれば式 (15.34) は式 (15.31) と一致する．このときは計測しやすいほうで計算すればよいが，多分式 (15.31) のほうが簡単であろう．

ここまで述べてきたのは面積，周長，個数の期待値であり，代表的なもの例えば式 (15.21) をみると期待値は総数に依存するが，公園や緑地の各領域の相互関係には依存しない．もちろん公園や緑地が対象地域の境界近くにある場合にはこれまで議論してきた補正を入れるので，総数だけとは言い切れないかもしれないが，期待値という性質上領域間の相互関係はあまり反映されていないと考えられる．そこで，ここでは半径 r の円 D_1 に含まれる領域数 ν の分散について考えよう．誘致圏で議論したように 1 つの地続きの公園や緑地は D_1 のなかで複数の領域となっていても 1 つと数えるものとする．

まず式 (15.33) より

$$\nu^2 = \sum_{i=1}^{n} \nu_i^2 + 2\sum_{i<j} \nu_i \nu_j \tag{15.35}$$

となっている．そして ν_i^2 の値は $1(\nu_i = 1)$ か $0(\nu_i = 0)$ なので $\nu_i^2 = 1$ の起こる確率は $\nu_i = 1$ の起こる確率に等しい．また $E(\nu_i\nu_j)$ については $\nu_i\nu_j$ が $\nu_i = 1$，$\nu_j = 1$ 以外では 0 なので

$$E(\nu_i\nu_j) = P(\nu_i = 1 \ \& \ \nu_j = 1) \tag{15.36}$$

となる．これは $\nu_i = 1$ と $\nu_j = 1$ が同時に成り立つ場合で，任意の点が図 15.9 の灰色部分にある確率となる．そこで

$$E(\nu_i\nu_j) = \frac{m(d_{ir} \cap d_{jr} \cap D)}{S} \tag{15.37}$$

が得られる．式の展開から分かるとは思うが，上式の計算では領域 d_{ir} と d_{jr} の組合せだけを考えればよい．他との関係は別な組合せで計算されることになる．

以上により，式 (15.35) と $E(\nu_i^2) = E(\nu_i)$ から

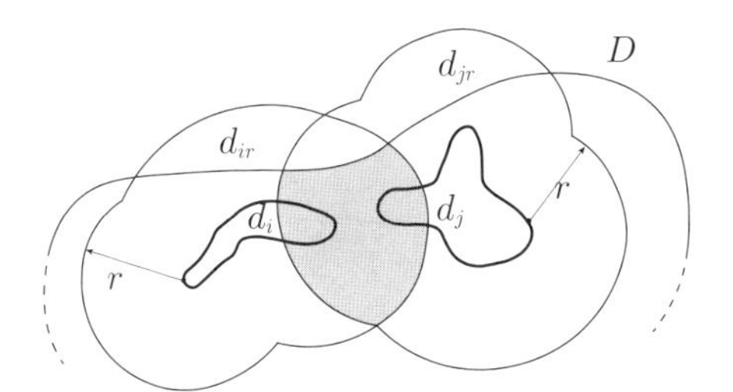

図 15.9 誘致圏 d_{ir} と誘致圏 d_{jr} と対象領域 D との共通集合 $d_{ir} \cap d_{jr} \cap D$

$$E(\nu^2) = \sum_{i=1}^{n} E(\nu_i) + 2\sum_{i<j} E(\nu_i \nu_j) = E(\nu) + 2\sum_{i<j} \frac{m(d_{ir} \cap d_{jr} \cap D)}{S} \tag{15.38}$$

となるので，ν の分散は

$$V(\nu) = E(\nu^2) - \{E(\nu)\}^2 = 2\sum_{i<j} \frac{m(d_{ir} \cap d_{jr} \cap D)}{S} + E(\nu) - \{E(\nu)\}^2 \tag{15.39}$$

と得られる．ただし $E(\nu)$ は式 (15.34) に従うものとする．

15.6 実例計算

前節までで個数に関するいくつかの尺度について理論的に論じてきた．しかしこれらが尺度として有用なものとなるかどうかは，実際に現実の場でこれらを算出してみなければばならない．そこで，まず図 15.10 のような現実の住宅団地（千葉県沼南台）の計画図（文献 [26]）より，公圏や緑地としては近隣公園，児童公園をとり，半径 r を 200 m として誘致圏を描き，しかるべき部分の長さや面積を計測する．

そして，これをもとにこれまでの $E(\nu)$ に関する式 (15.21) と式 (15.31) および式 (15.34)，さらに分散 $V(\nu)$ については式 (15.39) を計算した．なお半径 r を 200 m としたが，このような公園の誘致距離としては妥当なものと考えられる．

結果は表 15.1 のようにまとめることができるが，これをみると以下のことが分かる．まず境界条件による影響はやはりあり，$E(\nu)$ に関する式 (15.21) の値は真の値である式 (15.31) を上まわっている．もっとも，少数点以下 2 桁を四捨五入すれば 1.4（個）と 1.3（個）で場合によっては気にしなくてよいかもしれない．

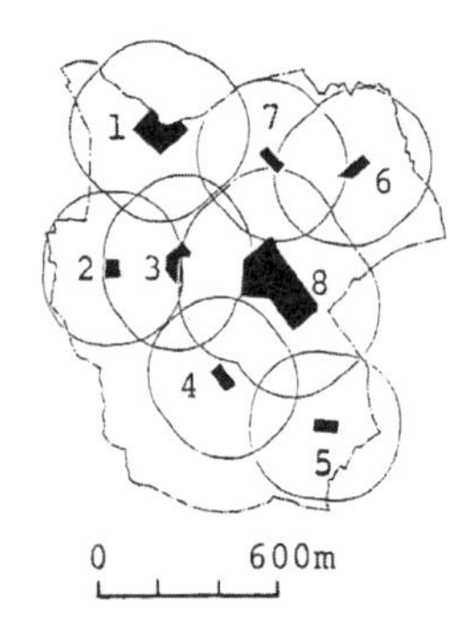

図 15.10　沼南台（総面積 108 ha 公園面積 5.8 ha 公園率 5.3%）

表 15.1　沼南台における結果 ($r = 200$ m)

尺度	$E(\nu)$			$V(\nu)$
式番号	式 (15.21)	式 (15.31)	式 (15.34)	式 (15.39)
計算結果	1.41	1.25	1.22	0.60

しかし公園 D_0 から r だけ張り出した領域（個々の誘致圏）が対象領域 D をはみ出した部分が図 15.10 をみれば分かるように公園 1, 2, 5, 6, 8 の誘致圏にあり，正確にはこれを考慮しなくてはならない．つぎに図 15.10 において凸でない公園が 1, 3, 8 とあり，これによって $E(\nu)$ の式 (15.31) と式 (15.34)（1 つの公園は 1 つと数える）の値に違いが生ずる．しかし数値をみると両者の差は 0.03（個）であり，この程度の形であれば凸でないことにそれほど神経質になることはない．計測は式 (15.31) のほうがはるかに簡単であり，式 (15.34) のかわりに式 (15.31) を用いてもよいだろう．

これを受け，図 15.11 のような住宅団地を 6 つとりあげ（文献 [26]），式 (15.31) の $E(\nu)$ と $V(\nu)$ を算出した．結果を示すと表 15.2 のようになっている．ただし沼南台の結果から $V(\nu)$ の計算では，式 (15.39) の $E(\nu)$ について式 (15.31) を代用している．

まず気がつくのは，公園率 ($S_0/S \times 100$) が各団地で比較的異なるにもかかわらず $E(\nu)$ の値がほぼ 1 前後で安定していることである．このことは誘致圏をかなり意識して公園が配置されていることを明確に示している．つぎに $E(\nu)$ の値が最も大きいのは北所沢である．この団地は，公園率をみると最も小さいので最も効率的な配置が達成されているということが言えよう．式 (15.21) と式 (15.31) を比較すると，式 (15.31) を計算する過程で式 (15.21) も計算しなければならないことが分かる．表には載せてないが，式 (15.31) の $E(\nu)$ の補正項を計算すると，この北

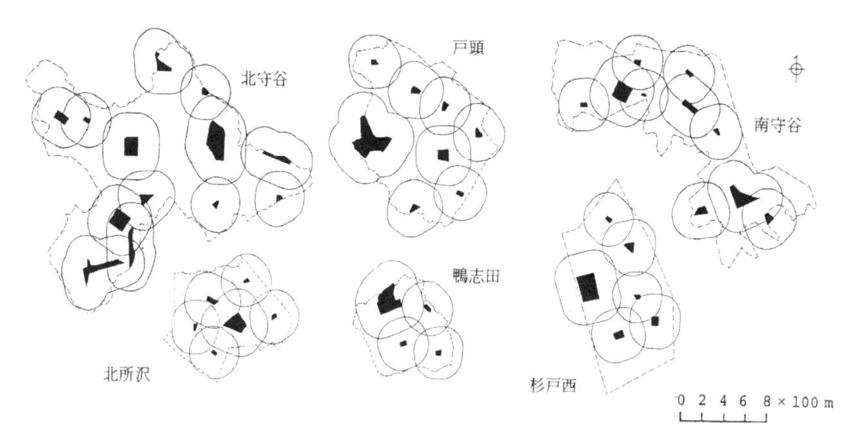

図 15.11　計測した住宅団地の公園配置

表 15.2　6 つの住宅団地における計算結果

団地名	鴨志田	北所沢	杉戸西	戸頭	南守谷	北守谷
総面積 S(ha)	55.3	77.9	115.4	128.9	170.4	262.8
公園面積 S_0(ha)	4.3	3.3	5.8	8.2	8.8	15.5
公園率 $S_0/S \times 100$	7.8	4.2	5.0	6.4	5.2	5.9
$E(\nu)$	1.11	1.24	0.94	1.00	0.96	1.00
$V(\nu)$	0.41	0.69	0.35	0.25	0.66	0.44
変動係数 $\sqrt{V(\nu)}/E(\nu)$	0.58	0.67	0.63	0.50	0.85	0.66

所沢が最も小さい．これは公園が境界付近にあまりないことを示している．この北所沢を除けば，他の 5 つの団地については公園率と $E(\nu)$ の値の順位は一致しており，とりわけ特異なものはみあたらない．

分散 $V(\nu)$ については戸頭が最も小さい．ただ注意しなければならないことは，分散が尺度としては単独には使えないことである．そこで一応，変動係数 $\sqrt{V(\nu)}$ $/E(\nu)$ を出して比較すると戸頭がやはり最も小さく，最も均等な配置であるということができる．ただ 6 つがそれほど違いがあるわけではなく，おおむね均等な配置が実現していると言ってよいだろう．

15.7　おわりに

この章のはじめで「量」を面積としたときの最初に 1 人当りの「期待値」を定式化した．しかし詳細な人口分布 $\rho(x,y)$ が分からない限りこれを計算することはできない．そして人口分布を一定とするか，人口分布に構わず各点を平等に扱って 1 地点当りの期待値を導くことにしたとき，はじめて積分幾何学の Santaló の定理や，Blaschke の主公式を適用することができる．そして Santaló の定理 1, 2 をもとにした面積や周長を主題とした議論は，これを理解しているだけで施設配置に有効な手立てを与えてくれると思う．

なお「誘致圏による方法」のところで式 (15.34) や式 (15.39) は面積を測って $E(\nu)$ や $V(\nu)$ を算出した．これは，この節にも書いたけれど，直接は積分幾何学には関係ない．そして各点を一様に扱ったので領域 d の面積 $m(d)$ が主要な役割を演じた．人口分布を考慮するなら面積の代わりに領域 d の人口を $P(d)$ で表すことにすれば，このときの期待値を $E_p(\nu)$，分散を $V_p(\nu)$ とすれば

$$
\begin{aligned}
E_p(\nu) &= \frac{1}{P(D)} \sum_{j=1}^{n} P(d_{jr} \cap D) \\
V(\nu) &= 2 \sum_{i<j} \frac{P(d_{ir} \cap d_{jr} \cap D)}{P(D)} + E_p(\nu) - \{E_p(\nu)\}^2
\end{aligned}
\tag{15.40}
$$

となる．このとき図 15.9 の灰色部分 $d_{ir} \cap d_{jr} \cap D$ の人口を推定するのは難しいが，住宅団地のような場合計画された住宅の想定人口が分かるので，完成後についてはある程度正確に算出できる可能性がある．

ともあれ住宅公団（当時の）の計画した団地で 1 地点当りの期待値を算出した結果は興味深いものであった．前述のように公園率に違いがあったものの期待値 $E(\nu)$ がほぼ同じであったことは，人間の目には均等に配置することに関して高度な能力が備わっていると実感した．このようなことは一度は厳密にはじくのも意義があると思い，文献 [27] で公表した．ここで述べたことは，この文献の内容に周長の尺度を加えたものとなっている．

なお，この章での境界条件の克服には定理の数式から欠ける部分を補う方法を用いた．同じ Blaschke の主公式に基づくものでも「第 10 章 市街地の分析」では，格子図形の合同変換によって同じ市街地が続いているという仮定により克服している．公園や緑地の場合は同じような配置が続くというのは考えにくいので，この章での方法を採った．対象の違いで境界条件の克服も使い分けるべきだと思っているからである．

第 16 章
円周掘削と U 型掘削

16.1 はじめに

応用編でのここまでは都市工学や都市計画に関係した話題であったが，ここで述べることは純粋に幾何確率に関するものである．去る 2016 年 3 月の日本 OR 学会春季研究発表会（慶應義塾大学）で文献 [28] の発表をきいた．興味深い内容だったが，確率の計算が大変複雑そうに見えた．しかし「2 つの領域と交わる一様な直線の測度」に関する Crofton の定理 1 を用いると，大変見通しよく計算の筋道を考えることができ，しかも計算は複雑な積分をする代わりに長さを計算するだけで済む．そこで発表者に私信でメモを送ったが，このような問題の計算に Crofton の定理 1 は大変便利であることをもっと広く知らせたいと思い，2017 年 8 月都市の OR サマーセミナー（筑波大学）で発表した．ここで述べるのは，この発表に基づくものである．なお，この時点で文献 [28] の発表者はすでに論文を投稿しており，複雑な計算のまま文献 [29] として採択されている．問題の面白さや論文の意義などはこちらで見ていただくとして，ここでは，ただ確率計算のみに絞って話を進める．似たような問題に遭遇したとき，Crofton の定理 1 がいかに強力であるか，を分かってほしいため応用編の一部として書くことにした．

16.2 地中ケーブルの探索

まず，この問題を孫引きになるが文献 [28] から引用しよう．

> ある電話会社が地中に埋設していた電話線の修繕工事をしていたときのことである．電話線は地下 1 m のところに埋設してあって，その真上の地面に目印を描いておいたはずなのだが，電話線の実際の位置がずれていて，目印の真下にはないところがあちこちに見つかった．水平面上で考えると電話線は常に目印から 2 m 以内のところにあることはわかっている．このとき，電話線の方向がわかっていなくても，確実に見つけるには，修繕工は目印を中心とした

半径2 mの円周に沿って深さ1 mの溝を掘ればよい.

電話線はどこかで曲がっているかもしれないが，このようなローカルな問題としては直線とみなしてよく，半径2 mをaとして一般化すれば，これは次のような問題となる．つまり図16.1のように半径aの円のどこを通っているか分からない電話線gがあり，目印Oを中心に半径aの円に沿って掘削すれば，どこかで必ず発見できる.

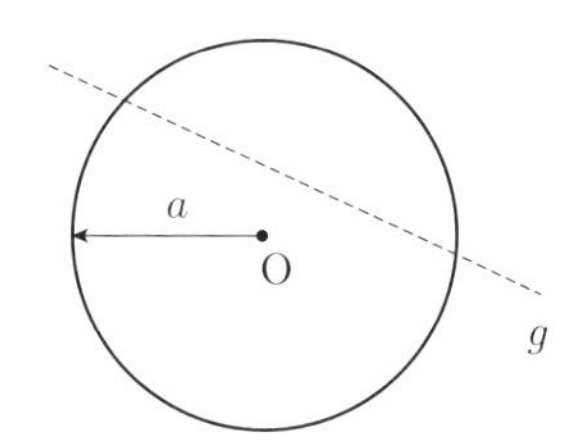

図16.1　ケーブル探索の問題

16.3　円周掘削とU型掘削

先に述べた円周での探索問題は図16.2の(a)のように円周の任意の点Sを出発点として矢印のように進み，Sから先端までの長さをℓとしたとき，$\ell = 2\pi a$すなわち先端が終点E（もとの位置S）に来るまでに，必ず電線は見つかるというものである．これを円周掘削とよぶことにし，このときℓの範囲は$0 \leq \ell < 2\pi a$となっている.

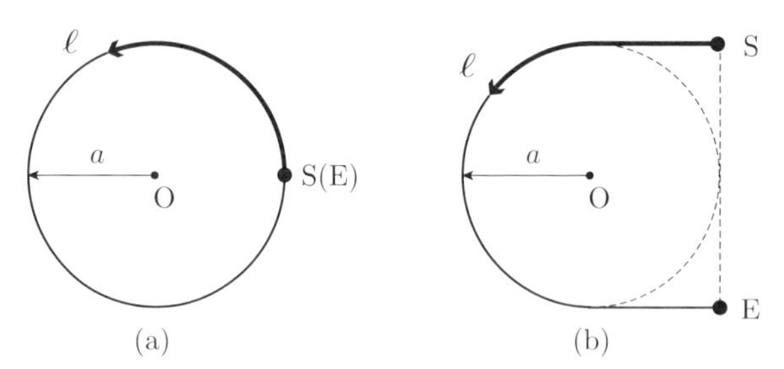

図16.2　円周掘削(a)とU型掘削(b)

次に図16.2の(b)のように出発点をS，終点をEとするU字型の線分を考えると，この線分の凸包は半径aの円を含むので，この円を通る直線は必ずこのU字型の線分を通ることになる．そこで，このU字型に沿って掘削すれば必ず電線を見つけることができるので，これをU字型掘削と名付ける．このとき出発点Sから掘削の先端までの距離を ℓ とすれば，U 字型の全長は $a + \pi a + a$ なので ℓ の範囲は $0 \leq \ell < (\pi + 2)a$ となる．

そこで，探索問題としてはどちらが良いかということが議論になる．掘削距離の最大値は先に見たように円周掘削が $\ell = 2\pi a$ であるのに対し，U 字型掘削では $\ell = (\pi + 2)a$ でこちらのほうが短くて効率的に見える．しかし文献 [29] で両者の電線発見までの掘削距離の期待値が計算されており，期待値は円周掘削のほうが短い．先に述べたように，ここではこの期待値などを算出するのに必要な出発地点 S からの距離 ℓ における電線を発見する確率分布（累積）を求めることを主題とする．

さて，この問題において探索すべき電線は図 16.1 の直線 g で表され，これは円を通ることは分かっていても，どこにあるか分からない．そうであれば，この直線（電線）は理論編で見てきたような一様な直線とみなすのが自然であろう．そこで，半径 a の円を通る一様な直線が図 16.2 のそれぞれの太線と交わる確率を求めれば，目的を達することになる．

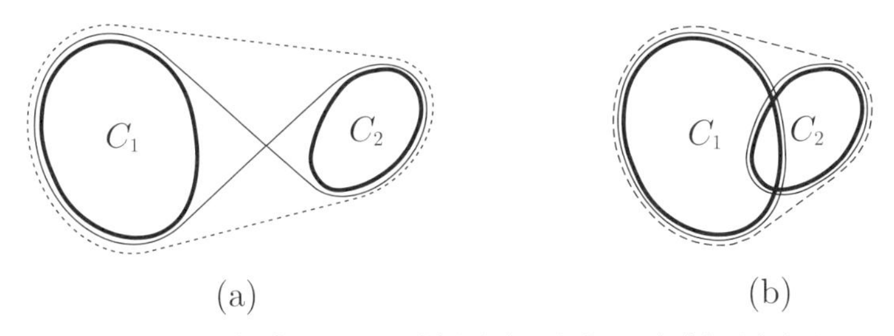

図 16.3　2 つの領域 C_1 と C_2 が交わらないとき (a) と交わるとき (b)

これには p.35 の Crofton の定理 1(4.2),(4.3) を用いればよいので，これを以下に関単にまとめておく．いま図 16.3 の (a) のように交わらない 2 つの領域 C_1 と C_2 があって，この 2 つの領域に糸をかけ 1 つは図 16.3 の (a) における細い実線のように交差するものとし，その長さを $L(C_1, C_2)$ とする．また他の 1 つは図の破線のように交差しないものとし，長さを $L(C_{12})$ とする．すると，この 2 つの領域と交わる一様な直線の集合 G_{12} の測度は，Crofton の定理 1 である (4.2) より

$$m(G_{12}) = L(C_1, C_2) - L(C_{12}) \tag{16.1}$$

と表される．すなわち，この測度は図 16.3 の (a) において糸をギュッと縮めたときの実線の糸の長さと破線の糸の長さの差で表すことができる．一方，図 16.3 の (b) のように 2 つの領域 C_1 と C_2 が交わるとき，C_1 と C_2 の周長（図の細い実線）をそれぞれ $L(C_1), L(C_2)$ とし，C_1 と C_2 の凸包 C_{12} の周長（図の破線）を

$L(C_{12})$ とすれば，2 つの領域 C_1 と C_2 に交わる一様な直線の集合 G_{12} の測度は Crofton の定理 1 である (4.3) より

$$m(G_{12}) = L(C_1) + L(C_2) - L(C_{12}) \tag{16.2}$$

となっている．

16.4　円周掘削の確率

図 16.2 の (a) のように出発地点 S から円周上を長さ ℓ まで掘削したとき，掘削した円弧と半径 a の円とに同時に交わる一様な直線の測度は円弧の凸包領域と円の領域とに交わる一様な直線の測度になる．そして図 16.3 の (b) のように，この 2 領域は交わっているので，前述の式 (16.2) の Crofton の定理 1 が該当する．そこで，2 つの周長 (実線) から 2 つの領域の凸包の周長（破線）を引くと円周部分が相殺されて，図 16.4 の (b) における太線で表された円弧の凸包の周長のみが残る．この場合，図 16.4 の (a) のように実線や破線を引かなくても，図 16.3 の (b) で領域 C_2 が領域 C_1 に含まれるので $L(C_{12}) = L(C_1)$ となり，式 (16.2) は $m(G_{12}) = L(C_2)$ なって同じ結果となる．そこで，この円弧の凸包の周長を計算すれば測度が求められることになる．

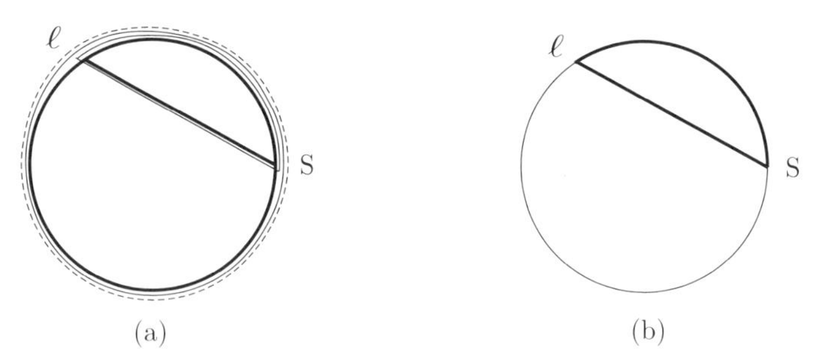

図 16.4　円弧と交わる直線の測度

まず円弧の長さは ℓ である．つぎに弦の長さを求めるために図 16.5 の (a) において円の中心から弦に垂線をおろし，図のように角度 θ を定める．すると，この角度は $\theta = \ell/2a$ となるので，求めたい測度 $M(\ell)$ すなわち円弧の凸包の周長は

$$M(\ell) = \ell + 2a\sin\theta = \ell + 2a\sin\frac{\ell}{2a} \tag{16.3}$$

となる．また ℓ が大きくなって図 16.5 の (b) のように S に近づいても，この図から明らかなように上式 (16.3) は変わらない．そこで長さ ℓ までに直線を発見でき

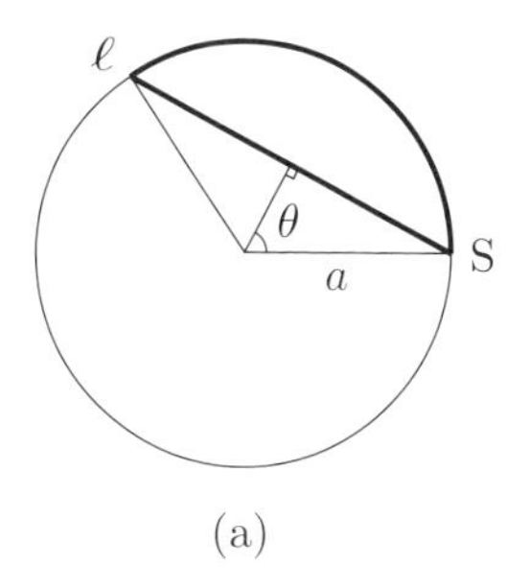

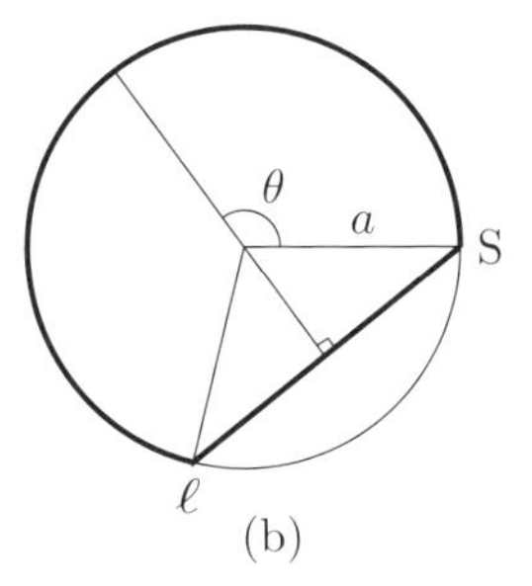

図 16.5　円弧の凸包の周長（太線）の計算

る確率 $F(\ell)$ は円と交わる直線の集合の全測度 $2\pi a$ で割って

$$F(\ell) = \frac{1}{2\pi a}\left(\ell + 2a\sin\frac{\ell}{2a}\right) \tag{16.4}$$

となり，文献 [29] と一致する．なお図 16.5 の (b) で地点 ℓ が出発点 S に戻ると，式 (16.3) は $2\pi a$ と全測度となることは図から見ても明らかであろう．

16.5　U 型掘削の確率

16.5.1　区間 1：$0 < \ell \leq a$ のとき

図 16.2 の (b) をみると $0 < \ell \leq a$ のとき掘削線は直線で，しかも半径 a の円とは交わらない．したがって，この直線分と円が 2 つの交わらない領域となり式 (16.1) が当てはまる．そこで図 16.6 の (a) のように 2 つの領域に交差する実線（プラス）と両者を包む破線（マイナス）をかけ，ギュッと縮めると実線と破線の相殺部分が消えて，図 16.6 の (b) の太線のように直線分（プラスとマイナス）と円弧（プラス）が残る．

地点 ℓ から円への接線は 2 つあり，接点までの長さは等しいので図 16.7 より直線の部分の長さは関単に $a-\ell$ と求められる．残るのは円弧の部分の長さで図 16.7 のように θ を定めると $a\theta$ を計算しなければならない．そこで，角度 θ を求めるために，図 16.7 のように角度 ϕ を定めると

$$\phi = \arctan\frac{a-\ell}{a}$$

となる．これより，必要な円弧の角度 θ は

$$\theta = \frac{\pi}{2} - 2\phi = \frac{\pi}{2} - 2\arctan\frac{a-\ell}{a}$$

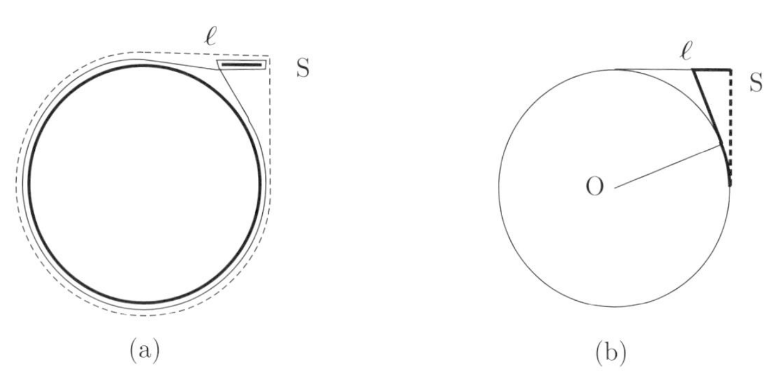

図 16.6　区間 1 における糸掛け図（実線：プラス，破線：マイナス）(a) と相殺した結果 (b)

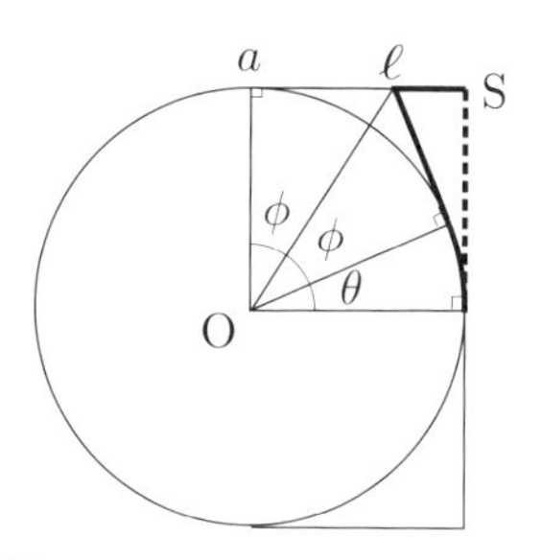

図 16.7　長さの計算（区間 1）

と得られるので，求めたい測度 $M(\ell)$ は

$$M(\ell) = \ell + (a-\ell) + a\left(\frac{\pi}{2} - 2\arctan\frac{a-\ell}{a}\right) - a$$

$$= a\left(\frac{\pi}{2} - 2\arctan\frac{a-\ell}{a}\right) \tag{16.5}$$

となる．そこで長さ ℓ までに直線を発見できる確率 $F(\ell)$ は円と交わる直線の測度 $2\pi a$ で割って

$$F(\ell) = \frac{1}{2\pi}\left(\frac{\pi}{2} - 2\arctan\frac{a-\ell}{a}\right) \tag{16.6}$$

が得られる．この式は文献 [29] と一見違っているが，これには

$$\frac{\pi}{2} - 2\arctan x = \arccos\frac{2x}{1+x^2}. \tag{16.7}$$

を用いれば等しいことが分かる．

16.5.2　区間 2：$a < \ell \leq (1+\pi)a$ のとき

この場合，掘削の先頭地点 ℓ は円弧に入っている．したがって 2 つの領域は交わっているので，式 (16.2) で示した場合が当てはまる．そこで図 16.8 の (a) のようにプラスの実線の糸とマイナスの破線の糸をからませて，ギュッと縮めると実線と破線の相殺部分が消えて，図 16.8 の (b) のように円弧（太い実線）と直線（太い実線と破線）が残る．

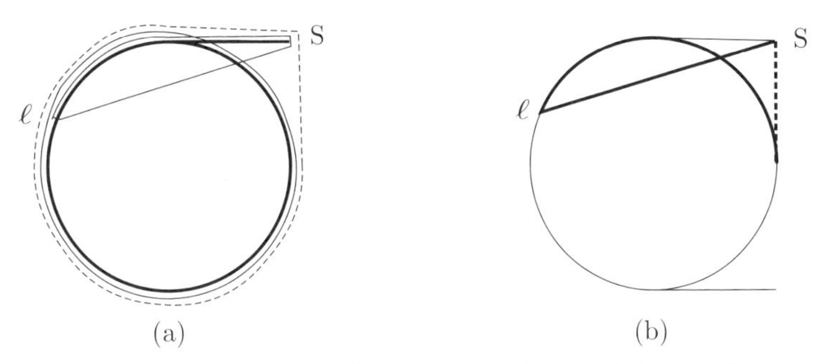

図 16.8　区間 2 における糸掛け図（実線：プラス，破線：マイナス）(a) と相殺した結果 (b)

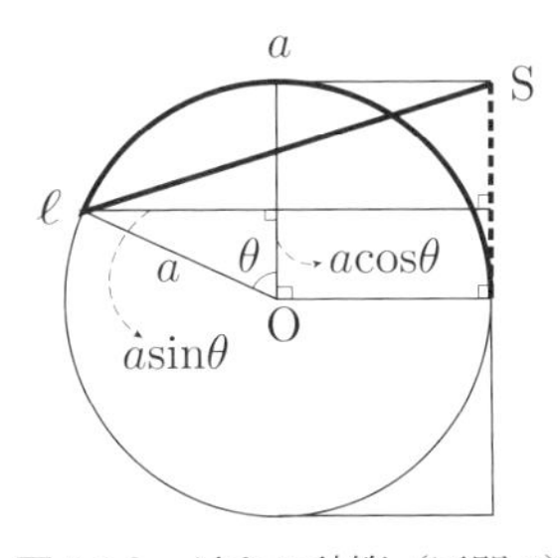

図 16.9　長さの計算（区間 2）

これを計算するために，図 16.9 のように θ を定めると太い実線の直線部分の長さは

$$\sqrt{(a + a\sin\theta)^2 + (a - a\cos\theta)^2} = a\sqrt{2(\sin\theta - \cos\theta) + 3}$$

となる．そこで，求めたい測度 $M(\ell)$ は

$$\begin{aligned} M(\ell) &= \frac{\pi}{2}a + (\ell - a) + a\sqrt{2(\sin\theta - \cos\theta) + 3} - a \\ &= \frac{\pi}{2}a + \ell - 2a + a\sqrt{2(\sin\theta - \cos\theta) + 3} \end{aligned}$$

となり，角度 θ は

$$\theta = \frac{\ell - a}{a}$$

となるので，測度 $M(\ell)$ は

$$M(\ell) = \frac{\pi}{2}a + \ell - 2a + a\sqrt{2(\sin\frac{\ell - a}{a} - \cos\frac{\ell - a}{a}) + 3} \tag{16.8}$$

と表すことができる．そこで，この区間における長さ ℓ までに直線を発見できる確率 $F(\ell)$ は円と交わる直線の測度 $2\pi a$ で割って

$$F(\ell) = \frac{1}{2\pi}\left\{\frac{\pi}{2} + \frac{\ell}{a} - 2 + \sqrt{2(\sin\frac{\ell - a}{a} - \cos\frac{\ell - a}{a}) + 3}\right\} \tag{16.9}$$

と得られる．これも文献 [29] と一致する．

16.5.3 区間 3：$(1+\pi)a < \ell \leq (2+\pi)a$ のとき

この区間では掘削の先頭地点 ℓ は円弧を抜けたところにある．この場合も 2 つの領域は交わっているので式 (16.2) の場合が当てはまる．例によって図 16.10 の (a) のように実線の糸（プラス）と破線の糸（マイナス）をかけてギュッと縮めると実線と破線の相殺部分が消えて，図 16.10 の (b) のように円弧（太い実線）と直線（太い実線と破線）が残る．

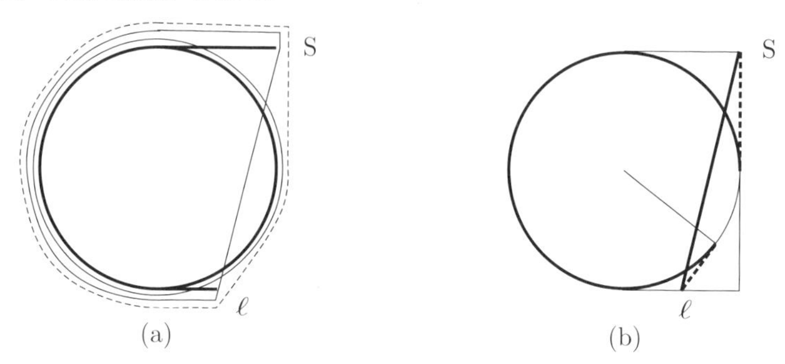

図 16.10 区間 3 における糸掛け図（実線：プラス，破線：マイナス）(a) と相殺した結果 (b)

これを計算するために，図 16.11 のように θ を定めると求めたい測度 $M(\ell)$ は

$$M(\ell) = \frac{3\pi}{2}a + 2a\theta + \sqrt{\{(2+\pi)a - \ell\}^2 + (2a)^2} - \{\ell - (1+\pi)a\} - a$$

となる．ところで，角度 θ は図 16.11 より

$$\theta = \arctan\frac{\ell - (1+\pi)a}{a}$$

となるので，測度 $M(\ell)$ は

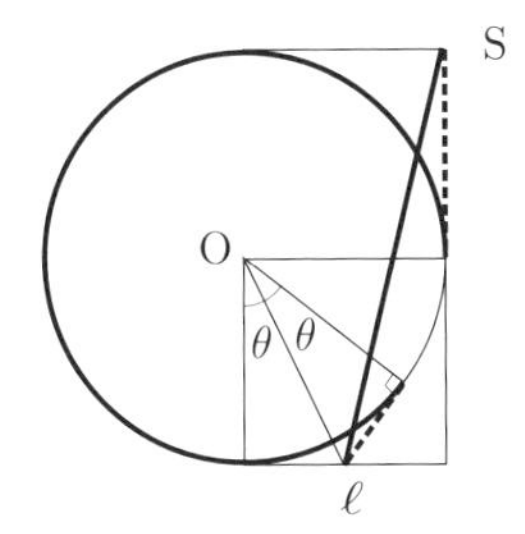

図 16.11　長さの計算（区間 3）

$$M(\ell) = \frac{5\pi}{2}a - \ell + 2a\arctan\frac{\ell-(1+\pi)a}{a} + \sqrt{\{(2+\pi)a-\ell\}^2+4a^2} \tag{16.10}$$

と得られる．そこで確率 $F(\ell)$ は

$$F(\ell) = \frac{1}{2\pi}\left\{\frac{5\pi}{2} - \frac{\ell}{a} + 2\arctan\frac{\ell-(1+\pi)a}{a} + \sqrt{\left\{(2+\pi)-\frac{\ell}{a}\right\}^2+4}\right\} \tag{16.11}$$

となる．この式も一見文献 [29] とは一致しないが，先に述べた変換式 (16.7) を用いると一致する．

16.5.4　U 型掘削のまとめ

以上での議論は測度を積分で求めるのではなく，長さのプラスマイナスを幾何学的方法で導き，それを計算するだけで導出したものである．このほうがはるかに簡単で，場合分けも図形上で行えるので間違いも少ないと思う．すべての区間と区間の端点における測度の図を，もう一度まとめると図 16.12 のようになる．

掘削の U 型に沿って，右上から区間 $0 < \ell < a$ つぎに $\ell = a$ の点，ついで区間 $a < \ell < (1+\pi)a$，さらに点 $\ell = (1+\pi)a$，そして最後の区間が $(1+\pi)a < \ell < (2+\pi)a$ で，最終到達点 $\ell = (2+\pi)a$ になると完全な円すなわち全測度となっている．それぞれの区間の端点は $\ell = a$，$(1+\pi)a$，$(2+\pi)a$ で，注目する測度が連続なことが直観的によく分かるであろう．

16.6　おわりに

前述のように，Crofton の定理 1 がこのような問題に強力であることを述べたつもりである．なお文献 [29] の目的は効率的な探索を追求するものであった．答

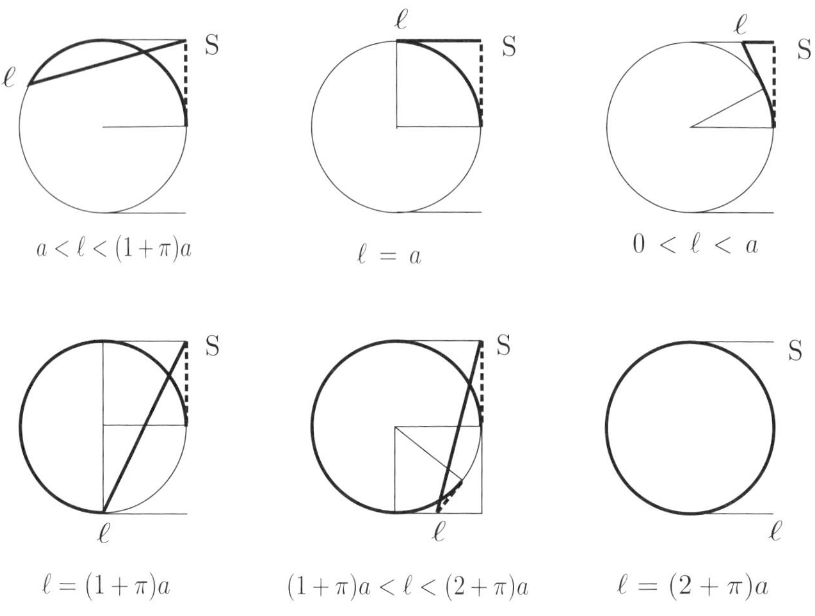

図 16.12　各区間と主要点における測度（太い実線：プラス，太い破線：マイナス）

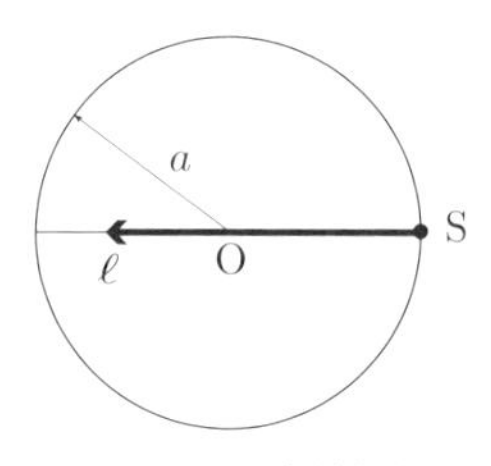

図 16.13　直線掘削

えにはならないが，p.26 の Crofton の公式 (3.12) より，直線分と交わる一様な直線の集合の測度は直線分の長さの 2 倍なので，図 16.13 のように直径に沿って掘削すれば $0<\ell\leq 2a$ の範囲ではもっとも確率が高く

$$F(\ell)=\frac{2\ell}{2\pi a}$$

となっている．もっとも $2a<\ell$ ではどのように掘ったらよいか分かってはいないのだが.

あとがき

理論編を書き終えて思ったのが，はじめに読んだSantalóの文献[2]の影響を自分は強く受けているということであった．この本では最初に点集合の測度が出てくるのであるが，そこで受けた衝撃をいまでも思い出すことができる．本書は「第7章 格子図形」で理論編は終わる．文献[2]でもここまでが第1部で，その後，議論は曲面上の積分幾何学へと一般化していく．地球上のスケールで問題を考える場合にはこのような一般化に進まなければならないだろうが，このときは工学系大学3年生のレベルより，もう少し進んだ幾何学の素養を必要とすると思われる．

ところで，本書を書こうと思った動機は「まえがき」でも少し述べた．文献[30]でも述べたことではあるが，本書の理論編や応用編を読んだ人のために別な言葉でいえば以下のようになる．

積分幾何学の基礎的部分は様々な図形が織りなす全体やある条件を満たす部分の「量(Measure)」を「変換によって不変な測度」で測るものである．だから幾何確率の議論にも用いられるが，本来は幾何確率と一体のものではない．私の分野について考えると「量」は形の機能，様々な図形（都市の様々な建築物など）の集合が生み出す環境や景観さらには災害の危険性などに深い関係がある．そこで，その「量」が公式などでどこまで理論的に算出できるか，またはできないかをはっきりさせることに，積分幾何学が重要な役割を果たすものと思っている．多くの人は「積分幾何学は幾何確率以外に応用分野が無い」と考えているようである．しかし私は，これについては心外に思っていて，本書の応用編を見れば私の考えはある程度分かっていただけると思っている．

中でも1つだけ具体例をあげるとCroftonの定理3の導出過程で出てきた変換式(4.23)であり，これは応用編「第11章 都市領域の距離分布」においてもp.132の式(11.5)で出てくる．これを用いると，平面上の2点の問題を一様な直線上の2点の問題から拡張できる，つまり「一様な直線を介して4次元を2次元からはじく」ことができるという点で大変有用なものである．本書でも「平面における距離分布の基本式」という形で議論しているが，この本では書ききれない部分も多く，「距離分布から見た空間」について別に論じなければならないだろう．

さて本書を書き上げるまでには多くの人達のお世話になった．とりわけ大学教授としては最も多忙な年代にある大澤義明（筑波大学），栗田　治（慶應義塾大学）

の両先生に，まず謝意を表したい．大澤先生には原稿にいちはやく目を通して間違いなどを訂正していただいた．また栗田先生からは内容にまで立ち入っていろいろなところで懇切丁寧にアドバイスを頂戴した．なかでも Bertrand の逆説については原著 [31] に依り，Bertrand 自身は逆説 (Paradox) とは考えていないし，書いてもいない．本書でも述べているように“異なる定義だから答えも異なる”というまっとうな内容となっている，ということを知らせていただいた．後世の誰かが逆説 (Paradox) と言い，誰もが（もちろん私も含めて）原著を確かめもせず言葉だけが世界中に広まったことになる．そこで，本文のほうには“いわゆる (so-called)”という言葉を入れて，この「あとがき」で紹介することにした．

ところで本書の図のほとんどは，私が Illustrator で描いたものである．現役として多忙だった時期には図はほとんど周りの院生諸君に作成してもらっていた．本書を書くにあたり図を自分で描くことにしたが，なかなかソフトに習熟できずうまくいかないことが多かった．そのたびに何度も石井儀光（建築研究所，筑波大学）先生を煩わし，忙しいときに時間をとっていただくことになった．お詫びと共に感謝したい．

他にもいろいろな方からご指摘やアドバイスをいただいた．感謝の念を持ってお名前を挙げると鈴木　勉（筑波大学），古藤　浩（東北芸術工科大学），三浦英俊（南山大学），鳥海重喜（中央大学），田中健一（慶應義塾大学），鵜飼孝盛（防衛大学），宮川雅至（山梨大学）の諸先生となる．なかでも宮川先生には隅から隅まできちんと見て頂いた．お礼を申し上げる．

本書の応用編には古いものだと 40 年近くも前の論文がある．筑波大学在職中に長く私の秘書を務めていた中川文子さんには過去の論文や資料を的確に整理していただいていた．今回それらを書くことになっても困らなかったのは，ひとえに中川さんのお陰である．あらためて感謝したい．

最後に，近代科学社の小山　透前社長には初期の草稿を丁寧に読んでいただき，適切なアドバイスを頂戴した．永年のご厚誼も含め，感謝申し上げる次第である．

いまから 30 年ほど前の 1987 年，ブエノスアイレスにて Santaló 先生にお目にかかった．その時の話は文献 [30] に書いてあるので略すが，その後 2001 年に亡くなられたという．今回本書の執筆で文献等を調べたら，追悼にあたる文献 [32] が出版されていた．最後にこれを紹介して終わりたい．

参考文献

[1] 増山元三郎：幾何学的調査法の話，オペレーションズ・リサーチ，No.1，Vol.1，pp.41-49 (1956).

[2] Santaló, L.A. :*Introduction to Integral Geometry.* Hermann, Paris (1953).

[3] 栗田　稔：『積分幾何学』，共立出版 (1956).

[4] 田崎博之：『積分幾何学入門』，牧野書店 (2016).

[5] 腰塚武志：積分幾何学について (1)，(2)，(3)，(4). オペレーションズ・リサーチ No.9, pp. 524-529, No.10, pp. 591-596, No.11, pp. 654-659, No.12, pp. 711-717, Vol.21 (1976)；積分幾何学について (5). オペレーションズ・リサーチ No.1，pp. 40-45, Vol22 (1977).

[6] Crofton, M.W. :Article "Probability". *Encyclopaedia Britannica*, 9 th edn. vol. 19 (1885).

[7] Blaschke, W. :*Vorlesungen über Integralgeometrie I, II.* Teubner, Leipzig (1936), (1937).

[8] Crofton, M.W. :On the theory of local probability, etc. *Phil. Trans Roy. Soc.*, 158, pp. 181-199 (1869).（東大理学部物理学科図書室蔵）

[9] Santaló, L.A. :*Integral Geometry and Geometric Probability.* Addison-Wesley (1976).

[10] Lebesgue, H. :Exposition d'um Memoire de M.W. Crofton. *Nouvelles Annales de Math.*, (4), 12, pp. 481-502 (1912).

[11] Kendall, M.G. and Moran, P.A.P. :*Geometrical Probability.* Charles Griffin, London (1963).

[12] 腰塚武志，他：『都市計画数理』，朝倉書店 (1986).

[13] 栗田　治：『都市モデル読本』，共立出版 (2004).

[14] 腰塚武志：道路網と交差点，都市計画，103 号，pp. 36-41 (1978).

[15] 腰塚武志，大木　整：橋の相対的密度に関する考察，第 17 回日本都市計画学会学術研究発表会論文集，pp. 91-96 (1982).

[16] 腰塚武志，今井和敏：平均走行速度と信号密度，第 26 回日本都市計画学会学術研究発表会論文集，pp. 547-552 (1991).

[17] 腰塚武志：走行時間や走行エネルギーを最小にする道路密度，第 29 回日本都市計画学会学術研究発表会論文集，pp. 319-324 (1994).

[18] 伊藤　滋，腰塚武志，他：『都市環境論』（土木工学体系 21），彰国社 (1982).

[19] 腰塚武志：棟数密度に関する理論的研究，第 23 回日本都市計画学会学術研究発表会論文集，pp. 19-24 (1988).

[20] 腰塚武志，古藤　浩：棟数密度による有効空地の推定，第 24 回日本都市計画学会学術研究発表会論文集，pp. 337-342 (1989).

[21] 腰塚武志，大津　晶：都市領域における距離分布の導出とその応用，2001 年度第 36 回日本都市計画学会学術研究発表会論文集，pp. 871–876 (2001).

[22] Santaló, L.A. :The mean value of the number of parts into which a convex domain is divided by n arbitrary straight lines.(In Spanish.) *Rev.Union Mat. Argentina*, 7, pp. 33–37 (1941).

[23] 栗田　治：『都市と地域の数理モデル』，共立出版 (2013).

[24] 腰塚武志：2 つの領域と交わる一様な直線の測度，日本オペレーションズ・リサーチ学会秋季研究発表会アブストラクト集，pp. 240–241 (2016).

[25] W.H. ホワイト，華山謙訳：『都市とオープンスペース』，鹿島出版会 (1971).

[26] 日本住宅公団：首都圏における宅地開発事業 (1972).

[27] 腰塚武志：公園等の面的施設配置の分析，第 19 回日本都市計画学会学術研究発表会論文集，pp. 313–318 (1984).

[28] 田中健一，椎名香奈：地中ケーブルの発見に要する掘削距離の分布を導出するための幾何学的確率モデル，日本ＯＲ学会春季研究発表会アブストラクト集，pp. 163–164 (2016).

[29] Tanaka, K. and Shiina, K. : Geometric probability models to analyze strategies for finding a buried cable. *Journal of the Operations Research Society of Japan*, Vol.60, No.3, pp. 400–417 (2017).

[30] 腰塚武志：積分幾何学との出会い，オペレーションズ・リサーチ No.1, pp. 29–33, Vol.60 (2015).

[31] Bertrand, J. :*Calcul des Probabilités*. Gauthier-Villars, Paris (1889).

[32] Santaló, L.A. :*Selected Works of Luis Antonio Santaló*. Springer, Berlin (2009).

索　引

著者紹介

腰塚 武志（こしづか たけし）

1944 年　埼玉県熊谷市生まれ
1966 年　東京大学工学部都市工学科卒業
1968 年　東京大学大学院工学系研究科修士課程修了
1969 年　東京大学助手
1978 年　筑波大学助教授
1990 年　筑波大学教授
2004 年　国立大学法人筑波大学理事・副学長
2009 年　筑波大学退職，筑波大学名誉教授
同　年　南山大学理工学部教授
2012 年－2014 年　日本 OR 学会会長
2015 年　南山大学退職
　　　　現在に至る

主要著書
『都市計画数理』（朝倉書店，1986）
『建築・都市計画のためのモデル分析の手法』（井上書院，1992）
『計算幾何学と地理情報処理　第 2 版』（共立出版，1993）
『モデリング—広い視野を求めて—』（近代科学社，2015）

応用のための積分幾何学
図形の測度：道路網・市街地・施設配置

2019 年 7 月 31 日　初版第 1 刷発行

著　者　腰　塚　武　志
発行者　井　芹　昌　信

発行所　株式会社 近代科学社

〒162-0843 東京都新宿区市谷田町 2-7-15
電話 03-3260-6161 振替 00160-5-7625
https://www.kindaikagaku.co.jp

大日本法令印刷　ISBN978-4-7649-0593-1

定価はカバーに表示してあります。